茶艺与茶文化专业系列教材

茶席设计与茶会组织

张春丽　李丽霞　冯骏宁　主　编
黄碧雁　温　燕　邓　园　周薇平　副主编

数字资源总码

旅游教育出版社
·北　京·

图书在版编目（CIP）数据

茶席设计与茶会组织 / 张春丽，李丽霞，冯骏宁主编. -- 北京：旅游教育出版社，2025. 9. --（茶艺与茶文化专业系列教材）. -- ISBN 978-7-5637-4894-5

Ⅰ. TS971. 21

中国国家版本馆 CIP 数据核字第 2025C9M241 号

茶艺与茶文化专业系列教材

茶席设计与茶会组织

张春丽　李丽霞　冯骏宁　主编

黄碧雁　温　燕　邓　园　周薇平　副主编

总 策 划	丁海秀
执行策划	赖春梅
责任编辑	赖春梅
封面供图	谢丽卿
出版单位	旅游教育出版社
地　　址	北京市朝阳区定福庄南里 1 号
邮　　编	100024
发行电话	（010）65778403　65728372　65767462（传真）
本社网址	www.tepcb.com
E-mail	tepfx@163.com
排版单位	北京知壹文化传播有限公司
印刷单位	天津雅泽印刷有限公司
经销单位	新华书店
开　　本	710毫米×1000毫米　1/16
印　　张	19.25
字　　数	303 千字
版　　次	2025 年 9 月第 1 版
印　　次	2025 年 9 月第 1 次印刷
定　　价	66.00 元

（图书如有装订差错请与发行部联系）

茶艺与茶文化专业系列教材

编委会

茶席设计与茶会组织

编委会

主　编:

张春丽　浙江旅游职业学院

李丽霞　宜宾职业技术学院

冯骏宁　云南旅游职业学院

副主编:

黄碧雁　广西职业技术学院

温　燕　浙江旅游职业学院

邓　园　长沙商贸旅游职业技术学院

周薇平　宜兴市周薇平茶文化工作室

编　委:

罗依斯　湖南商务职业技术学院

黄家辉　杭州宣融号茶馆

陈博羽　杭州印庐文化艺术交流中心

朱晓芸　杭州樊楼茶馆

黄　君　杭州静如文化有限公司

吴　双　庆元县职业高级中学

徐佳圆　嘉兴诗与远方茶馆

朱　燕　宜宾学院

郭炜锋　成都夏春秋茶文化传播有限公司

邵鹿洲　浙江旅游职业学院

谢丽卿　杭州市财经职业学校

刘　浏　杭州静如茶空间

丁诗弋　云南七彩佳园职业培训学校

李　慧　云南心香书院

潘　磊　湖北光影纵横文化传播有限公司

总序 PREFACE

茶者，南方嘉木也。江南烟雨浸润千年，茶香氤氲间沉淀着中华文明的精魄。在习近平总书记关于“三茶统筹”战略的引领下，在旅游强国与文化强国建设的时代召唤中，中国职业技术教育学会智慧文旅职业教育专业委员会、全国旅游职业教育教学指导委员会景区与休闲类专业委员会携旅游教育出版社、浙江旅游职业学院，广邀全国二十余所院校中的多位茶学专家学者与行业大师，如春茶吐蕊在全国率先出版“茶艺与茶文化专业系列教材”。这既是对传统茶道精神的现代诠释，也是对优秀传统茶文化的有效传承，更是旅游职业教育服务国家战略的生动实践。

茶艺与茶文化，作为“东方生活的美学范式”，承载着中华民族天人合一的哲学智慧，更是满足现代人民对美好生活需要的重要组成。新时代职业教育肩负着培养技术技能人才与文化传承者的双重使命，本系列教材以“一片叶子”为媒介，将茶树相关资源保护、非遗制茶工艺、现代文旅融合等要素熔铸其中，构建起贯通历史与未来、联结农业与文旅的知识体系与能力图谱。作为国家新版职教专业标准颁布后的首批配套教材，我们构建了“三维立体化”的编写体系：纵向贯穿“茶叶种植－精深加工－文化传播－旅游服务”产业链，横向融合农业类与旅游类院校的专业优势，深度嵌入中华茶文化与创新等教学资源库的数字化资源。特别是创新采用模块化、项目化、情境化等课程教学改革设计，每个教学单元不仅遵循案例或任务导入、工作过程或任务解析、技能训练与实践、学习效果检测与拓展等任务驱动的原则，而且包含标准教学视频、虚拟仿真实训或教学微课等新形态元素，从而使得诸如“西湖茶宴的意境营造”与“普洱茶渥堆发酵技术”等专业知识得以在数字空间完美呈现。这种“三维立体化”的教材编写模式，正是专业“五金”新基建理念的具象化表达。

本系列教材的编写团队秉持“三跨三融”原则——跨地域组建团队、跨领域整合资源、跨时空共享成果，融通标准、融汇技艺、融合文化，这已然成为本套教材的鲜明特色。例如，广西职业技术学院带来六堡茶制作技艺的国家级非遗传承经验，江苏农林职业学院贡献茶叶深加工领域的科研成果，新疆农业职业技术大学注入边疆茶文化传播的鲜活案例等。这种“东茶西引、南北互鉴”的协同机制，打破了传统教材编写的学科壁垒和区域隔阂。在本系列教材中，《茶文化》《茶席设计与茶会组织》《茶空间花艺》《茶树栽培与茶园管护》等将茶园的生态景观、文化主题、多元场景等转化为教学情境，《茶调饮制作》《茶叶审评》用创新时尚理念来引领茶学科严谨厚重的知识传达，凡此种种努力，无不彰显着协同创新的力量。本系列教材还特别设计“四阶递进式”教学模块：从茶叶、茶园认知的“识茶明理”，到加工实训的“制茶悟道”，从茶艺展演的“事茶修心”，到文旅融合的“传茶致远”。每个模块均坚持“岗课赛证”融通的思想理念，既对接评茶员、茶艺师等职业标准，又衔接全国职业技能大赛规程。更值得关注的是，教材创新设置《茶调饮制作》《茶空间花艺》《茶馆经营管理》等文旅生活领域的应用项目，让课堂真正成为文化传承与产业创新、文旅深度融合的耦合点。

本套教材既可作为中高本旅游类相关专业教学用书，也可作为茶艺与茶文化相关从业人员和社会人士借鉴与参考的读本。本套教材共有15本，在教材出版的同时，同步上线智慧职教等智慧教育平台，实现“纸质教材＋移动端资源＋虚拟仿真系统”的全场景覆盖。我们期待，当新疆学子通过AR技术复原宋代点茶技艺，当海南学生借助数字地图溯源茶马古道，这些浸润着江南茶韵却不止于江南的教材，能培育出新时代的“茶文化摆渡人”，让中国茶香飘向世界各地。

作为全国首套“茶艺与茶文化专业系列教材”，汲取了同行许多研究和实践成果，在此一并表示感谢。同时编写中也一定还有诸多不足和遗漏之处，恳请读者批评指正，我们将在今后再版过程中予以完善和修正。

杜兰晓　教授

中国职业技术教育学会智慧文旅职业教育专业委员会　执行主任

浙江旅游职业学院　校长

前言 FOREWORD

茶席，从来都是茶人的道场，方寸之间映射天地万物，映照世人内心，是所有爱茶人，以“茶”为用，以“情”为思，通过器物、色彩、质地、空间、时间等构建的互相影响、互相促进的三维空间叙事。她是生动的、流转的，是美学的、哲学的，是生活的，是艺术的，是万千茶人心中的所感、所想织就的美丽梦想。茶会，是茶席的席主通过构思设计和动态演绎，以“茶”为媒，搭建的人与人、人与茶、人与自然、人与自我对话的平等且交互的“平台”，在呈现仪式感的同时，也融入了平实的生活。

编者为高校一线教师，教授《茶席设计》课程十五年之久，积累了大量的理论知识和实战经验。立足于对茶席的基础认知，以时间为基本维度，以全场景实战体系为核心，将日常生活中平实而日常的剪影，升格为深度融合文学、哲学、美学范畴的茶席主题，并通过大量原创的图文视频娓娓道来；同时，通过多维度呈现原创的、多元的、实战的茶会模式，体现传统茶文化与现代生活美学的水乳交融，帮助人们感受深厚“茶美学”的抚慰和滋养。

茶席是多种要素的艺术化组合与呈现，这其中不仅仅是我们所看到的物化的主茶器、品杯、匀杯、插花、摆件饰物等等；那些能够产生强大的场域，引起情感共鸣的茶席，一定是有灵魂的，所传递的内涵早已远远超越肉眼所见的物质形态；也一定是饱含情绪和情感的，能够产生强烈的艺术感染力，引发观者丰富的想象和联想，达到从有限到无限，从有界到无疆的境界。要达到这样的效果，在进行茶席设计时，需要“还原”和“提升”时间和空间的表达，更要有丰富的情绪情感投入并贯注其中，才能设计出打动人心的茶席作品。

因此，本书紧紧围绕茶席的呈现与表达来展开，立足于茶席的渊源和美学剖析，深入分析不同茶席要素适配的情感和情绪表达；引入大量经典实战案例，讲述不同情绪情感类型的茶席主题和解说词的创作；联结生活与艺术的大量实例美图，生动示范茶席的色彩、空间、时间是如何表达情绪和情感的；图片和视频结合的经典实操案例分享，提供了灵动的茶席叙事示范。茶人的养成，从多重角度勾画出一个立体又丰满的茶人形象，强调对生活的热爱、对自我的热爱、对自然的热爱，只有这样的茶人才能拥有对茶席充满感情的爱，才能设计出优秀的茶席作品。

本着立足于生活，服务于生活，进而美化生活的理念，茶会的组织与策划、无我茶会、茶会案例分享这三个项目，皆源于编者多年实战经验的总结，所思、所用，皆来自日常的生活，平实的要素＋用心的设计，就可以策划和实施一场完美的茶会，大大拉近了美学、哲学、文学、心理学与生活的距离，提供了融合现实与诗意、眼前与远方的方式和路径，为茶文化相关专业师生、茶文化爱好者、生活美学爱好者、传统文化爱好者、现代服务业从业人员提供了易于获取、易于实践的“零阶入门，高阶呈现”的简便通道。

本书汇聚了来自各大专院校的资深专业教师与行业企业专家的智慧，是编者多年深入研究与实战演练的高度凝结，兼具精练的理论知识和多元的实战探索。本书由浙江旅游职业学院张春丽老师、宜宾职业技术学院李丽霞老师、云南旅游职业学院冯骏宁老师担任主编，广西职业技术学院黄碧雁老师、浙江旅游职业学院温燕老师、长沙商贸旅游职业技术学院邓园老师、宜兴市周薇平茶文化工作室周薇平老师担任副主编。详细编写分工为：项目一任务一由湖南商务职业技术学院罗依斯老师编写，任务二由长沙商贸旅游职业技术学院邓园老师编写；项目二任务一由杭州宣融号茶馆主理人黄家辉先生编写，任务二和项目九的任务四皆由杭州印庐文化艺术交流中心培训主任陈博羽女士编写，任务三由杭州樊楼茶馆主理人朱晓芸女士编写，任务四由杭州静如文化有限公司花艺家黄君女士编写，任务五由庆元县职业高级中学吴双老师编写，任务六由嘉兴诗与远方茶馆主理人徐佳圆先生编写；项目三任务一由宜宾学院朱燕老师编写；任务二由成都夏春秋茶文化传播有限公司郭炜锋先生编写；项目四和项目九的任务一由云南旅游职业学院冯骏宁老师编写；项目五和项目九的任务二、任务三皆由浙江旅游职业学院张春丽老师编写；项目六由广西职业技术学院黄碧雁老师编写；项目七任务一由浙江旅游职业学院温燕老师编写，任务二由浙江旅游职业学院邵鹿洲老师编写；项目八由宜宾职业技术学院李丽霞老师编写。此外，特别感谢谢丽卿、刘浏、丁诗弋、李慧、潘磊及杭州静如文化有限公司等提供的唯美茶席大片，感谢一起拍摄视频的浙江旅游职业学院茶艺与茶文化专业的同学们。

虽然倾力而为，但终究水平有限，难免存在疏漏之处，恳请广大读者批评指正，帮助我们进一步完善和提升。

编　者

目录
CONTENTS

项目一

茶席设计概论

思维导图

项目一 茶席设计概论

- 任务一 茶席的界定与发展
- 任务二 茶席美感的源起与发展

学习目标

知识目标：

- 茶席的发展历程；
- 不同历史时期的茶席风格和特点。

能力目标：

- 能够通过古代茶画的学习，理解、掌握当时的饮茶方式和茶席风格之间的联系；
- 能够理解、掌握不同历史时期的茶席审美特点。

素养目标：

- 在解读和欣赏历代茶画中培养审美情操。

项目导读

茶席作为饮茶场所的一种叫法，是茶文化中的一个新概念、新名词，这一名称出现的时间很晚，但实际上它自古以来就存在，有着悠久的历史。中国的饮茶艺术从唐代就十分兴盛，也就是说实际上的茶席最迟在唐代就已经存在。最早的茶席指的是宽泛的品茗环境，而真正提出“茶席”二字，并以此作为茶文化中的重要概念，则是最近几十年的事情。

任务一　茶席的界定与发展

任务导入

茶席已经越来越生活化和日常化，它的身影出现在很多场景中。现在来了一群学习中国茶文化的外国年轻人，请你为他们讲讲茶席的概念和发展历史吧。

一、茶席的界定

（一）茶席的界定

饮茶伴随着茶席与饮茶活动，茶席的历史也就从一开始就伴随着饮茶行为的存在而发展。最早使用“茶席”一词的是《影像中国茶道》，由童启庆教授编写于2002年出版。这本书主要探讨中国茶道，首次对“茶席”的概念进行了定义：“茶席，是泡茶、喝茶的地方。包括泡茶的操作场所、客人的座席以及所需气氛的环境布置。”同时通过摄影展示茶席作品，让我们能够更直观地感受到茶席的魅力。2003年浙江大学出版社发行了周文棠先生的著作《茶道》，这本书同样围绕茶道进行论述，并对“茶席”进行了定义：“茶席是用来沏茶和饮茶的地方。茶道中文人雅艺的重要内容之一，涉及沏茶者的操作环境、茶道活动所需的空间、奉茶的区域、宾客的座位安排，以及用于修饰和美化环境氛围的设计与布置等。”由此不难看出，两位学者都把茶席理解为一个空间的饮茶之所，实际上与茶室的理念有异曲同工之妙。

2005年，长期从事茶席设计培训课程的乔木森先生编写的专著《茶席设计》，成为首部对“茶席设计”进行定义和深入探讨的作品，为茶席设计的实际操作提供了重要的指导价值。书中提出：“茶席设计是以茶作为核心，以茶具为主要元素，在特定的空间环境中，与其他艺术形式相融合，共同构建一个具有独立主题的整体茶道艺术作品。”

2008 年安徽教育出版社出版的《中国茶艺》，由丁以寿先生主编，主要以茶艺为论述对象，其中也提出了“茶席”的概念：“茶席是规划的场所，以显示茶道之美或茶道之灵……茶席分为狭义和广义两种，狭义茶席是单指桌椅或地面，用于泡茶、品饮或兼及奉茶。广义的茶席除了狭义的茶席外，还包括茶席所在的房间，甚至连房间外的庭园也包括在内。”2011 年出版的蔡荣章先生的《茶席茶会》一书中，将“茶席”理解为创作者精心布置、精心打造的茶文化空间，供人们烹制茶饮，而不只是单纯的泡茶之地。此后，陆续有众多的专家学者，对“茶席”与“茶席设计”提出了自己的不同观点，本书不再一一列举。

本书综合了上述专家学者的观点，并引用乔木森先生的观点，即“所谓茶席设计，是指以茶为灵魂，以茶具为主体，与其他艺术形式相结合，以独立的主题，以整体的茶道艺术组合，在特定的空间形态中共同完成的”。值得注意的是，随着“中国传统制茶技艺及其相关习俗”于 2022 年 11 月 29 日被列入联合国教科文组织人类非物质文化遗产代表作名录，除创意茶具、茶食、茶叶包装外，中国的茶产业进入了一个高速发展的时期，茶文化创意产业也日渐兴盛，包括茶叶综合利用产品、茶文化旅游纪念品、茶位等，茶位涵盖了茶席、茶室等。所以，茶席也是兼具审美与经济两种属性的艺术精品，是一种茶文化创意产品；茶席设计既是艺术创作的一种实践，又是经济行为，从属于文化产业。

图 1-1-1 只此青绿

图 1-1-2 生活茶席（供图：楚昕煜）

（二）茶席的功能

茶席设计是当代茶文化中不可或缺的重要组成部分与表现形式。不同的茶席设计在茶文化空间中具有各自的独特功能：有些是围绕特定主题进行的茶艺表演设计，有些旨在展示茶具或营造茶文化氛围，有些则是用于日常泡茶的场合，还有一些是出现在茶会上进行专业的茶叶品鉴。茶席的功能可以概括为两个方面：实用性和审美性。

实用性是各种类型和主题茶席设计的基本出发点。例如，在生活茶席中，应优先考虑服务的便利性，因此茶具应尽量选择操作简单、方便使用的。茶席的布置应尽量在保持美观的基础上，做到简约且易于清理。

其次是审美功能。一席精心设计的茶席，能够营造出深厚的文化氛围和恬淡悠然的深远意境，给人以美的享受，帮助生发愉悦的情绪情感体验。这类的茶席需要经过设计者的精心布置，把它作为一件艺术作品加以思考与创作，不能只把重点放在茶席中合理的选用茶具、茶品、插花、铺陈等要素上。除此之外，还要使之更具审美表现力，比如日本传统茶道中，主人要把各种挂画、工艺品、插花等元素布置在茶室里，这样就使茶室成为一隅审美空间，这就形成日本传统茶道上的茶席。近几年的茶席设计大赛和茶艺比赛中，人们越来越注重茶席的审美功能的呈现，如为了庆祝第三届“全民饮茶日”编创的《竹茶会》，茶艺是以竹为角度寻找茶的灵感，设计出具有中国传统“竹”文化审美特色的茶席。

图 1-1-3 热土潇湘 人文长沙（供图：楚昕煜）

现今许多茶艺大赛都将茶席设计单独列为比赛项目之一，这反映出无论是专业茶人，还是普通百姓，大家对茶席美学的重视程度都在不断提高。

图 1-1-4 高山流水

图 1-1-5 禅

二、茶席的发展

虽然童启庆老师在《影像中国茶道》中以确切的概念形式定义了“茶席”二字，但茶席的历史却非常悠久。茶席的形式也随着饮茶方式的变化而不断演变，这一点在众多的历代茶画中非常明显地表现出来，并至今留存于世。

（一）茶席的雏形

最早的茶席可追溯到西汉，王褒的《僮约》中有“烹茶尽具、武阳买茶”的记载，可以想象在当时也应该有一方简朴的茶席存在。两晋时期，随着茶文化的普及，繁华热闹的街市旁开始出现商业茶摊。神话小说《广陵耆老传》中记载：“晋元帝时，有老妪每旦独提一器茗，往市鬻之，市人竞买。自旦至夕，其器不减。所得钱散路旁孤贫乞人，人或异之，州法曹絷之狱中。至夜，老妪执所鬻茗器，从狱牖中飞出。”可见这位老婆婆每天要挑着货郎担或者推着小推车到大街上去卖茶水。这种茶摊我们可以认为是一方以实用为主的简单茶席。

（二）唐代茶画中的茶席

茶文化发展到唐朝的时候开始进入一个兴盛时期。按《封氏闻见记》的说法“……茶道大行，王公朝士无不饮者”，可见当时的饮茶之风在大江南北已经流行开来；尤其是陆羽的《茶经》之后，文人墨客们更是争先恐后地仿效他们的饮茶之举。而随之而来的茶书、茶诗也逐渐增多，白居易、杜甫等都写过饮茶的诗句，同时也出现了大量与茶有关的绘画作品。如唐代宫廷画师阎立本创作的《萧翼赚兰亭图》以辩才和尚和萧翼为主要人物：在画的左侧，两位侍者正在煮茶，一位年长者坐在蒲团上，手中握着茶夹，在茶釜中调和茶汤；另一位年轻的茶童小心翼翼地弯着腰，手中稳稳地捧着一个茶托和茶碗，旁边的矮桌上则摆放着茶托、茶罐等器具。这可以认为是出现在古代画作中比较早期的茶席雏形，主要呈现出茶席的重要组成部分——茶器。

▶ 拓展阅读

萧翼赚《兰亭序》

唐代还有一幅著名的《宫乐图》，可以让我们更直观、清晰地看到唐代宫廷喝茶时的情景：十几位宫女围坐在一张大方桌前，一起品茶、赏乐，茶汤盛在大桌子中间的茶釜里，还配有一把水舀，每人面前摆着一盏自饮的茶盏。这幅《宫乐图》整体画面呈现出一种华丽且悠然的品茗气息。我们可以认为画面中央那张承放当时人们品茶时所需主要器物的大方桌，其本质类似于现代的茶席。

同时，法门寺地宫出土的金银茶器实物，进一步印证了唐代宫廷“茶席”所用茶器之完备、华丽与奢侈。

通过这些图文资料，我们不难想象，无论是从结构的安排，还是茶品与艺术品的搭配，唐人的茶席都将唐朝茶文化的风采展现得一览无余。

（三）宋代茶画中的茶席

茶兴于唐而盛于宋，不同于唐代的煎茶法，两宋流行点茶法。建盏、茶盅、汤瓶、茶粉盒等成为宋代饮茶的主要用具，宋代审安老人的《茶具图赞》集合了点茶所用的 12 件茶具，以图文并茂的方式，将宋代点茶时“茶器的组合”生动呈现，成为现代“仿宋点茶茶席”的重要参考。

宋徽宗《文会图》以精美的茶具入画，包括茶盏、盏托等，展现了文人茶会的盛景，器物布局错落有致，尽显宋代茶具的清雅脱俗和实用美观。茶席布置简洁而不失雅致，通常以低矮的几案为中心，周围铺设席垫，营造出宁静的氛围。人物或坐或立，姿态从容，有的正在烹茶，有的举杯品茗，动作优雅娴熟。整体画面通过细腻的笔触与和谐的构图，传达出茶与文人生活的密切关联，以及茶在文人雅集中所扮演的重要角色。

（四）明清茶画中的茶席

明清之际，饮茶之道又变了。朱元璋废了团茶和饼茶，全部改为散茶。茶饮方式的革新使茶具也随之改变，茶盏、汤瓶不见了踪影，取而代之的是茶壶、茶杯等主茶器。这一时期所推崇的茶席样式也可通过茶画一窥究竟。如唐寅《事茗图》中所画，山间有茅屋一间，房前有古松二株，门前置茶炉一座，并设有执扇，供童子用，用于煮茶。从画作中不难看出唐伯虎心中的“茶”与“茶席”，皆具隐逸之风。在他的画笔下，茶席一般设在苍松翠柏之间，山岩之上，自然意趣尽显，如诗如画，令人心旷神怡。而点茶、焚香、插花、挂画这些号称文人四艺的作品，在小小的画布上也能找到其身影。从明代文徵明的《惠山茶会图》中，也可以看出，当时的茶席已经慢慢从相对局限的室内转为更加宽阔的自然环境中，茶席的空间感增强，常以大自然为天然的背景来布席。清代高简的《静坐啜茶香》中，一高士盘坐于疏木之下，身旁仅设茶炉、茗壶，袅袅茶烟与远岫淡岚相融，墨色枯润相生，留白处似有无尽茶香弥漫。

诸多传世画作表明，明清文人墨客多选茂林修竹、清泉怪石、山青水秀之地来品茶；也从高僧修持之处学习，设置了专供饮茶的禅宗茶寮，禅意氛围浓厚，总体传递出崇尚自然古朴的审美格调。

（五）多彩纷呈的现代茶席

中国的茶文化从晚清到现当代，发展过程曲折坎坷。早期的列强入侵使茶业走向没落，承载着传统文化思想的茶席已经慢慢没落和消退，倒是那种用于解渴的大碗茶在乡村间传承不衰。中华人民共和国成立后，特别是改革开放以来，随着传统文化的日益复兴，茶席文化也重新被发掘出来并得到重视。此外，科学种茶技术的普及、茶叶加工工艺的革新，使茶叶品类越来越丰富，这对相关文化产业的推动作用也是与日俱增。茶席设计目前已成为茶文化创意产业中重要一环，仅次于茶艺表演的茶文化形式。2010 年，在杭州举行的国际茶席展，集中展示了 40 多个来自世界各地的茶席，它们会聚到一个相同的茶空间，集聚了不同国籍的茶人们的艺术创作。而在教育领域，许多大中专学校已经把“茶席设计”作为培养学生创造力和审美的专业课来开设。可见如今的茶席已呈现出多样化的发展态势，它既可以是艺术家们精心呵护的艺术品，也可以是平时繁忙工作生活中用来休憩之所。

图 1-1-6 泉

图 1-1-7 成都 · 成都

图 1-1-8 生椰拿铁

图 1-1-9 春景熙熙（供图：杭州素业茶院）

实训任务

给予学生一幅古代茶画，请学生结合茶画及其创作者所处的时代背景，解析茶画中的茶席（要素）。

（一）实训指导要点

茶画所处时代的制茶和饮茶方式、茶画中的“茶席要素”、茶画作者的创作背景和故事。

（二）评分标准

表 1-1-1 茶画解析评分标准

序号	项目	满分	要求和评分标准	配分	扣分	得分
1	茶画作者	20 分	熟知茶画作者所处朝代	5 分		
			对作者创作背景有一定的了解	5 分		
			将茶画背后的故事诠释得生动有趣	10 分		
2	茶画中的茶席解析	35 分	准确列举茶画中的茶席元素	10 分		
			明确茶画中的茶席构成	10 分		
			能够结合当时的茶文化特点来分析茶席风格（宫廷风格、士大夫风格、百姓风格等）	15 分		
3	茶画中其他元素赏析	20 分	列举茶画中的其他要素	6 分		
			茶画中的其他元素对茶席的作用，是可以解读的	14 分		
4	茶画的美学意义	25 分	准确解读茶画的构图特点	5 分		
			准确解读茶画中运笔和用色特点	5 分		
			精准把握茶画呈现的意境	6 分		
			明确茶画对后世的意义和美学价值	9 分		
总分	100 分					

思考与练习

一、简答题

1. 请同学们列举四个以上鉴赏画作的角度。

2. 请同学们具体分析宋代茶画中茶席的特点。

二、多项选择题

1. 下列哪些古画中有描述茶席场景？（　　）

A.《清明上河图》　　B.《江山万里图》

C.《韩熙载夜宴图》　　D.《斗茶图》

2. 下列哪些古诗文中描绘了茶席景象？（　　）

A. 宋·赵湘的《饮茶》　　B. 宋·杜耒的《寒夜》

C. 宋·苏轼的《游惠山》　　D. 明·冯可宾的《岕茶笺》

三、判断题

1. 徐渭在《徐文长文集》中描绘了“茶事七式”的场景：适合在精舍中，适合在云林里，适合享受永昼的清静，适合在寒冷的夜晚静坐，适合在松月下，适合于花鸟之间，适合于清流和白云，对于绿苔苍苔，也适合素手汲泉，亦适合红妆扫除积雪，适合船头生火取暖，适合竹林间飘散烟雾。（　　）

2. 千余载流传下来的《宫乐图》是一幅纸本画。（　　）

项目一·任务一·参考答案

参考答案

任务二　茶席美感的源起与发展

任务导入

校园里来了一群塞尔维亚的留学生，小丽是学校茶艺与茶文化专业的学生，她要负责这次以“宋韵”为主题的国际交流的茶席美学赏析任务，请你给她一些建议，帮助她深入浅出地解读同学们布设的茶席，引导留学生们理解。

图 1-2-1 生活茶席（供图：席心美学空间）

一、茶席美感的源起

（一）晋代：茶席的初步形成

两晋时期，茶的饮用逐渐从药用、食用转向日常饮品，茶的文化属性开始显现。这一时期，茶的饮用方式相对简单，主要以煮茶为主，“茶席”的布置也较为朴素，尚未形成复杂的礼仪和规范。晋代文学家左思的《娇女诗》中有一句“心为茶荈剧，吹嘘对鼎立”（《全晋诗》卷七），描写小女儿急于喝茶，对着煮茶的鼎吹气助火的童真场景，刻画的是当时“茶席”上的一幕。这里的“鼎”是煮茶的器具，说明“茶席”的核心是煮茶和饮茶的活动。这一时期处于茶文化的萌芽阶段，形式简单，注重实用性，尚未形成完整的礼仪和美学体系。但这一时期“茶席”的出现，奠定了后世茶文化发展的基础，特别是为盛极一时的唐代茶文化提供了重要的历史铺垫。

（二）唐宋：茶席的发展兴起

陆羽在《茶经》中提出了“青瓷益茶”的观点，并规范了茶席的形式。例如，“夫珍鲜馥烈者，其碗数三，次之者，碗数五。若坐客数至五，行三碗。至七，行五碗。若六人已下，不约碗数，但阙一人而已，其隽永补所阙人”。陆羽提出根据实际情况，茶席可以简约，也可以丰富的观点。文人雅士们喜欢在自然环境中设席，如竹林、松下、名山、清涧等宜茶的幽境，并且注重布局和氛围的营造。禅宗的影响也是重要因素之一，茶禅一味追求的是清寂之境，茶席风格趋向朴素、静谧，避免过多的装饰，注重内在的冥想体验，这也是属于审美的一部分，即通过简约达到精神上的满足。唐代茶席的审美风格根植于其独特的文化，融合了自然意趣、禅道精神与文人雅韵，呈现出是清雅古朴、返璞归真的审美追求。

宋代茶席在唐代茶文化的基础上进一步发展，结合理学思想、文人雅趣与市民文化的繁荣，形成了精致风雅、技艺至上、雅俗共融的独特风格。宋代以“点茶法”为饮茶主流，茶席重心从唐代的煮茶转向点茶的技艺展示，强调手法精准与节奏把控。茶席更具艺术性，集焚香、点茶、挂画、插花四艺于一身，茶席与生活艺术在宋代就被文人墨客们深深地融合在了一起，茶席的布置注重主次有序，茶床、茶台、茶器陈列讲究方位与比例，甚至以屏风、帘幕划分空间，营造“移步易景”的园林式雅趣。

宋代杜耒的诗《寒食》“寒夜客来茶当酒，竹炉汤沸火初红。寻常一样窗前月，才有梅花便不同”，描述的是寻常如窗前月，只需梅花一朵，便别有一番滋味的宋代茶席场景。宋代点茶不仅是饮茶方式的革新，更是宋代美学精神与生活哲学的缩影，深刻影响了日本抹茶道与中国后世茶文化的发展。

（三）明代：茶席的意境追求

明太祖朱元璋取消了团茶，唐代的煎茶和宋代的点茶也被简便的瀹泡法所取代。

明末沈德符在《野获编补遗》中提到：“今人惟取初萌之精者，汲泉置鼎，一瀹便啜，遂开千古茗饮之宗。”人们追求茶叶刚萌芽时的精华，用泉水冲泡置于鼎中，轻轻一泡便可以品尝，因此开创了历代饮茶的经典。与此相呼应，茶席的布局和器具也发生了巨大的变化。明代人们以更加开放和自由的心态，崇尚清新优雅的韵味，追求茶的意境，因此基本的泡茶方法和品饮茶具逐渐趋于完善和成熟。茶席从唐的绚烂奔放到宋、元时期的沉静内敛，再到明代的文人茶席，茶席已发展到精致隽永、精益求精的阶段，清幽脱俗的文人茶席在明代时达到历史高峰。

（四）现代：茶席的多元创新

而近些年“茶席设计”这项活动的蔚然成风，各大茶席活动都有茶席设计作品展示，这种新颖的茶文化形式的兴起，受到了众多茶爱好者的推崇。诸多的茶会中涌现出了很多优秀的茶席设计作品，风格日益多元，创新能力也越来越强。在 2023 年常德石门夹山寺冬至百人茶会上，“临济佛法”茶席主题，用书法卷轴和民族扎染茶席布搭配设计，通过茶席的布局、色彩、材质等细节，巧妙地将茶禅一味和人文艺术相融，书法卷轴为整个茶席增添了无尽的禅意。“江烟厝影”整个茶席大量使用自然元素，茶席铺在石子上，丝绸仿佛是缓缓流淌着的江水，上面的渔船缓缓渡江。意寓自然之美于茶席之中。营造出一种亲近自然，清新雅致的氛围，让茶席随着这水、这船一并“活”了起来。

图 1-2-2 临济佛法（供图：夹山寺冬至茶会）

图 1-2-3 江烟厝影
（供图：夹山寺冬至茶会）

二、茶席美感的呈现

中国是茶的故乡，不同的地域和民族有着不同的茶文化习俗，但茶带来的美好感受却是高度一致的。

（一）视觉形式之美

茶席的设计，注重色彩搭配的和谐统一，如茶具、桌布、插花等元素的色彩应协调，避免过于杂乱。布局设计主次分明，茶壶、茶杯等主要器具应放在显眼位置，其他物品则作为点缀。空间层次通过不同的器皿或装饰营造出立体感。留白和修饰要平衡，不能过分拥挤或放空。可通过花艺、书画、香道、光影等装饰元素，为茶席增添生机与文化氛围。细节的处理上，如茶巾、茶针等小物件也应注重美观与实用性；茶具应保持干净，摆放有序。茶席的视觉形式美感通过色彩、布局、插花、光影等多方面体现，既注重形式美，也强调文化内涵。

茶空间美学

图 1-2-4 她（供图：杭州静如茶事）

（二）行茶秩序之美

茶席中的行茶秩序，需要遵循一定的步骤和规范，才能体现礼仪、美感和茶艺的融合，是茶道文化的重要组成部分。茶人行茶动作从容轻柔，避免碰撞声响；神情专注，保持微笑，营造宁静氛围。布置茶席应注重茶具按使用顺序合理摆放，主泡器居中，公道杯、品茗杯依次排列，保持整洁有序。行茶仪态兼具优雅与韵律，注重手势的流畅性，提壶、注水、出汤时手腕柔而不僵，动作如行云流水，避免生硬停顿。手臂与茶器形成的弧线需舒展自然，体现动态美感。注水如画，注意水流粗细、高低、方向。如悬壶高冲激发茶香，或沿壁低斟保持茶汤平静，形成视觉韵律。冲泡间隙的片刻停顿，让茶香弥漫开来，营造出一种“此时无声胜有声”的意境。

图 1-2-5 蓝天（供图：杭州和其坊）

（三）茶席元素之美

茶席的布置注重层次分明、动静相宜、相互呼应。茶席是一门生活的艺术，构成这门艺术的六大要素是人、茶、水、器、境、艺，要想达到茶席之美，须集六美于一身，相辅相成。茶席以追求美为出发点，并做到过程美与结果美相统一。

人之美：体现了人类作为万物灵长的独特性，而这种美是自然之美的至高体现。从茶艺美学的角度来看，茶艺师的美主要表现在仪态优雅、语言韵味和风度气质上。席主人应注重个人仪容仪表，行茶过程中，女性可以淡妆修饰，一个端庄、整洁、美好的仪表不仅能够使客人在接待过程中产生好感，更能提升工作效率。当泡茶升华至茶艺的境界时，席主本人其泡茶过程及所泡之茶便融为一体。

茶之美：是“高山春露早，茗树发新芽”“春芽嫩叶雀舌尖，长嗅深吸透脾鲜”等这些隐藏在诗句里的茶文化。“高山春露早”，它指的是不同海拔的茶叶生长。得此雅誉的有日照绿，因其最早开园的是山料，发芽最晚的是大田料，所以便有了这“高山春露早”的句子。“春芽嫩叶雀舌尖”，可以说是对早春嫩芽茶一个非常形象生动的描述。嫩叶，即早春初展叶，雀舌尖，观照早春那尚不能进行分级的嫩叶肥芽多数还带鱼叶的开园料的形态，真的是活脱脱如雀之嘴舌。“透脾鲜”凸显的是早春茶的高鲜爽度，用“透脾鲜”形容也是颇为生动与形象的，因为上佳的早春绿茶，饮余确有一种沁人肺腑之感。

水之美：正所谓“茶性必发于水，八分之茶，遇水十分，茶亦十分；八分之水，试茶十分，茶只八分耳”。所以茶水交融才有灵性，好水是泡好一杯茶的一大要素。水能直接影响茶汤品质，水美，要求水质清、水源活、质地轻、水味甘洌。宋徽宗赵佶《大观茶论》中有云：“水以清甘洁为美。清甘乃水之天然，独为难得”，所以古人泡茶用水的标准是：山泉水最好，江水次之，井水最下。井水比江水干净，人少的地方的水比人多的地方的水干净，山上的水受污染最少因此最干净。

器之美：茶器是茶席形式美重要的组成部分，需要很好地择器与布席。设计茶席的基本功之一，就是选茶具要因茶、因人、因艺、因势、因玩而合理搭配。水是茶的源头，器则是茶的承载者，经过千回百转，茶才获得了灵魂。茶与器的结合体现了匠人的独特心血，是大自然赐予我们的珍贵礼物。每一种茶与器，各具性格，各具特色；不同的茶、不同的水、不同的器皿、不同的手法，最终表达出来的茶都是差之毫厘、谬以千里的。器物之美，亦须茶香润泽，方能圆满；此外，茶与器，以触觉最温润，茶器美则美矣，美虽惹人喜爱，但若无人使用，最终也只是一个摆设茶器，皆因人的频繁使用而彰显价值，与人彼此温暖，相互成就。

图 1-2-6 器

境之美：在现代茶席设计中，通过焚香营造一种宁静、雅致的氛围，使品茶者能够静下心来，更好地享受品茶的过程，同时也体现了传统茶文化与香文化的融合，增添了茶席的文化内涵和美感。此外，插花也是茶席情境设计中必不可少的元素，插花注重与茶的搭配，需选择适宜的花卉进行布置。花的色彩、形态和香气都要与茶的种类、茶具以及整个茶席的主题相协调，以达到整体美感的提升，展现出一种自然、和谐的美。茶席上挂画能够营造出与茶相契合的文化氛围，反映出茶文化的深厚底蕴，让品茶者在品茶的同时欣赏到艺术作品，提升文化体验。

图 1-2-7 廉

艺之美：茶席设计的主题，时而具象、时而抽象，大象无形，皆通过设计者不同的审美眼光和艺术技巧以及对茶席的解读来帮助观者理解感悟茶席的艺术之美。同时，饮茶讲究清幽静雅的环境，或是“寒夜客来茶当酒”的诗意，抑或是春天田野山涧的生机勃勃，用“唐诗宋词”或“生态自然”皆可编织成精彩纷呈的茶席世界。

（四）茶席结构之美

中国美术六朝四绝之一的顾恺之所言“置陈布势”，茶席构图由茶、具等器物组成的茶席三维空间是一幅立体的画，从不同的角度可构成不同的画面。茶席的空间结构遵循中国传统艺术中的起承转合原则：起势、承接、转折、收合。以主泡器（如壶、盖碗）为视觉中心，将其置于操作动线的核心区域。如盖碗象征天地人三才，其位置需符合人体工学与仪式感需求，通常位于茶席中轴线。承接品茗杯、茶海等辅助器具，并围绕主泡器展开布局，形成“众星捧月”之势。品茗杯以品字形或弧线排列，避免直线带来的机械感，体现自然韵律。插花、盆景等装饰元素作为空间过渡转折，打破器物堆砌的单调性。如瓶式插花可置于右侧，通过植物形态呼应茶席主题。通过茶洗、茶巾等收尾器具平衡整体构图，如茶洗置于右下角既符合清洁需求，又与左上方的茶罐形成对角线呼应的收合美感。茶席结构美学的本质是“秩序中的诗意”，既遵循一器一用的功能逻辑，又通过器物间的空间叙事传递文化哲学。

▸ **拓展讨论：究竟什么是茶席美学呢？**

讨论要点：

1. 茶席美学构成的基本元素。
2. 人、器、物、景、境的美美与共。
3. 实用与美学兼顾。

实训任务

请以小组为单位，抽签完成以下茶席的美感分析。

（一）实训指导要点

通过从茶席设计美感呈现中的视觉形式、行茶秩序、茶席元素、茶席结构等多个方面来进行分析，并尝试设计不同风格类型的茶席，根据以上相关要素，营造出结构合理、题材鲜明、设计巧妙、灵动美好的一方茶席。

（二）评分标准

表 1-2-1 茶席设计评分标准

序号	项目	满分	要求和评分标准	配分	扣分	得分
1	视觉形式	30 分	色彩分明、搭配适宜	10 分		
			设计版面主次分明，结构布局科学	10 分		
			美观与实用性兼具	10 分		
2	行茶秩序	20 分	仪容、仪表、仪态大方得体	10 分		
			手法流畅、稳定	10 分		
3	茶席元素	30 分	人、茶、水、器、境、艺的搭配恰到好处	20 分		
			内容完整，有创意，立意高	10 分		
4	茶席结构	20 分	器物布局合理，空间层次分明，动态平衡	10 分		
			实用性与艺术性兼具	10 分		
总分	100 分					

图 1-2-8（1）、（2）枫火听禅

图 1-2-9 天青问月

思考与练习

一、简答题

1. 请同学们说说看，你觉得怎样的茶席是“美”的？

2. 茶席的美感表现方法有哪些？请同学们结合实例进行分析。

二、多项选择题

1. 下列属于茶席之美的要素有（　　）。

A. 茶具之美　　B. 茶席的插花之美

C. 茶席的立体空间之美　　D. 茶席的颜色

2. 通过学习古代茶画，选出下列属于明代茶席的美学特征。（　　）

A. 茶画中只有品饮器

B. 茶画中有较为齐全的准备器、品饮器和清风明月

C. 茶画中有茶寮、群山飞瀑

D.茶画中有准备器、品饮器、名石、书画

三、判断题

1.茶席设计中茶具的配套使用需有整体性、实用性、美观性，同一个茶席内茶具质地、造型、色彩不宜超过三种。(　　)

2.茶席设计的摆放原则主要是实用、顺手、美观、关怀、平衡、专注。(　　)

参考答案

项目一·任务二·参考答案

项目二

茶席的要素

思维导图

项目二 茶席的要素
- 任务一 茶品
- 任务二 茶器
- 任务三 铺陈
- 任务四 茶席花
- 任务五 茶点
- 任务六 摆件与背景

学习目标

知识目标：

- 掌握茶席的主要组成要素；
- 掌握茶席不同要素的特点。

能力目标：

- 能够根据茶席主题提炼和选用不同的茶席要素；
- 能够依据茶席主题有创意地应用茶席各组成要素。

素养目标：

- 深入了解中国茶文化，熟练运用茶文化的相关元素。

项目导读

一方意境深远的茶席，必定是多种茶文化要素经过艺术化设计的结果。茶，是茶席设计的出发点，以“茶”为核心表情达意，是茶席设计的基本思路；器为茶之父、水为茶之母，茶席之上，选用得宜的茶器具是茶席主题的重要物化呈现；茶席的铺陈是茶席空间展开的依托，其材质、色彩、尺寸与主题密切相关；茶席花，往往是茶席的亮点之一，赋予茶席自然、活力和浓厚的人文氛围；茶席上的茶点，不仅为解“茶醉”之用，更能赋予茶席特定的仪式感和人文内涵；必要的摆件和静态、动态背景的应用，更能帮助观者很好地走进和理解茶席的主题。

任务一　茶品

任务导入

在一个阳光和煦的午后，某大学为来校参观考察的留学生家长布置了精致的中式下午茶会，本已万事俱备，结果负责茶会的同学们最后却在为茶席该选什么茶而争论不休。其实茶席的设计应当以茶品作为优先的考虑因素之一，那么我国这么多茶品到底各自有哪些特点呢？该选什么茶品较为合适呢？

一、茶类概述

2023 年 4 月 18 日，安徽农业大学宛晓春教授科研团队牵头制定的国际标准 ISO 20715：2023《茶叶分类》正式颁布，标志着我国六大茶类分类体系正式从我国的茶叶分类法升级为国际共识，这在我国的茶叶标准国际化进程中起到了里程碑的作用。该项国际标准根据茶叶加工工艺和品质特征，将茶叶分为红茶、绿茶、青茶（乌龙茶）、黄茶、白茶、黑茶六大类。六大基本茶类的定义是：茶树鲜叶经过不同的加工方式从而成为不同的茶类，其实质是加工过程中茶多酚氧化程度，以及茶氨酸、咖啡碱、芳香物质等内含物质的不同而形成了不同茶类的品质特征。

我国是世界上最早发现并利用茶的国家，各地出产的名茶不胜枚举，已经成为地方文化的特色和代表；此外，我们常说“人生如茶，茶如人生”，所有的茶类都可以传情达意；然而，六大茶类基于各自特色的差异，带给人们的身心感受也各不相同，因此，在茶席之中能够表达和传递的审美意趣也各有侧重。同时，也可以根据茶汤的颜色来选择和搭配茶器具以及铺陈的质地、色彩，帮助凸显茶席主题。

（一）绿茶类茶品

绿茶在六大茶类中占比重最大，根据其加工方式的不同，绿茶又可以分为炒青绿茶、烘青绿茶、晒青绿茶、蒸青绿茶。炒青绿茶是杀青揉捻或整形后在锅中炒干的绿茶，我国生产出口的“眉茶”和“珠茶”都属炒青绿茶，龙井茶、大方茶、碧螺春、雨花茶等也都是炒青绿茶；炒青绿茶外形条索较紧，香气高，味鲜浓。烘青绿茶是杀青揉捻或整形后烘干的绿茶，我国大量生产的作为茉莉花茶的茶坯就属此类；除此之外，黄山毛峰、太平猴魁、华顶云雾、高桥银峰等很多名优茶也属烘青绿茶；烘青绿茶外形一般较松，香气滋味较鲜爽。晒青绿茶一般是成熟或粗老原料经杀青揉捻后晒干的绿茶，我国云南、四川、陕西等地不少黑茶紧压茶的原料就属此类，通常称滇青、川青、陕青。晒青绿茶由于原料较成熟或粗老，一般制成之后外形粗松，日晒味和青气较重，滋味粗涩浓烈。蒸青绿茶用高温蒸汽杀青，后揉捻、干燥。产于我国湖北的恩施玉露，日本的玉露茶、煎茶都属此类。蒸青绿茶以“三绿”的品质特征而闻名，即干茶墨绿、茶汤绿、叶底绿。滋味鲜醇浓爽，带有海苔香或海藻香。

“鲜醇”是绿茶的风味审美核心，从工艺的角度讲，绿茶是人们想要留住茶最“鲜”状态的产物。产于春季的绿茶，口感鲜香，叶底软嫩，收尽江南最美春色。因此，除去地域文化和地域特征外，绿茶类可以表达“春天”“青春”“希望”“未来”等类型的茶席主题。

图 2-1-1 西湖龙井

图 2-1-2 太平猴魁

（二）黄茶类茶品

黄茶的工艺为：萎凋、杀青（此时可以选择在杀青后进行闷黄）、揉捻整形（此时也可进行闷黄）、干燥（在干燥期间还可进行闷黄），由此可见黄茶是在绿茶工艺基础上多了一道闷黄，通过闷黄使茶叶氧化形成黄汤黄叶的特点。黄茶按照采制等级区分，可分为：黄芽茶、黄小茶、黄大茶等。著名黄茶有黄芽茶－君山银针、黄小茶－平阳黄汤、黄大茶－霍山黄大茶。黄茶因为加工中的闷黄工艺，滋味更加醇和，刺激性减少，香气则更成熟。

图 2-1-3 霍山黄芽

“温醇”是黄茶的风味审美核心，要理解黄茶的风味特点，需要建立在理解绿茶风味的基础之上。和绿茶相比较而言，黄茶对于鲜度的追求稍稍降低，但是对于醇度的要求则大大提高。黄茶类适宜表达以“平和温润”“岁月静好”等为主题的茶席，此外绿茶类能够表达的茶席主题，黄茶同样也可以。

（三）白茶类茶品

白茶，是不经杀青和揉捻，只通过萎凋和干燥工艺制作而成的、白毫显露的微发酵茶。白茶根据茶树品种和采摘标准的不同，可以分为：白毫银针、白牡丹、贡眉、寿眉。白毫银针，采摘单芽为原料；白牡丹，采摘一芽一二叶为原料；寿眉，采摘二至四叶为原料。福建白茶中比较特殊的是贡眉，贡眉需采摘群体种茶树的嫩梢为原料进行制作，这里的嫩梢可以是一芽一叶至一芽三叶之间。

“自然”是白茶的风味审美核心，“天然去雕饰”是白茶相较于其他茶类的工艺特点。白茶的风味审美则应当从两个“自然”的角度来看待。因此，表达“山水意象”“自由意象”“澄澈纯净意象”风格的茶席主题都可以选用白茶。

图 2-1-4 白毫银针

图 2-1-5 陈年白牡丹

（四）青茶类茶品

青茶是半发酵茶，不同的青茶其发酵程度的差别很大，从 10%～70%不等。青茶一般会采摘较成熟的原料进行加工。其工艺为：采摘、萎凋、做青、杀青、揉捻整形、干燥。青茶按照四个不同的产地又可分为：闽北乌龙、闽南乌龙、广东乌龙、台湾乌龙。青茶通过其最核心的做青工艺使茶叶呈现出绿叶红镶边的特征，更使其产生令人迷醉的、馥郁多变的香气。

“馥郁”是青茶的风味审美核心，如果说白茶的工艺特点是“天然去雕饰”，那么“极尽人工”便是青茶的工艺特点，因为其特殊的工艺——做青。青茶的香气往往是类型多变、高扬、具有穿透力的，而且青茶往往采用较成熟的鲜叶进行加工，所以其滋味也是格外浓酽的。因此，表达“盛大”“隆重”“热情”等主题的茶席，可以选用青茶类茶品。

图 2-1-6 凤凰单丛

图 2-1-7 武夷岩茶

（五）红茶类茶品

红茶，是鲜叶先经过萎凋，然后揉捻或切碎，继而发酵，最后干燥而制成的茶叶品类。由于鲜叶不经过杀青而是采用摊青萎凋，激活多酚氧化酶的活性，因此揉捻或切碎后，茶多酚迅速氧化而使叶子变红，这种变红的过程我们称为“发酵”，发酵适度后，烘干制成红茶。红茶的品质特点，简而言之，就是香气甜纯，滋味浓醇，红汤红叶。

红茶按照制作方法的不同可以分为：小种红茶、工夫红茶、红碎茶。其中小种红茶产于福建武夷山，带有烟香味。出口的小种红茶一般有揉切工艺，而现在内销的小种红茶一般保持较为完整的条索。

工夫红茶的原料采摘较细嫩，条索较紧秀、紧结，色泽乌润。高等级的显金毫，做工精细，香气馥郁高扬，滋味浓醇鲜爽，为现在国内饮用的主流红茶，其代表有祁门工夫、白琳工夫、滇红工夫等。

红碎茶是指加工中揉捻工序采用切碎的方式制成的红茶。红碎茶可分四大花色分别是叶茶、碎茶、片茶、末茶。红碎茶冲泡后茶汁浸出快，一次冲泡浸出量大，适合作袋泡茶原料，加糖加奶饮用，十分可口。

“甜熟”是红茶的风味审美核心，从工艺的角度来看，在极短的时间内先破而后立（对鲜叶进行揉捻，然后使其快速氧化“发酵”），便使它产生了蜕变，由青寒向温和转变，由生涩向成熟跃进。红茶的“甜熟”表现在如蜜的香气上、温暖的茶汤里，和绿茶形成了鲜明的对比。红茶强大的包容性使其在与茶席主题的匹配度方面十分得宜。无论清饮、调饮，还是古今中外、虚幻现实，抑或亲情、友情、爱情等，基本所有的茶席主题，都可以选用红茶来表达。

图 2-1-8 九曲红梅

（六）黑茶类茶品

黑茶一般是利用晒青毛茶经渥堆发酵或者晒青毛茶在紧压后经后发酵制成的茶叶，干茶为黑褐色，滋味较浓厚。散茶状态的黑毛茶是压制多种紧压茶的原料。黑茶按照产地进行区分可分为：湖南黑茶、湖北黑茶、四川黑茶、广西黑茶、云南黑茶、安徽黑茶等，后发酵和越陈越醇是它们共同的特点。黑茶的包装一般比较原始和简朴，多以绵纸、竹篾、粽叶、笋壳等进行包装，这是由其历史发展原因和其需要后发酵的特性导致的。

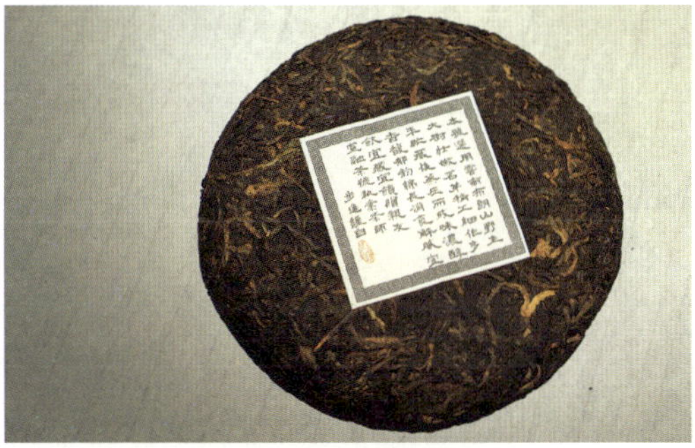

图 2-1-9 普洱熟饼

陈醇浓厚，是黑茶的风味审美核心，历经岁月的历练和积淀，不断成长、不断完美，丰富的经历恰如充满人生智慧的长者，陈醇的风味里有淡淡的花香、有温润的回甘，这些都需要静下心来细细品味，才能体会。因此，表达“禅意”“修行”“成长”“人生”等主题的茶席，可以选用黑茶。

（七）再加工茶类茶品

再加工茶类则是在六大茶类的基础上进行或紧压，或窨花，或添加果干，或萃取的茶和含茶饮品。

“茶引花香，花益茶味”，无论是窨制的花朵果干的加入，还是方便快捷的萃取茶和含茶饮品，其干茶都芬芳扑鼻，茶汤酸甜适口，茶汤的颜色更是因为多种不同配料的加入而丰富多彩。浪漫温馨、时尚雅致，是再加工茶类的风

图 2-1-10 桂花龙井

味审美核心，因此，表达“地方特色”“浪漫”“美好”“时尚”等主题的茶席，可以选用再加工茶类的茶品。

▸ **拓展讨论：从不同的茶类出发，我们可以用茶席来表达什么样的主题？**

讨论要点：

1. 主题的选择。
2. 茶品、色调、材质、器具、配件、插花的艺术组合。
3. 凸显在地特色或席主自身特质。
4. 实践应用性广泛，实用与美学兼顾。

二、茶类主题茶席实例赏析

（一）茶品选用——贵州雷山银球茶

如下图所示，茶席搭配的茶品为特级雷山银球茶（5 克）。

图 2-1-11 雷山银球茶

（二）茶品基础知识

雷山银球茶是最早也是唯一的圆球形紧压绿茶，该茶由勤劳智慧的苗族劳动人民创制于20世纪80年代的贵州省雷山县，因其外形就像苗族姑娘身上佩戴的银铃铛，且当时中国乒乓球频频夺冠，基于这样的背景，所以命名为“雷山银球茶”，并且在 1991 年被外交部选为馈赠礼品。

雷山银球茶产地海拔在 1100 米以上，年平均气温 14 ~ 15℃，年平均湿度 80%以上，日平均日照时间 3.3 小时，环境优越，天然出尘，种植、采摘多毫品种茶树，采摘期为清明节前后，越冬芽的内含物质积累时间长，内质饱满，果胶丰富，硒含量是普通茶叶的 15 倍左右。这些为雷山银球茶独特外形的塑造和风味品质奠定了良好的物质基础。

雷山银球茶的制作工艺为采摘(一芽一叶至一芽二叶)、摊青、杀青、揉捻、炒烘、揉捻搓球,干燥(烘干)、提香。经过这样繁复工序制作而成的雷山银球茶外形圆整(茶球直径约 2 厘米,重量约 2.5 克),银毫满披隐翠(或墨绿带银毫),茶汤嫩绿透亮显毫,香气清鲜带毫香、嫩栗香、清花香,滋味鲜醇甘爽,持久耐泡,叶底柔软、厚韧,嫩绿亮。雷山银球茶因为其独特的外形使它的风味物质浸出速度较一般绿茶不同,所以在冲泡方式上也与一般绿茶大不相同,在茶水比为 1 ∶ 20 的情况下,第一泡需要较长时间浸泡(约为 60 秒),第二、三、四泡则要避免长时间浸泡(约为 15 秒),之后则视口味酌情增减。

(三)茶席剖析

图 2-1-12 雷山银球茶茶席

以侈口青釉倒钟形盖碗作为主泡器(标称容量 120 毫升),盖碗的器型和容量可以充分使茶叶舒展,利于冲泡,青色釉水则与茶品的颜色相呼应。

以带柄透明玻璃公道杯作为分茶器(容量 250 毫升),玻璃透明的特质可以使品饮者直观地看到茶汤中丰富的茶毫,手柄在多人茶席中方便分茶,蓝绿色手柄则与茶席的主题色相呼应。

以 5 只直口月白釉莲子杯为品茗器(每只标称容量 45 毫升),直口莲子杯器型风格内敛,品饮口感舒适,较浅的月白釉色则便于在品饮时欣赏茶汤,45 毫升的标称容量在盛茶汤时,一般会分至 25 毫升左右,便于小口品饮。

以月白釉圆形束口水盂作为弃水器,以月白釉折沿圆盘为盖碗承,以月白釉小圆盘为公杯承,以锡制圆形杯托承托品茗杯,茶拨则为竹与银的结合,盖置为扳指形月白釉器,茶巾为素色丝麻,水壶为天青色直口烧水壶,茶席底色为金褐色丝棉质地茶席。

该茶席在色彩上大量使用青、白二色，用以表示雷山银球茶的生长环境位于高海拔云雾缥缈之地，也隐含着苗族特色。器型上基本采用圆形和雷山银球茶进行外形上的呼应，也延伸表达了雷山银球茶以及苗族人民和多民族大家庭的圆满融和之意。锡和银质器具的光泽肌理则与苗族姑娘的银饰形成了呼应。金褐色的茶席底布代表了贵州喀斯特地貌上宝贵的土地，和缥缈的云雾形成对比，承载着茶器和茶汤，由此茶汤便成了“绿水”，器具便成了“青山”，而这绿水青山也因为雷山银球茶而成为金山银山。

该茶席能较好地表达茶品的风味特点和风格，也隐含着创制这款茶的苗族特色，并且将茶、民族、地理特点进行了立体的融合，使茶席内容逐步丰满，茶韵悠长。

实训任务

请以小组为单位，抽签完成以不同的茶类为主题设计茶席，要求必须体现出选用茶类的品质特征与人文内涵。

（一）实训指导要点

茶席主题的切入点、茶席色调的选择、茶席器具的搭配、茶席配件的选择、茶席花的选择、茶席空间的构建、茶席情感情绪的表达等。

（二）评分标准

表 2-1-1 茶席设计茶品单项评分标准

序号	项目	满分	要求和评分标准	配分	扣分	得分
1	茶席色彩、结构设置科学，合理	60分	茶席的空间、结构设计与茶品的沏泡流程搭配适宜	20分		
			茶席铺陈的色调与茶品搭配合理	20分		
			茶席铺陈的质地与茶品搭配合理	20分		
2	主题明确、创意新颖	40分	主题明确，与茶品的品质特征、人文内涵等关联合理	20分		
			解说稿文字贴切、优美，能突出茶品应用的内涵意义	20分		
总分	100分					

思考与练习

一、简答题

1. 请同学们翻阅相关资料，简述六大茶类的基础知识，并分析其在茶席上呈现的审美特征。

2. 请同学们翻阅相关资料，简述再加工茶类的基础知识，并分析其在茶席上呈现的审美特征。

二、多项选择题

1. 下列哪些茶席主题可以选用绿茶类茶品？（ ）

A. 青春类 B. 春天类 C. 江南类 D. 校园类

2. 下列哪些茶席主题可以选用红茶类茶品？（ ）

A. 地方特色类 B. 励志故事类 C. 爱情类 D. 潮流时尚类

项目二·任务一·参考答案

参考答案

任务二 茶器

任务导入

美好的春日，某访问团一行人来到杭州中国茶叶博物馆参加“三茶统筹共谱新篇”调研活动，请为这支远道而来的访问团队选择适合的主器冲泡西湖龙井，以表现出西湖龙井色绿、香郁、味甘、形美的最佳状态。

一、主茶器

（一）主茶器之盖碗

1. 盖碗的概述

盖碗又称“三才碗”，盖、碗、托三者即是天、地、人三才，表达了人与天地合一、

图 2-2-1 盖碗 （供图：印庐）

与自然和谐的美好愿景。盖碗的材质除传统的瓷质外，还有金银玉器、象牙、琉璃、宝石等不同质地。为满足现代人更耐用、更环保、更便利的使用需求，玉器、象牙、宝石等材质逐渐退出历史舞台。其中，玻璃盖碗因现代工业的发展，便于欣赏茶叶、茶汤的优势，得到了更为广泛的应用。

此外，还有金、银、铜、钛等金属材质。但因其过于良好的导热性，制成盖碗后往往需要与竹编、藤编外壳搭配使用。目前市面上还是以陶、瓷和玻璃材质的盖碗居多。

当下，随着社会饮茶意趣的不断提高和时代文化精神的持续融合，盖碗从使用、产销、创作等方面均达到了历史的高峰。

2. 盖碗的作用

在现代茶事活动中，盖碗的主要作用可简要分为以下两种：

（1）品饮作用

盖碗因其保温性好、不易串味、易于清洗等特点，适宜绝大多数茶类的冲泡应用。当其作为日用器具体现品饮作用时，盖碗用法可简单分为茶水共饮和茶水分离两类。

（2）文化作用

因承载着“三才”的传统文化内涵，盖碗在国际交流中也会成为“和”文化的象征。这一点，在 2016 年 G20 杭州国际峰会，中国国家主席习近平与美国前总统奥巴马所用的“西湖茶叙”盖碗上体现得尤为明显。在会谈中，双方所用的茶器一改以往国际对话中领导人所用的办公杯（马克杯），选择了更能代表中国传统文化的盖碗作为载具。盖碗除“天、地、人”的象征外，亦是合器，当双边国家领导人端起盖碗时，则是将“和”文化赋予其中了，“天、地、人、和 ”便是盖碗的完整寓意。

（二）主茶器之茶壶

1. 茶壶的概述

壶，最早出于何代何年何人之手，现已不可深究。在《周礼》的《夏官》、《秋官》两章中就有“壶，盛水器也”；“壶，酒器也”的注释。可见，早期的壶是一种通用盛器，并不拘泥于盛放酒、水、茶、药或其他饮品。“壶”向“茶壶”的转变，则可追溯到唐宋两代对于执壶的应用。执壶又称汤瓶、水注、注子等，审安老人在《茶具图赞》中则称其为“汤提点”。明初，朱元璋于洪武二十四年（1391 年）提出“废团改散”。宜兴紫砂壶因其独特的“双气孔”结构适宜冲泡散茶，就此兴盛。后经清代、民国的持续发展，人们在紫砂壶创制过程中探究出的器型、工艺、文化等堪称茶壶之冠。

时至今日，茶壶的发展已逾千年。除了瓷、紫砂、玻璃等常用材质，还不乏金、银、铜、铁等金属材质，又有福州脱胎漆茶壶、海南椰壳茶壶等，使得茶壶的表现形式更为多样。茶壶的质地选用最常见的有瓷、陶、紫砂、玻璃、金属、矿石等。不同材质对茶性的发挥影响非常大，这里我们不提倡使用矿石材质的茶壶来冲泡茶。瓷壶和紫砂壶相对更适合大多数茶类冲泡，而玻璃材质的茶壶则更适合用来冲泡需要观赏其优美形态的茶。金属材质的壶因其导热性能良好，且不易破损，往往更适合用于户外饮茶的活动。

图 2-2-2 茶壶（供图：印庐）

2. 茶壶的作用

茶壶在现代茶事活动中的主要作用大致可分为煮茶壶与泡茶壶两类。煮茶壶的形式在日常茶席中较为多见，其用法与古代的茶釜、茶鍑类似，在茶艺茶席呈现中较为少见。泡茶壶中，基于传统紫砂壶型制作的茶壶作为主器出现最为常见，根据取用方式的不同可分为：提梁式、正把式、侧把式等；根据壶身器型可分为方器、筋纹器、仿生器等。

图 2-2-3 紫砂壶

（三）主茶器之玻璃杯

玻璃，又称琉璃、硝子等。唐代，琉璃因制作困难、产量稀缺成为贵族的身份象征，又因其澄明透净的特点被作为翠玉的代替品，被赋予了丰富的文化内涵。玻璃杯盏在茶事活动中的应用，古已有之。其中，最为出名的便是法门寺地宫出土的琉璃茶盏。

图 2-2-4 琉璃盏

在现代的茶事活动中，玻璃杯盏因其色泽透明，利于呈现茶色、茶形，因而在绿茶冲泡中得到广泛应用，“绿茶玻璃杯泡法”也成为了基础茶艺中不可缺少的部分。

二、分茶器

（一）分茶器的概述

分茶器，顾名思义是将制备好的茶汤分至品茗器中的工具。分茶器在茶事活动中是十分常见的，其在现代茶事应用中的样式也是多变的。我们要知道的是：并不是所有茶事活动中都需要分茶器，比如直接将茶叶投入茶碗中，而后注水冲泡、品饮。在这样的饮茶过程中就无需将茶水进行分配，故此不需要分茶器的参与。

当茶事活动中需要分茶器时，其形式往往是这两种情况：一是泡茶器即为分茶器。在传统潮州功夫茶的冲泡过程中，或是“乌龙茶紫砂壶双杯泡法”的基础茶艺里可以不借助额外的器具进行分茶，而是通过主泡娴熟的技艺均匀分配茶汤，此时泡茶器即为分茶器。二是分茶器是一件独立的器皿。这时分茶器可以是分茶勺、公道杯等。分茶勺多用于仿唐煮茶、大钵（碗）点茶、碗泡法等茶艺演示中将茶汤均匀分配；公道杯多用于现代功夫茶冲泡时使用，在分匀茶汤的同时，也降低了行茶的难度。

与此同时，日常饮茶有时会使用大容量的茶壶冲泡茶或煮茶，而后直接将茶水从壶中分至茶碗、茶杯，此时壶既是泡茶器也是分茶器。

（二）分茶器的类别

这里的分茶器主要是指作为独立器具存在的分茶器。

1. 分茶勺

它的材质有银、木、竹、瓷、陶、玻璃等，茶勺的器型也较为单一，多为长柄勺状。较提倡使用瓷、陶、玻璃材质的茶勺，这类材质稳定，便于清洗，可长时间地保持洁净、无异味。

图 2-2-5 银质水勺

2. 公道杯

它的材质一般有银、瓷、陶、玻璃等，玻璃质地的公道杯最能体现茶汤的颜色与亮度，且便于清洁，价格实惠，是现代茶事中最为常用的公道杯。瓷质公道杯外形装饰更加丰富，具有更多的艺术创作空间，赏玩属性更强。金银质地的公道杯如今也十分流行，但因其导热性好，往往需要配合竹编外壳使用。

公道杯的器型多样，有正把、侧把、无把之分；又有圆腹型、方型、仿古汤瓶型等。

图 2-2-6 玻璃公道杯

三、煮水器

（一）煮水器的概述

商周以前，煮水器常以陶壶的形式存在，称为“鬲”。后来在商周至秦汉时期，则出现了更多的青铜煮水器。唐代，茶事活动中所用的煮水器被称为“鍑”，材质是多样的，有铁、银、瓷、石等。宋代，汤瓶成了茶事活动中主流的煮水器，皇家所用汤瓶奢华异常。明清时，冲泡工夫茶的煮水器以砂铫、瓷铫居多。砂铫其有柄和流口，口腹较大，烧水快，宜冲茶。冲泡大碗茶时，煮水器则使用容量较大的铜壶、锡壶等。

现代，随着科技进步，煮水器更是百花齐放。古代所用的煮水器传承有序，在现代的日常生活、茶艺演示中多有使用；同时，适合当下时代发展的各类电烧水壶也层出不穷。

（二）煮水器的类别

当代煮水器的材质很丰富，其中金属类的即可分为金、银、铜、铁、钛、不锈钢等，其余可分为陶、瓷、玻璃等材质。

煮水器的器型也是十分多样，有仿古器型，如鍑、汤瓶、砂铫、提梁壶等，有各种现代器型。

图 2-2-7 煮水器

四、辅茶器

（一）存贮器

1. 茶叶罐

茶叶罐用于贮存茶叶，是日常生活中极为常用的茶器，小口大腹的器型更能留住茶香。茶艺演示时，往往同茶拨、赏茶荷搭配使用。

图 2-2-8 茶叶罐（供图：印庐）

2. 茶则

古人煮茶时，会将茶叶研磨成粉末。茶则就是用来从茶罐中舀取茶末、计算茶量的器具。《茶经·四之器》中指出："则，以海贝、蛎蛤之属，或以铜、铁、竹、匕、策之类。则者，量也，准也，度也。"

到了现代，茶则又可称为赏茶荷，应用上削弱了其度量的作用，主要起到赏茶、暂存干茶等作用。

图 2-2-9 茶则

图 2-2-10 茶则、茶匙 + 茶匙架

（二）洁净器

1. 茶巾

茶巾又可称为洁方、受污等，常用于清洁行茶时沾在茶器上的茶水，材质以吸

水性佳、便于清洗的素面棉麻为上。

2. 水洗

水洗是历史悠久的中国传统器具。最早为生活、文房用具。在茶席上常用于盛放弃水，冲泡完的叶底等，故又称水弃、水盂。

图 2-2-11 水洗（供图：印庐）

（三）承置器

1. 壶承

壶承在用法上分为干湿两种，主要起承托主器之用，可通过抬高主泡器的高度来提升茶席的视觉感受，还可避免水湿桌面，保持茶席的整洁美观。

壶承多为圆盘型、方盘型，偶有高台型。材质上常有紫砂、瓷、玻璃、亚克力、金属等。

无论哪种材质的壶承，日常使用时均可在主泡器底部备一软质壶垫，以免主器与壶承间相互摩擦或磕碰时发出声响。

图 2-2-12 竹制壶承

图 2-2-13 石制壶承

图 2-2-14 水晶壶承

图 2-2-15 瓷制壶承

2. 盖置

盖置用于放置壶盖、杯盖等器物，既可以保持盖子的洁净，也可以避免水汽滴涎沾湿桌面。盖置多为瓷、玻璃、竹木等材料制成，造型多变，十分实用。

图 2-2-16 瓷质盖置

图 2-2-17 盖置承托茶盖

3. 茶拨、茶拨架

茶拨的主要作用是将干茶从储茶器转移到赏茶器和泡茶器，或是将叶底取出至水盂、渣斗等弃茶器，取茶和弃茶所用之茶拨不可混用。茶拨的材质一般为竹、木、银、铜等。茶拨架往往和茶拨共同出现，其作用是使茶拨离开桌面保持洁净，和文房用具中的笔架类似。

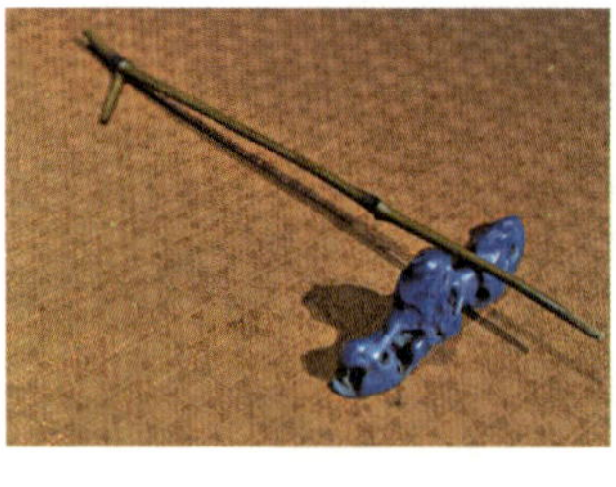

图 2-2-18 茶拨与山子形茶拨架

图 2-2-19 茶拨与如意形茶拨架

图 2-2-20 茶拨的使用

（四）茶席

狭义上的茶席仅指席面基础布、桌旗等必备的布艺类材质，广义上的茶席可指行茶演示时所需的席面效果，直至茶空间的整体呈现。此处，我们仅讨论狭义上的茶席意义。

茶席在茶空间中用于承托所有的涉茶器具，因此在茶空间设计的实用性、美观性、内容性、思想性上均具有重要地位。传统的茶席主要有棉布、亚麻、丝绸、雪纺、宣纸等材质，也可以根据不同的主题表达、环境构造因地制宜地选用水流、植被、石板、竹木等天然材质的茶席。

五、品茗器

（一）品茗器的概述

陆羽的《茶经》中有记载："茶之为饮，发乎神农氏，闻于鲁周公。"我国对于茶叶的利用最早可以追溯到上古时期。

唐以前，饮茶方式集中于"煮茶""痷茶""芼茶"几种，饮茶器还未与食器、酒具完全分离，存在一器多用的现象。盛唐时期，茶叶品饮的方式逐渐倡导清饮、着眼审美、重视情性培养。此时，人们开始关注茶汤与器物之间的协调感。陆羽在《茶经》中首推越州青瓷，称其"类冰""类玉"，"色青，青则益茶。"更有陕西法门寺出土的皇家供奉的琉璃盏、鎏金鎏银茶器具等。此时，饮茶器逐渐从食器、酒器中剥离出来，拥有了自身独特的应用场景。

宋代盛行点茶法，以沸水入茶，进行点冲，所谓"煎水不煎茶"。此时，饮茶器出现了丰富多样的选择，如湖田窑青白釉茶盏，汝窑天青釉茶盏，定窑白釉茶盏，钧窑月白釉茶盏，建瓯、建阳黑釉兔毫盏和油滴盏等，尤其在宋代中后期点茶之风盛行，因黑釉兔毫盏与油滴盏更能体现"茶色贵白"，适宜斗茶，故更为风靡，一盏难求。

图 2-2-21　建窑油滴盏

图 2-2-22 仿唐盏在茶艺作品中的应用

元代与明初，短暂地流行了末茶法。后因朱元璋推行“罢团改散”的政策，直至清代，饮茶方式以撮泡法为主。此时，流行将盖碗作为载杯茶水品饮，或是将茶水分离后选用小容量的茶杯进行饮用。而现代，茶叶的品饮方式越发多样，呈现出百花齐放的姿态，所使用的品茗器纷繁多样。

（二）品茗器的类别

现代茶事活动中的品茗器造型风格十分多变，常见有中式传统的斗笠杯、压手杯、葵口杯等，也有西式红茶杯、马克杯、办公杯等。品茗器材质的选取以不影响茶汤品质为第一要素，常见的有瓷器、陶器、紫砂、玻璃、竹木、金属等。随着时代的发展和国际交流日益频繁，咖啡杯、传统酒杯、各种鸡尾酒杯也正在成为人们品茗时经常使用的载杯。

图 2-2-23 印庐黄釉莲盏（供图：印庐）

图 2-2-24 清竹主人杯（供图：印庐）

图 2-2-25 红茶杯（下午茶杯）

图 2-2-26 品茗杯（咖啡杯）（供图：印庐）

图 2-2-27 品茗杯（饮品杯、酒杯）

六、茶器在茶席搭配时的注意要点

（一）实用性

实用性是构建茶席美学观感的基础，是我们在进行茶席设计时首先要考虑的。无论是主茶器、辅茶器还是其他必要的器具，选用时都需要认真思考是否便于席主的流畅使用，是否能够精准呈现茶品风格，是否能够最大限度地传递和表达茶席的主题。如果单纯为了创新和视觉冲击而选择了牺牲实用性的做法，会大大限制茶品风格的呈现和茶席主题的表达，席主的不自然更会降低观者和茶客的愉悦感。实用性具体表现在器具的材质、容量、数量、造型趁手度和适口度等方面。

（二）美观性

茶席的综合意境之美，直观地体现在器物之美上。因此，在遵守实用性的前提下从色调、器型、质地、尺寸、装饰等角度选用独具美感并与茶席整体风格和审美意趣相统一的器物，从视觉、触觉的双维度进一步提升和丰盈茶席的美学价值和人文内涵。例如：粗陶质地的器物更能赋予茶席大自然的质朴感、亲切感、包容感，帮助快速拉近人与人之间的距离；瓷器质地的器物，精致、高洁、温润，更能引领观者进入美好的、深层次精神体验；玻璃质地的器物，有大量的留白，澄澈、纯净，更能凸显视觉、触觉、味觉的综合愉悦体验，进而帮助激发人们的美好想象。

（三）秩序性

器物的选用，要坚守严谨的秩序性。具体表现在：一是明确区分主次。主体功能器物的选用，应充分确保其在茶席布局中的鲜明和突出，也就是说主体的器物本身要具有一定的气场和故事感，要具有一定的艺术感染力；辅助器物的选用既要能够凸显主体，又要能充分发挥其价值，切记不可喧宾夺主。二是取舍有序。当下茶席能够应用的元素纷繁复杂，如果盲目堆砌、一拥而上，反而会扰乱视听，让人看不到重点，导致焦点和主旨被弱化。

▸ 拓展讨论：从冲泡绿茶的角度出发，我们选用何种主茶器更为合适？

讨论要点：

1. 从实用角度出发，不同器具在冲泡绿茶时各自的优缺点。
2. 从美学角度出发，不同器具在绿茶茶席呈现上各自的优缺点。
3. 需凸显地方特色或席主自身特质时，除上述几类常用主茶器外，还可以使用哪些器具作为主茶器？

实训任务

请以小组为单位，结合“唐”“宋”“明”“现代”的时代特点，抽签完成以任意一个时代的代表性茶器为核心的茶席设计。要求必须体现出器具的时代特性。

（一）实训指导要点

茶席主题的切入点、茶席器具的搭配、茶席配件的选择、席主的使用习惯、茶席空间的整体呈现等均在考虑范围之内。

（二）评分标准

表 2-2-1 茶席设计茶器单项评分标准

序号	项目	满分	要求和评分标准	配分	扣分	得分
1	茶席色彩、结构设置科学，合理	60 分	茶席茶器尺寸的选择与空间布局科学、合理	15 分		
			茶席茶器相互间的材质、色彩搭配适宜	15 分		
			茶席茶器的使用科学、合理	15 分		
			茶器的器型、质地与铺陈搭配适宜	15 分		
2	主题明确、创意新颖	40 分	主题明确，与茶器的材质、色彩等关联合理	20 分		
			解说稿文字贴切、优美，能突出茶器应用的内涵意义	20 分		
总分	100 分					

思考与练习

一、简答题

1. 请同学们举例分析当盖碗为主茶器时，搭配哪些茶器使茶艺、茶席组合更为完整。

2. 请同学们举例分析当演示唐代煎茶时，选用哪些茶器使茶艺、茶席组合更为完整。

二、多项选择题

1. 下列属于辅茶器的是（　　）。

A. 茶拨架　　B. 茶勺　　C. 泡茶壶　　D. 茶巾

2. 下列属于主茶器的是（　　）。

A. 盖碗　　B. 紫砂壶　　C. 玻璃杯　　D. 品茗杯

三、判断题

1. 主茶器在茶席上往往起到承托的作用，因此我们在设计茶席时可以不使用主茶器。（　　）

2. 挑选茶器时，实用性永远是第一要素，所以我们无须在意茶席搭配的整体效果，只要茶器适手就行。（　　）

项目二·任务二·参考答案

参考答案

任务三　铺陈

任务导入

本周末，省博物馆将举办中国书法展，请以中国传统文化的书法、笔墨纸砚为题材选择相关风格定位及铺陈材质，在展馆内铺设传统式茶席用以接待观展嘉宾。

一、铺陈的概述

铺陈

铺陈指的是茶席整体或局部物件摆放下的铺垫物。通常在设计茶席的过程中会设置茶席布与茶席的铺陈物。其作用有三：一是遮挡，外出铺设茶席时，不确定会使用到怎样的茶桌，如若茶桌是较为简陋的折叠桌或是有着不协调的颜色，直接将器具摆放其上则会显得突兀不够美观，这种情况下我们则可以选择铺置提前选择好的茶席布遮掩茶桌的缺陷。二是阻隔摩擦，茶桌一般是较为坚硬的木质或石质，直接将器具摆放其上会产生器具与桌面的直接摩擦，从而发出声响并会造成茶具的磨损，因此可以在茶桌上铺置大小协调的茶席避免尴尬的情况发生。三是以自身的特征协助完成对茶席主题的诠释，不同的茶席色彩、材质、铺陈方法都可以表达不同的思想情感，例如粉色有着优雅、柔和、浪漫的寓意，给人以幸福、美好的印象；使用具有复古气质的粗布可以勾起人们对某件事情的怀念，或制造沉静的气氛。

二、铺陈的材质

常见的铺陈材质：纸席、纤维防水布席、竹编席、棉麻席、印花席、香云纱席、织锦席等。

其他的铺陈材质：树叶、木板、玻璃、仿真材料、无茶席铺设（例如利用户外草坪、茶桌本身的材质和肌理）等。

也可用绘画手卷作为茶席布，别有一番雅趣。铺陈的材质几乎无所限制，一块选择得当的茶席布，会起到意想不到的效果。

图 2-3-1 棉布绣花茶席

图 2-3-2 仿皮革茶席

图 2-3-3 织锦茶席

图 2-3-4 香云纱茶席

三、铺陈尺寸及形态

（一）铺陈的尺寸

作为基础铺的茶席布尺寸，长通常需要大于桌长加二倍桌高，宽需要大于桌宽加桌高。例如茶桌尺寸为长 120 厘米、宽 45 厘米、高 75 厘米，则茶席布的长需大于 270 厘米，宽需大于 120 厘米。茶席布上方的茶席铺陈宽度一般是茶桌宽度的三分之一到四分之一，这样避免了宽度过宽或过窄带来的不协调感，茶席长度则可以根据实际需求规划尺寸，如若茶席铺设不方便垂挂，茶席长度则要小于桌长，若想要达到垂挂效果则可以适当加长。

图 2-3-5 立体波浪形

（二）铺陈的形态

茶席的铺陈形态十分多样，最常见的为长方形、方形、圆形、半圆形、三角形、菱形等规则几何形。如若想要体现主题的特殊含义或表达时尚创新也可以创造出不同的铺陈形态，如花形、立体波浪形、自然随形、不等式形等不规则形态。

图 2-3-6 自然随形

图 2-3-7 长方形

图 2-3-8 花形

图 2-3-9 三角形

四、铺陈的配色

铺陈的色彩需重视视觉感受，单色是最常见也是最不易出错的选择，重叠色彩原则上不超过三种（黑白灰除外），选择铺垫色彩时可以探索颜色背后的象征意义，如绿色象征自然，红色体现热情，蓝色代表科技等。

铺陈的色彩搭配还可以利用色彩学中的四种技巧：一是近似色搭配，指色相环上离得近的颜色，30° 以内的颜色，比如红色 + 玫红。二是对比色搭配，指色相环上正好相隔 120° 的颜色，比如红色 + 蓝色。三是互补色搭配，指色相环上正好相隔 180° 的颜色，比如黄色 + 蓝紫色。四是同色系搭配，指色相完全相同，只有明暗不同的颜色，比如浅蓝 + 深蓝。无论是单层席布，还是多色彩的结合，都需要考虑与主泡器、壶承等茶具颜色的协调，为烘托茶席主题做出最大的协调体现。

图 2-3-10 白色系

五、铺陈的方法

平铺：是茶席设计中最常见的一种铺陈方法，即将符合铺陈尺寸的席布平面铺展开，垂落的四边遮挡住茶桌的四脚即可。

重叠铺：是基于用色彩来表达主题时常用的铺法，重叠铺陈两层或者多层铺垫。

交叉铺：是将两层或多层铺垫除平行叠铺外，采用交叉叠铺产生一定角度，这样的铺设方式可以体现一定的几何美感，通常在设计现代感十足的茶席时运用较多。

延展铺：是指茶席布或茶席铺设时将其垂落并延展至地面更远处，扩展茶席的整体面积，体现出壮观大气的感觉。

折叠铺：是指在铺设长于桌面较多的茶席且不便将其垂落延展至地面时，则会选择用折叠茶席的方式，叠出一定的纹理，既巧妙地解决了茶席过长的问题，又增添了一定的趣味。

图 2-3-11 平铺 + 延展铺

图 2-3-12 重叠铺

图 2-3-13 交叉铺

图 2-3-14 延展铺

图 2-3-15 折叠铺

▸拓展讨论：从织锦类、绸缎类的茶席出发，茶席的主题风格选用哪些类型比较合适?

讨论要点：

1.从历史文化角度出发，织锦类和绸缎类织物的制作与发展历程是怎样的?

2.从实用角度出发，织锦类和绸缎类织物用于茶席的优缺点各是什么?

3.从美学角度出发，织锦和绸缎类茶席的美学特质是什么?

六、茶席铺陈作品赏析

（一）纸质茶席——《寂静之秋》

图 2-3-16 寂静之秋

1. 茶席主题

《寂静之秋》——秋风迎面落叶黄的时节里，书法与茶都有种让人心生平静的力量，用两种传统文化的美妙结合为自己创造一个安静的空间，静静地聆听岁月的回响。

2. 茶席剖析

以书法用材的宣纸及古书法印刷作品作为席面，按照不等式的叠压作为衔接将茶席整体长度左右延伸。选择具有传统茶文化代表性的清水泥“紫砂壶”作为主茶器，公道杯材质与之相同，色调也可相互呼应。品茗杯选择“青花瓷”八角杯；“青花瓷”是我国的国瓷代表，杯上的青花纹是用一种颜料在胚胎上绘画后上釉烧制而成；八角形具有视觉上的冲击感，让观看之人不由自主地多观察，可以使观看者加深茶席印象。茶则及茶匙选择竹制材料，宋代诗人苏轼在诗中写道“宁可食无肉，不可居无竹”，这也就代表了“竹”在诗书文人心中的高洁。烧水器选用古铁所制且带有佛教回形刻纹的香炉作为煮水炉，以带有书法纹式古铁壶为储水器，两件器物均与书法题材相关并同为深铁色，衬托整体席面的传统沉稳。所选花器为黑色圆形陶制花瓶，瓶内插有枯枝，席面散落黄叶，凸显了寂静秋日时节。花瓶底部配有竹制花几将其托起，使得整体茶席铺陈层次凸显，错落有序，更具观赏性。整体茶席铺陈充分体现了中国书法特色及中式传统色彩，感观上表现出秋风迎面落叶黄的诗情画意。

（二）纤维布料茶席——《钱江潮涌·亚运添彩》

图 2-3-17 钱江潮涌·亚运添彩

图 2-3-18 钱江潮涌·亚运添彩（局部）

1. 茶席主题

《钱江潮涌·亚运添彩》——江潮奔涌表达了浙江儿女勇立潮头的精神气质，茶席围绕杭州钱塘文化历史及钱塘江对时代改革发展带来的作用和代表性意义展开。

2. 茶席剖析

以亚运色彩系统元素为灵感，运用现代光学的流动性，视觉直观体现浪潮、水花等元素。设计中以似钱塘江水视觉感的定制特殊布料为主题背景进行大范围铺设，以其拟作江水水波纹理和水浪水花效果。配合 3D 动态水波纹流光灯更好地体现了水的清灵透彻、潮起潮涌的流动感。背景（高度 3 米、宽 1.3 米，地面长 2.5 米、宽 2 米）用以体现水流由上至下时，潮涌拍打于地面激荡的水花和层层叠叠的浪潮，完美地示意了我们的钱塘江，它是动态的，是澎湃的，它象征的是生命力涌动，象征着生生不息。

色彩设计采用了杭州亚运会色彩系统主题，配合整体色彩元素选用定制透明质地有水花造型茶盘，外围造型为水滴水花效果，茶盘中央为玻璃镜面，可反光投射茶盘上侧放置的物体，寓意为映照新时代浪潮发展的万紫千红。主茶具选择呈现了亚运色彩的彩琉璃仿宋建盏，茶盏内质色彩具有中国传统水墨丹青效果，其颜色分布及纹理过渡有着挥毫泼墨之感。

（三）无茶席铺陈赏析：景观石——《花木千岩》

图 2-3-19 花木千岩

1. 茶席主题

《花木千岩》——四时花木千岩秀，一水波澜九曲流。薪传千年不绝，才沏成一盏纯正悠远的“岩骨花香”。

2. 茶席剖析

茶字拆开就是“人在草木间”。“茶”字折射出了中华文化中“道法自然”的真谛。一杯好茶的诞生，是自然与匠心的合璧力作。武夷岩茶因其独特的地理生长环境造就了岩岩有茶，非岩不茶：武夷岩茶有着不少于十二道的复杂工艺，环环相扣，一年采一季，一季耗费一年制作，是体现自然与人共同制茶的典型，每一叶都蕴含着山石的坚韧和茶人的艰辛。

图 2-3-20 花木千岩（茶席局部）

此茶席作品选用景观石作为主泡台席面，背景则以竹林、山石、青苔、兰草构建起武夷岩茶生长环境的自然之感，茶艺师身临其中展现传统乌龙茶小壶沏泡茶艺之美。

人在与草木相伴的自然环境中，思索生命的意义与人性的本质。草木在风雨中成长，忍受着苦难和挫折，却能够顽强地挺立在土地上；薪火初焙，纯火复焙，醇厚绵柔的武夷岩茶自此诞生；人生就如同这一杯茶，经历各种挫折与磨难，使得我们更加坚强与成熟。

实训任务

请以小组为单位，抽签完成以“纸茶席”“棉麻茶席”“印花茶席”“无茶席”其中之一为核心的茶席设计。

（一）实训指导要点

茶席主题与铺陈材质的呼应、铺陈与铺陈之间的色彩协调、茶器具与铺陈之间的色彩协调、铺陈方法的合理运用等。

（二）评分标准

表 2-3-1 茶席设计铺陈单项评分标准

序号	项目	满分	要求和评分标准	配分	扣分	得分
1	茶席色彩、结构设置科学，合理	60 分	茶席铺陈尺寸布局科学、合理	15 分		
			茶席铺陈的材质、色彩搭配适宜	15 分		
			茶席铺陈方法应用合理且有创新	15 分		
			茶器的器型、质地与铺陈搭配适宜	15 分		
2	主题明确、创意新颖	40 分	主题明确，与茶席铺陈材质、色彩等关联合理	20 分		
			解说稿文字贴切、优美，能突出铺垫应用的内涵意义	20 分		
总分	100 分					

思考与练习

一、简答题

1. 请同学们举例分析能够表达和传递文人风格的铺垫应用。
2. 请同学们举例分析能够表达和传递年轻时尚风格的铺垫应用。

二、多项选择题

1. 藤编、草编的茶席能够表达和传递的风格有（　　）。

A. 自然风　　B. 质朴风　　C. 隐逸风　　D. 亲切感

2. 下列能够表达水体、水面的铺陈有（　　）。

A. 轻盈的纱质铺陈　　B. 白色的小石子铺陈，如枯山水

C. 玻璃材质　　D. 镜面纸

项目二 · 任务三 · 参考答案

参考答案

任务四　茶席花

任务导入

快过年了，杭州市茶叶研究会要接待来自西安的交流团，负责接待的小王想为这个团队设计一个充满杭州特色的茶席。在茶席花的选用上，小王十分犹豫，不知道该选什么花。请你为小王提供一些建议。

一、茶席花概况

茶席花是指应用于品茶筵席之上的花道艺术形式，以明代弘治至万历年间的文人花为滥觞，是茶生活、茶美学、茶文化不可或缺的重要组成部分。随着茶文化与传统插花艺术的复兴，茶席插花也发展出更多的形式与内涵。以花造境，作为茶文化与花道艺术的完美结合，茶席插花是生活理念与审美意境在茶席上的综合艺术表达，是升华茶席意境、延展茶席理念的重要元素，需要具备赏心悦目的和谐之美、浑然天成的自然之美以及引人入胜的意境之美。

作为插花艺术的一种，茶席花也离不开造型、色彩、花器、花材四大基本要素，这四大维度既是茶席花创作的依据，也是我们赏析相应插花作品的重要视角。

（一）茶席花的造型

插花艺术的第一构成元素是“造型”，即作品的外观。茶席花在造型上并无固定形制，但外观的构成依然离不开点、线、面之间的三元关系，也就是我们常说的“两点之间连一线，多线交集构成面，多面组合构成体”，归根结底，我们是在通过花材创作一个立体的几何空间。如何更容易地掌握茶席插花的基本方法？从茶席花的角度，我们以基本的构成学法则作为入门造型依据是一个不错的选择。

图 2-4-1 直立型

1. 基础造型

根据不同的主枝定位，我们可以将常见的茶席花造型分为直立型、倾斜型、平出型、倒挂型等几种，通过点、线、面的整体造型和结构曲线的细微变化，传达出意蕴丰富的不同内容。

直立型茶席花：花枝直立向上，利用具有直立性的垂直线条，表现刚劲挺拔或亭亭玉立的姿态，给人以端庄稳重的艺术美感。

倾斜型茶席花：主枝斜出，有外探之感，设计与形式相平衡，含有柔和、悠闲、秀美的特质，给人以舒畅之感。

平出型茶席花：线条洒脱，有奔放、旋转式的美感意识，个性或动态感较为强烈。

倒挂型茶席花：主枝在花器上悬挂而下，形如高山流水和悬崖上的古藤悬挂，一般用于具有一定高位的花器。

图 2-4-2 倾斜型

图 2-4-4 倒挂型

图 2-4-3 平出型

2. 造型八法

花材造型的立体空间表现，一份是诗意，一份是画意，在造型创作和赏析中可以通过我们常说的造型八法作为基础和衡量维度，明晰我们的创作和欣赏思路。

高低错落：花材的位置应有立体空间的构成表现，高低前后错开，进行有层次的布局排列，层次分明而又趋向统一，力求避免主要花朵在同一水平线或同一垂直线上。

疏密有致：每个角度和细节都力求具有观赏效果与构图效果，过密嫌繁杂、过疏显空荡，花材在安排中应有疏有密、自然变化，一般重心处要密，远离重心的位置要有留白，构图疏朗。

虚实结合：插花作品中，红花需绿叶，虚实相生才能显法度见真章，例如花为实、叶为虚，花苞为虚、盛花为实，藤为虚、中心花为实，正面花为实、侧背花为虚，块状花为实、细碎花为虚，面状叶为实、线状叶为虚，彼此之间都是依存相生，才更显生机。

图 2-4-5 高低错落

图 2-4-6 疏密有致

图 2-4-7 虚实结合

仰俯呼应：四面八方、上下左右的花朵、枝叶都要围绕中心，形成一种顾盼呼应的状态，把观者视线引向重心，既反映整体性又保持均衡感。

上轻下重：花材因质地、形态和色彩上的不同，容易形成观感上轻重感，质地、外形不同花材的搭配组合，需要遵循上轻下重的原则，形成整体性协调统一，例如花苞在上盛花在下，浅色在上深色在下，方显均衡自然。

图 2-4-8 仰俯呼应

图 2-4-9 上轻下重

上散下聚：花材各部分的基部要拧成一股劲，似为同根生，上部则可以分散，发挥个性，婀娜多姿，让整个作品既有丰富多变的个性，又有稳重协调同一性。

置景相宜：花如其人，适景宜花，花得其位方现其美，置景重花意，外相须相宜，内外需兼顾。

心神合一：花本生命体，用心以待则能解花之习性、花之姿态，如交友待人，心之交，神可会。

图 2-4-10 上散下聚

图 2-4-11 置景相宜

图 2-4-12 心神合一

（二）茶席花的色彩

插花艺术总体上是一门视觉美学艺术，讲究形色相和，故而色彩搭配是一组茶席花作品成功与否的关键因素，一件令人眼前一亮的茶席花佳作，必定是造型优美，且设色惊艳的，而高明的设色手法，离不开对色彩搭配的有效掌握。

图 2-4-13 同类色茶席花

图 2-4-14 邻近色茶席花

图 2-4-15 对比色茶席花

图 2-4-16 互补色茶席花

图 2-4-17 暖色调茶席花

图 2-4-18 冷色调茶席花

（三）茶席花的花器

花器之于插花艺术的重要性，比之器于茶的关系有过之而无不及。明代《瓶花三说》《瓶花谱》《瓶史》都将花器的选择与欣赏作为内容重点予以阐述，其中《瓶花谱》中记载有"凡插贮花，先须择瓶。春冬用铜，秋夏用磁，因乎时也。堂厦宜大，书室宜小，因乎地也"，非常明确地阐释了选择适宜花器的重要性。

茶席花在器形上可以从传统古典器形入手，比如碗、盘、瓶、筒、篮、钵、觚、壶等，材质上则可以选择铜、瓷、陶、竹、藤编、玻璃、塑料及各种现代新材料，不同形、质的花器都有其自身特点，需根据实际空间需要设计选择，以契合茶席设计主题、营造氛围美感为核心，不拘一格突破创新，强化茶席插花作品的表现力，适应时代新发展。

（四）茶席花的花材

花材选择是插花作品的灵魂核心，茶席插花亦然。创作一个意蕴深刻的茶席花作品，离不开对中国传统花卉文化的深刻了解，中国很早就赋予众多花卉人格化的意义，上古神话、《诗经》、《楚辞》中就有很多以花喻人的意象，唐代《花九锡》的出现将花卉人格等级划分提升到了一个新阶段，到宋代《花经》，至明代《瓶花谱》《瓶史》对其描述则更为细化，强调花卉品格及选择要领。

茶席花的实际创作过程中，应以对传统花材的深层理解为基础，以格调高、品质优的花材为佳，结合席上选用茶的品性，同时融合现代花卉意趣，创作出既有美学价值又富含思想内核的作品。具体选择上，应以花品高尚、如花在野为原则，优先以中国传统名花卉为主，因为它们不但具有优质的外观品相，更有深厚的文化底蕴，被赋予了很多美好的品格，如梅兰竹菊四君子，梅花、牡丹、菊花、兰花、月季、杜鹃、山茶、荷花、桂花、水仙十大名花等，也可以选择石菖蒲、青苔、文竹或者不知名的野果来装点茶席，营造一席之上的野趣意境。随着现代花卉产业的发展，我们可以选择的花材也越来越多，在创作过程中可以大胆创新，打破常规，扩大花材应用范围，打开茶席花创作思路。

二、茶席插花的主要类型与实例赏析

茶席插花以茶席为载体，是插花与茶席精神相契合的艺术表达，与整体茶席相辅相成。因此根据不同的茶席风格，茶席插花大致可以分为中式茶席花、西式茶席花、现代茶席花、民俗茶席花、主题茶席花等多种类型，不同的类型都有着自己独特的审美表达方式。

（一）中式茶席花

中式茶席是传统东方美学在茶席上的综合呈现，以文士茶席、禅茶席、仿古茶席等为代表。其中文士茶席以体现文人思想气节为核心，茶席花应造型简约、结构清疏，以彰显文士风骨，花材花器以富有文化底蕴的传统花材花器为佳；禅茶席以生发诠释对生命自然的体悟与思考为核心，相对应的茶席花则需传达一席之境之于人生世界的启迪和境界，花材花器倾向于古朴拙雅为佳；仿古茶席主要以展现传统饮茶方式为核心，例如唐代煎茶法、宋代点茶法，茶席花需体现当时的文化风貌与饮茶风尚，花材花器则需以契合当时的材质器形、文化风俗为佳。

图 2-4-19 文人茶席花

（二）西式茶席花

西式茶席主要依托英国维多利亚时期的下午茶文化背景，崇尚的是一种自由优雅的社交风尚，因此轻松自在、优雅丰盛是它的主旋律，茶席花则以展现西式的精致浪漫为重点，宜选取符合这种艺术氛围的花材花器。

图 2-4-20 西式茶席花

（三）现代茶席花

现代茶席主要以创意设计为主，多会融入很多现代艺术元素，呈现一种自然与混搭的效果，相对应的茶席花也具有更多的空间性与可能性，在花器花材的选择甚至插作形式上都可以进行大胆尝试和创新，创作出富有个性和审美意境的作品 。

（四）民俗茶席花

在地域环境、历史文化差异的影响下，各个地方的生活风俗也不尽相同，饮茶方式和饮茶习俗也存在诸多差异。各地民俗风情茶艺包括少数民族茶艺、地方特色茶艺等，例如潮汕工夫茶、白族三道茶都是中国传统茶艺的一个重要组成部分，因此民俗茶席花应体现当地生活文化，应选择契合当地民俗风情的花器花材或者搭配当地民俗工艺制品为佳。

图 2-4-21 现代茶席花（单独花）

图 2-4-22 民俗茶席花（单独花）

（五）主题茶席花

明确某个主题，以某个主题创作演绎茶席的形式，多见于一些主题活动或者主题茶会。这种场合中的茶席花应围绕当场的既定主题展开，选用花材花器宜与活动主题、色系、造型相关联，或者能彰显主题活动意蕴。

图 2-4-23 主题茶席花

实训任务

请以小组为单位，抽签完成下列 4 幅图片中的茶席插花作品赏析，复原该插花作品，并将其应用在茶席设计中。

图 2-4-24 茶席花 1（茶席整体）

图 2-4-25 茶席花 2（茶席整体）

图 2-4-26 茶席花 3（茶席整体）

图 2-4-27 茶席花 4（茶席整体）

（一）实训指导要点

茶席插花与主题的契合度、花器、花、花语（花材取意）与茶席主题的契合度、茶席插花的整体呈现等均在考虑范围之内。

（二）评分标准

表 2-4-1 茶席设计插花单项评分标准

序号	项目	满分	要求和评分标准	配分	扣分	得分
1	茶席色彩、结构设置科学，合理	60 分	茶席插花的造型、尺寸和布局科学，合理	15 分		
			茶席插花的花材色彩搭配适宜	15 分		
			茶席插花的花材取意合理、艺术	15 分		
			花器的器型、质地、色彩与插花搭配适宜	15 分		
2	主题明确、创意新颖	40 分	主题明确，与茶席插花的材质、色彩等关联合理，契合茶席主题	20 分		
			解说稿文字贴切、优美，能突出铺垫应用的内涵意义	20 分		
总分	100 分					

思考与练习

一、简答题

1. 请同学们举例分析适合应用在新茶饮茶空间的插花风格。

2. 请同学们举例分析适合应用在传统清饮茶空间的插花风格。

二、多项选择题

1. 下列适合我国传统文人茶席风格的花材和植物有（　　）。

A. 梅花　　　B. 竹子　　　C. 菖蒲　　　D. 兰花

2. 下列能够表达和传递冬季茶席意象的花材和植物有（　　）。

A. 蜡梅　　　B. 水仙花　　　C. 山茶花　　　D. 石榴花

项目二·任务四·参考答案

参考答案

任务五　茶点

任务导入

端午节要到了，请你围绕“端午”这个主题，设计一个搭配有茶点的茶席，茶点要在茶席上体现出端午的特色。

一、茶点的概述

茶点，简而言之就是佐茶的食品，也是茶食中目前最为流行的品类。茶点精致美观，口味多样，形小质优，品种丰富，是佐茶食品的主体。茶与茶点之间的关系不仅仅是食物与饮品的简单组合。从实用的角度来讲，茶点是为缓解和预防“茶醉”而准备的。从美学的角度来讲，当茶点成为茶席的组成部分时，茶点的色泽、造型、数量、口感等，都会成为茶席的内涵与外延的重要组成部分——尤其是具有特定人文内涵的茶点，更会成为茶席的点睛之笔。

早在先秦时期，人们就已经开始以茶为原料来制作食品，久而久之，茶与食品的结合也越来越紧密。到了晋时，茶宴的兴起标志着作为佐茶食品最早的茶果正式问世。这一时期的茶果主要由果实及其加工制品、素菜、谷类制品等组成。进入唐代，随着饮茶方式的改变，茶与茶食开始独立发展，而在这一时期出现的“点心”一词，也标志着茶点逐渐成形。“点心”一词在唐代就已成为茶点的主要组成部分。宋代时期，茶点和茶果在各种茶饮场合中愈发普遍，而当时的点心已经涵盖了水果和糕点等多种类型，为品茶提供了更多选择。明代时期，民间茶点迎来了创新突破，这些茶点不仅种类繁多，而且与现代茶点已无太大差异。清代茶点制作技艺达到鼎盛，各种精美的茶点层出不穷，涌现出不少名品，受到宫中上下的青睐。

如今的茶点比起历史上任何时期都要品种丰富，有荤有素；制法也有蒸、烤、煎、炸各不相同；同时，更加讲究性味相合，通过创新风味特色、重视地域习惯，体现文化内涵，让人在品饮间享受朴素、安全、纯净、韧性的人生态度。

图 2-5-1、图 2-5-2　茶点（供图：听客新茶饮研究所）

二、茶点的类别

（一）水果类

“一骑红尘妃子笑，无人知是荔枝来”“五月杨梅已满林，初疑一颗值千金”“独绕樱桃树，酒醒喉肺干”，这些诗句生动展现了水果的珍贵。在茶宴中，新鲜水果是不可或缺的重要元素。时令的水果如橘子、苹果、葡萄、猕猴桃、西瓜、荔枝、杨梅、梨子、桃子、杏子、蓝莓、圣女果等，色彩悦目，为茶席添上一缕灵动的气息。此外，果干、果脯、水果糕等也不失为佳选。

图 2-5-3 水果茶点（胡芸提供）

图 2-5-4 果干茶点

（二）干果类

干果佐茶是绝妙搭配。干果营养丰富，口感油润，常见的干果一般有花生、瓜子、核桃、杏仁、松子、开心果、腰果等。干果的醇香在口腔中缓缓蔓延，交织着茶的余韵，这种美妙的味觉体验令人身心愉悦。

（三）中式传统点心

中式传统点心以粮、油、糖为主角，集美味、造型、寓意于一体。按地域和口味特点可划分为南北两大风味，其中尤以京津、江南、粤潮三大流派为特色，共同构成了点心世界的主流。

图 2-5-5、图 2-5-6 传统茶点（供图：听客新茶饮研究所）

（四）西式点心类

西式点心汇聚了德、法、英、俄等国的特色风味。这其中有我们熟知的面包、蛋糕以及常见的混合酥类、挞、派和起酥糕点等。

不同地域体现不同的饮食文化，将茶点融入茶席时既要懂得入乡随俗，也要学会融会贯通，为客人提供多元化的体验。

（五）创意类

当今人们的饮食结构已发生很大变化，特别是提倡“回归自然”。一些天然有机食品和带有滋补疗效作用的食品应运而生。一系列以茶叶为原料的食品也频繁出现：茶烘焙食品、中式茶面点、茶冷冻饮品、茶糖果、茶肉食品等，都深受人们喜爱。近年来无论是受国潮宋韵风的影响，还是因西式文化的融入与提升，中西式茶点在食材、造型、寓意上的创新都有目共睹——新的色彩、新的意境、新的主题创意，都给了人们更加美好的体验和享受。

图 2-5-7、图 2-5-8 创意类茶点（供图：听客新茶饮研究所）

（六）其他类型茶点

日常的零食有时也是待客之选，比如肉类食品猪肉脯、牛肉干、鱿鱼丝、鱼片、香肠、鱼干等以及豆制品的卤豆干、素牛肉、鱼豆腐等。虽没有严格的选择标准，但是建议待茶品饮后再食用，以免破坏茶原有口感。

三、茶点搭配要点

将茶点融入茶席时，需要考虑茶点与茶品的搭配，茶点色调、造型、数量与茶席风格的搭配以及茶点的人文内涵与茶席主题的契合度。

（一）根据茶席季节搭配茶点

四季的气温、湿度等自然条件不同，人体的生理需求也会有所变化。选择合适的茶点顺应季节变化，满足人体在不同季节的口味偏好和营养需求。

甘味的食品入脾，能补益脾气，因此春季多吃一些食性甘的食物有利于脾胃虚寒的人。例如：红枣（干）、核桃（山核桃）、苹果（干）、各种小点心等。盛夏酷暑，茶席上需多搭配一些能够清热、利湿的食物。例如：搭配迷你黄瓜、西瓜、杨梅、圣女果、莲子等。秋季干燥，多吃些滋阴润燥的食物，避免燥邪伤害。例如：梨、葡萄干、柚子、龙眼等。寒冷的冬天，保持正常的蛋白质摄取外，应提高糖类和脂肪的摄取量。例如：茶叶蛋、柑橘类水果、桂圆、坚果类和点心类等。

（二）根据茶品搭配茶点

绿茶清新自然，适合干果类的桃脯、桂圆、蜜饯、金橘饼、绿豆糕等；红茶口感浓郁醇厚，后味偏甜，适合搭配一些微酸或酸甜口味的茶点，如杨梅干、葡萄干、话梅、橄榄等；青茶（乌龙茶）工艺复杂，口味丰富，可选择一些味偏重的咸茶食，如椒盐瓜子、怪味豆、笋干丝、鱿鱼丝、牛肉干等；黑茶口感醇厚浓烈，香味成熟且包容度大，适合搭配一些滋味浓重、偏油偏甜的点心，如肉干、蛋黄酥、腰果、牛肉干、肉脯、酥饼等。茶人范增平将此归纳为："甜配绿，酸配红，瓜子配乌龙。"当然，最好的搭配还是要自己亲口尝试最好。

（三）根据茶席特定情境搭配茶点

1. 婚宴茶点

"三茶六礼"是中国古代婚嫁中非常隆重的礼仪。古人认为茶树只能从种子萌芽到树苗，所以把茶树视为至性不移、以茶为媒、明媒正娶的象征。

所谓"三茶"，一指提亲、相亲和入洞房时所沏茶水的合称；二指男方迎亲所送的礼盒。古时，男方在迎亲之日会请人抬礼盒，礼盒共三层，其中第一层所放的就是喜点，有红枣、花生、桂子、龙眼和各色糖果，或者桂子、莲子、瓜子、枣子、橘子，称作"早（连）生贵子""五子登科"。现代喜宴茶点，人们在设计、造型、品质、健康营养以及茶点个性化定制等方面，不仅有对传统寓意茶点的传承，更有更高的追求，让人们对其品鉴更具深度。

2. 节庆茶点

"年年中秋待月圆，月圆最是相思时"，月饼就像端午节必吃粽子、元宵节必吃元宵（汤圆）一样，是中秋必不可少的点心之一。这些承载着特定历史文化价值的点心，也必然是我们挑选相关节庆主题茶席的必备茶点。当代的月饼、粽子、元宵，其造型、色调、馅料都十分讲究，尤其是非常注重健康。选用其作为茶席的组成部分，不仅是节日的象征，更是人文情怀和美好生活的体现。

图 2-5-9 中秋茶点

3. 地方特色茶点

我国自然环境复杂多样，大江南北、黄河两岸不同气候条件下的物产各具特色。例如：蒙古的奶制品、新疆的切糕、云南的酸角、陕西的石榴、浙江的杨梅等，都很有辨识度，极富地域特色。在进行地方特色茶席设计时，选用具有地域特征的代表性茶点，将会进一步起到画龙点睛的作用。如新疆喀什老茶馆的茶点：葡萄干、无花果干、鹰嘴豆和核桃仁组成的干果小拼盘，当然还有嵌满干果的切糕。品茶食馕、即兴弹唱，自信奔放的维吾尔族人用自己的方式诉说着丝路上的故事。

▸ **拓展讨论：表达中秋节主题的茶席，选用什么茶点较为合适？**

讨论要点：

1. 中秋节的基本要素。

2. 适宜与月饼搭配的其他茶点。

3. 根据选用的茶品来选用搭配的月饼种类，根据茶席的整体氛围选用月饼的色调、造型和数量。

实训任务

请以小组为单位，抽签完成以“中秋”“端午”“婚礼”“地方特色”为主题的任意一种茶席的茶点选配，并设计完整的茶席。

（一）实训指导要点

茶点的口感与茶席茶品的适配度，茶点的色调、造型与茶席美学的契合度，茶点的数量与茶席空间、结构布局的契合度，茶点的人文内涵与茶席主题的契合度等。

（二）评分标准

表 2-5-1 茶席设计茶点单项评分标准

序号	项目	满分	要求和评分标准	配分	扣分	得分
1	茶席色彩、结构设置科学，合理	60 分	茶点的口感与茶品搭配得宜	25 分		
			茶点的色调、造型与茶席美学适配度高	20 分		
			茶点的数量和品类与茶席的空间结构布局搭配得宜	15 分		
2	主题明确、创意新颖	40 分	茶点的人文内涵与茶席的主题关联合理，契合度高	25 分		
			解说稿文字贴切、优美，能突出铺垫应用的内涵意义	15 分		
总分	100 分					

思考与练习

一、简答题

1. 请同学们举例分析适合应用于端午节主题的茶点。
2. 请同学们举例分析适合体现新疆地方特色的茶点有哪些。

二、多项选择题

1. 下列适合用来作为茶点的有（　　）。

A. 圣女果　　B. 陈皮花生　　C. 荷花酥　　D. 焦糖饼干

2. 下列能够表达和传递蒙古族特色的茶点有（　　）。

A. 奶豆腐　　B. 奶皮子　　C. 牛肉干　　D. 葡萄干

项目二·任务五·参考答案

参考答案

任务六　摆件与背景

任务导入

寒假回家的糖糖是茶艺与茶文化专业的学生，妈妈为她们刚刚搬入的新家买了两扇 1.8 米的水墨山水屏风，还买了一组“只此青绿”的仕女摆件，糖糖想充分利用自己的专业知识，用妈妈买的屏风和摆件来设计一个很大气的茶席，过年的时候招待亲戚朋友，请你给糖糖一些建议。

一、摆件概述

在茶席设计中，我们往往会看到不少摆件和背景的应用，这些应用一方面起到画龙点睛的作用，另一方面丰富了茶席的层次感，使得整个茶席空间更加立体化。常见的茶席摆件如茶宠、佛像、插香以及各种小尺度的造型艺术（山水花鸟鱼虫、人物、建筑等）。

（一）茶宠

图 2-6-1 手串与茶宠在茶席中的应用

茶宠是茶席中的趣味摆件，通常为泥塑的动物或人物形象，可以增添茶席的文化氛围和趣味性。茶宠可以分为人物系列、动物系列和植物系列。例如，琴棋书画四童子、顽童荷叶等人物系列；三脚金蟾、貔貅、小青蛙等动物系列；荷叶藕段、彩砂莲蓬、彩砂枇杷等植物系列。

（二）小型佛像

小型佛像可以为茶席带来宁静和禅意，特别适合禅意茶席的设计，“道家提倡自然无为，提倡与自然和谐相处，在哲学思想上呈现出永恒的价值与生命力。对于调节人与人、人与社会、人与自然之间的关系，调解人的精神和心理状态都有积极的意义。这种精神也浸润在中国古代茶器和茶文化中，在品茶的同时也在品味生活、品味文化”。因此，佛像的摆放不仅是装饰，更是一种文化和精神的体现。

图 2-6-2 小佛像在茶席中的应用

（三）香插（炉）

香插（炉）：香炉和香插美化茶席，营造出怡人的香氛氛围。一般而言，香插（炉）的使用不建议与沏茶同时进行，多在沏茶之前，帮助营造静心凝神的氛围，引导茶客在氤氲的香氛中放松身心。香插的形状和颜色须与茶席整体风格保持统一和协调，起到衬托美感的作用。

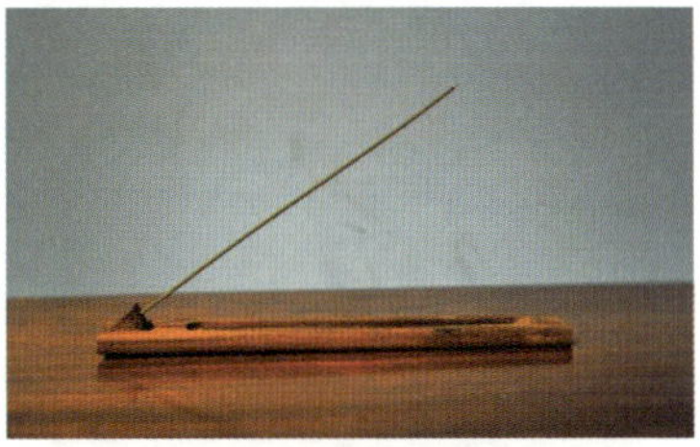
图 2-6-3 插香摆件

（四）造型艺术

艺术来源于生活，又高于生活，各种各样的主题造型艺术被广泛应用在茶席设计中，如文人席中假山（石）的应用、文房四宝的应用，山水席中苔藓、小石子的应用，主题茶席中大型屏风的应用，特定人物造型的应用等。恰当的造型艺术的应用能够很好地增加茶席的层次感，丰富茶席的立体感。

图 2-6-4 造型艺术在茶席中的应用

（五）其他类

当然在特定主题的茶席中，各种实用的乐器、棋类以及与主题相关的器物都可以成为茶席的组成部分，用来烘托和凸显主题，这一类别的范围相对较为广泛，但是在特定主题的选择中又相对具体。例如，表达乡村振兴主题选用的凤凰自行车，表达茶人世家主题选用的炒茶锅，表达烟雨江南主题选用的油纸伞，表达茶与乐主题选用的乐器等，都可以列为其他类。

（六）摆件搭配关键点

无论是什么类型的摆件，在选用时要与茶席的风格和谐统一，且关联合理而紧密；要能够使整个茶席更加丰富和立体，帮助引发人们产生从“有界到无疆”的联想和想象；要与茶席的主题相呼应，起到衬托主题的作用；此外，摆件的选用要取舍得当，切勿在色调、体量、组合和数量上喧宾夺主。

二、茶席背景概述

背景在茶席设计中起到烘托气氛和增强视觉效果的重要作用。传统的背景有挂画、书法、屏风等。挂画的内容有山水、花鸟、人物、静物等，在选用时根据茶席的主题进行搭配；书法作品在传统茶席背景当中也应用得十分广泛，在选用时宜根据茶席的主题选择恰当的尺寸、书法内容和书写体例等；屏风，是非常具有中国传统审美意向的背景设置，在选用时需根据茶席的主题充分考虑屏风的尺寸、色调、屏风表现的内容、屏风的材质以及屏风放置的位置。

图 2-6-5 背景在茶席中的应用

随着时代的发展，茶席的背景设置方式也正在由静态的背景板、动态的背景 PPT 发展为应用多种数字技术制作而成的背景视频，也有 AI 数字人出现在茶席中，成为茶席的一部分，充分凸显主题。在选用动态的数字背景时，我们需要在传统与现代之间找到平衡，创造出既有文化底蕴又符合当代审美的背景设计。背景设计的基本原则应包括颜色、图案、材质和内容的选择，这些元素的选择应与茶席的整体风格协调一致，简洁大气，能够充分起到营造氛围、烘托主题的作用。

▶拓展讨论：某茶馆承接了一个“2025 年春日里的一场室内下午茶”活动，室内的空间较大，客户群体为女性，那么选用什么类型、色调和内容的摆件或背景较为合适?

讨论要点：

1. 春天的自然要素分析。
2. 女性客户群体的情绪价值需求分析。
3. 根据确定的茶席主题，选用恰当的摆件和背景。

实训任务

请以小组为单位，抽签完成主题风格“文人席”“山水席”“下午茶席”的茶摆件与背景设计，并将其应用于完整的茶席。

（一）实训指导要点

摆件、背景的色调，材质与茶席美学的契合度，摆件、背景的尺寸，组合，数量，放置位置与茶席空间、结构布局的适配度，摆件、背景的内容与茶席的人文内涵、茶席主题的契合度等。

（二）评分标准

表 2-6-1 茶席设计摆件、背景单项评分标准

<table>
<tr><th>序号</th><th>项目</th><th>满分</th><th>要求和评分标准</th><th>配分</th><th>扣分</th><th>得分</th></tr>
<tr><td rowspan="3">1</td><td rowspan="3">茶席色彩、结构设置科学，合理</td><td rowspan="3">60 分</td><td>摆件、背景的色调，材质与茶席美学搭配得宜</td><td>25 分</td><td></td><td></td></tr>
<tr><td>摆件、背景的尺寸，数量，组合与茶席美学适配度高</td><td>20 分</td><td></td><td></td></tr>
<tr><td>摆件、背景摆放的位置与茶席的空间结构布局搭配得宜</td><td>15 分</td><td></td><td></td></tr>
</table>

续表

序号	项目	满分	要求和评分标准	配分	扣分	得分
2	主题明确、创意新颖	40分	摆件、背景的人文内涵与茶席主题的关联合理，契合度高	25分		
			解说稿文字贴切、优美，能突出铺垫应用的内涵意义	15分		
总分	100分					

思考与练习

一、简答题

1. 请同学们举例分析适合应用于“亲子”主题茶席的摆件与背景。

2. 请同学们举例分析适合应用于“神话”主题茶席的摆件与背景。

二、多项选择题

1. 下列适合用来作为“文人”主题茶席的摆件有（　　）。

A. 文房四宝　B. 书法作品　C. 竹筒　D. 竹质水墨屏风

2. 下列能够表达和传递“茶与歌舞”主题的摆件与背景有（　　）。

A. 舞蹈视频背景　B. 相关乐器　C. 舞蹈道具　D. 舞蹈人物摆件

项目二·任务六·参考答案

参考答案

项目三

茶席的主题与解说

思维导图

项目三 茶席的主题与解说

- 任务一 茶席主题的创作
- 任务二 茶席解说的创作

学习目标

知识目标：

· 掌握茶席主题创作的基本原则、思路及常见类型；

· 掌握茶席解说创作的含义以及表述的内容。

能力目标：

· 能够根据不同的需求总结、提炼出茶席主题；

· 能够根据不同的茶席主题自主创作茶席解说。

素养目标：

· 具备一定的艺术感知力和创意思维能力。

项目导读

中华茶文化源远流长，伴随着华夏民族开疆拓土，走过数千载的时光，根植于祖国的山川风物和各民族的风土人情，与琴棋书画同登大雅之堂，与柴米油盐共入百姓之家，百花齐放、雅俗共赏。茶文化如同祖国的大好河山，广袤深邃，茶席则像一幅幅画卷，生动地描绘着茶文化的发展变化；与茶席相连的人、事、物构成了一方独属于东方文明的天地，将世间万物、流转光阴尽收其中，仿佛用一方茶席就走遍了整个世界。

任务一　茶席主题的创作

任务导入

小陈是博物馆的工作人员，要接待一个来自云南白族的团队，因为快过年了，她想设计一个比较有年味的茶席，在思考茶席主题时思来想去都不满意，请你给小陈一些建议吧。

一、茶席主题创作原则与思路

中国茶文化的发展历经历史变迁，与时代发展同步，深受儒、释、道精神的影响，形成了“和、静、怡、真”的重要特质，茶席作为茶文化的物质、精神载体，其主题创作的原则亦契合茶文化的特质，与时代背景相呼应。

（一）“和”的原则与思路

“和”是儒家、佛学、道教共通的哲学理念。茶道追求的“和”源于《周易》中的“保合大和”，“保合大和”的意思指世间万物皆由阴阳两要素构成，阴阳协调，保全大和之元气以普利万物才是人间正道。作为传统文明古国，中华民族自古以来提倡和而不同，天下大同的世界观，在 2017 年组织召开的中国共产党与世界政党高层对话会上，以“茶”作为主要创意元素，巧借中国以茶会友、品茶论道的文化传统，寓意中国共产党邀请世界政党共议构建人类命运共同体的政党责任，共话建设美好世界的宏伟蓝图，充分体现出中华民族的大国精神。茶席主题创作既要体现和平、和谐的主旋律，又要充分尊重差异和不同，体现美美与共的文化理念。

图 3-1-1 一杯龙井和天下

（二）“静”的原则与思路

中国茶道是修身养性，追寻自我之道，“静”是中国茶道修习的必由途径。唐代元稹诗云：“茶，香叶，嫩芽，慕诗客，爱僧家。”可以想象文人赋诗、僧家入定，一盏清茶相伴的场景，中国茶道正是通过茶事创造一种宁静的氛围和一个空灵虚静的心境，当茶的清香静静地浸润心田和肺腑的每一个角落的时候，心灵便在虚静中显得空明，精神便在虚静中升华净化，主体将在虚静中体会与大自然融涵玄会，达到“天人合一”的“天乐”境界。茶席主题创作无论外在表现形式如何，都应该将人的内心引向“静”的境界，无论是茶席色彩的留白，还是茶席插花的禅意，抑或是茶席主内心的静笃。所谓静则明，静则虚；静可虚怀若谷，静可内敛含藏，静可洞察明澈，体道入微。可以说“欲达茶道通玄境，除却静字无妙法”。茶席主题创作既要有丰富的外在表现形式，又要留出一些“静”的空间，让席主和茶客都能在流动的时间和空间中，感受到内心的宁静平和。

图 3-1-2 静谧

（三）“怡”的原则与思路

“怡”者和悦、愉快之意。中国茶道是雅俗共赏之道，既有柴米油盐的烟火气，又有琴棋书画的雅致感，它于日常生活中无处不在，它不讲形式，不拘一格，突出体现了道家“自恣以适己”的随意性。茶道的“怡”应该包括两个方面，怡己和怡人，虽然茶事礼仪追求茶席上人人平等的理念，但茶席仍有主、客之分，茶席创作首先应该符合主人内心的审美，达到“怡己”的状态，才能更好地体现席主对茶的精神理想，从而发自内心地热爱这一方茶席，继而让一起喝茶的人感受到这份情愫，产生愉悦之感，主客之间通过茶席的连接逐渐达到“素心同调”的境界，彼此畅适，从而达到“怡人”的状态。茶事活动虽然需注重仪式感，但不宜过分严肃，这不仅会使席主的言行举止被过高的仪式感“架住”，不能到达“怡己”的状态，也会使茶客难以放松身心，无法达到内心的愉悦。茶席主题创作应该从“怡己”的角度出发，充分体现席主的情愫、审美、哲思，让茶客自然地融入席主创造的一方茶席空间，进入席主的精神世界与之对话。

图 3-1-3 怡

（四）“真”的原则与思路

茶席主题创作先是产生意识形态的思想，属于“虚”，通过视觉化的呈现达到“实”的效果，由虚入实的过程需要体现“真”的一面。茶席上的“真”，首先应该是真实。茶席的构建需要客观的实体，如茶、器、人等，就决定了茶席是一个真实的空间，这是茶席物质化的一面，以此为载体，才能实现茶席的精神主义，如果脱离了这个真，茶席的灵魂就缺乏肉体。其次，应该是真诚。茶席是一个小的社交圈，主客之间应该以平和之心真诚以待，体现茶事的人文关怀，折射到茶席上，就会有许多走心的设计，比如茶杯的摆放，有一种“品”字形结构，那么应该是从茶客的方位看是“品”更好，因为主客在茶席上分列茶桌的两侧，而席主显然在茶席上相对更有主导权，因此站在客人的角度思考如何布置茶席才能更好地达到彼此畅适的境界，哪怕只是一个微小的方位、角度，都可以体现席主对宾客的用心。茶席主题创作应该力求以真实的形态表达茶席的精神，体现出对茶客的真诚关怀。

图 3-1-4 故乡

二、茶席主题创作常见类型

茶学是多学科融合的专业，涉及农业、经济、文化、美学等诸多学科，且伴随着茶文化的蓬勃发展，近年来茶席主题的创作也越来越多元化，可以延伸至很多不同的领域，常见的有下面几种类型。

（一）以应用的时间为主题

这是一种最常见的茶席主题创作类型。中国文化讲究因时制宜，故而我们有很多传统节日、节气，在这些季节、节日、节气里会有一些传统的仪式感，例如端午吃粽子、冬至吃饺子等，体现了中国人独有的生活情怀，而茶事活动可以借这些有仪式感的节日、节气开展，以此创作符合主题的茶席。例如茶席中常见的四季主题，以春、夏、秋、冬季节的特性进行茶席创作，把季节性的元素、色彩融入茶席中，让人通过茶席感受到季节的独特属性，仿佛在一杯茶中就能领略四季的变化。比如春天的花树下、夏日的荷塘边、秋天的银杏林里、冬日的飞雪中，这些特别季节化的场景，对茶席的视觉化呈现是一种非常好的辅助途径。

同时，在特定时间发生的重大事件也可以归为这一类型，如 2021 年是建党百年，以此为主题编创的茶艺作品《百年，百年》以两组茶席展示了百年来中国共产党带领中华民族从筚路蓝缕走向辉煌灿烂的光荣历程，用南湖红船等元素寓意共产党的砥砺奋进，在建党百年之际，具有鲜明的时代性。

图 3-1-5 百年，百年

（二）以应用的场景为主题

茶席应用的场景和时间有一定的重合性，有时候侧重时间线，有时候侧重场景的再现。因此也可以根据特定场景来设计茶席，例如以古诗词中的场景“赌书消得泼茶香，当时只道是寻常”为灵感设计茶席，席上摆置书卷、对饮的两个杯盏等元素，就能很好地再现李清照与丈夫日常茶事的场景；或如以幽深的竹林为场景设计茶席，选用“残剑飞雪”作为茶品，可以营造出侠气之风，仿佛进入了武侠世界；再如，以两岸统一为主题的茶席，设计了代表宝岛台湾的海岛茶席，圆弧形茶桌上渐变的蓝色桌布似汪洋大海，细细的褶皱如轻柔的海浪，还有帆船与贝壳元素的点缀，仿佛置身于海岛，这种场景化的茶席设计可以更加直观地引发观者的想象和联想。

图 3-1-6 一片叶，两岸情

（三）以相关茶、人、事为主题

茶席中涉及的茶、器、人是茶席要素的重要组成部分，其中人是茶席的精神主体，茶和器则属于物化主体，因此围绕茶、人、事进行茶席主题创作也是较为常见的类型。以茶为主题来设计茶席，可以将茶的人文历史、品质特征、寓意的思想内涵、故事情感等作为主题，如提到西湖龙井茶，我们会想到“色绿、香郁、味甘、形美”的特征，也会想到“院外风荷西子笑，明前龙井女儿红”的诗意，从而联想到茶席可能会应用的色系和器具，如用粉、白、绿的茶席底色，既有淡妆之美，也有清新之感，米白色桌旗折的褶皱与烟雨下泛起涟漪的湖面呼应，简单的玻璃杯映衬出龙井茶浓淡相宜的美等。以人为主题的茶席，可以将席主本人作为主体，呈现自己的茶人形象，例如讲述茶学学生从接触、学习到热爱茶的过程，可以体现茶人的成长；也可以历史人物为原型，并将之应用于茶席创作中，例如茶圣陆羽、植茶始祖吴理真等。将茶事作为茶席创作的主线，可以进行场景的还原，例如李清照“赌书消得泼茶香”就是一个鲜活的茶事主题，可以直接作为茶席的主题来应用。

图 3-1-7 西子笑

（四）以表达思想、情感为主题

情感是最容易产生共鸣的内容之一，茶席设计离不开人的情感表达，将情感深植于茶席主题中，更易于走入观者的内心。如 2008 年华南农业大学茶学系同学创作的主题茶艺《坚强》，以汶川地震为背景，通过茶艺作品表达了“凝聚民族力量，祝愿中华坚强”的主题：九位男生着黑色衣服，布置白色的席面，用紫砂壶泡武夷岩茶，铿锵有力地讲述着这一段经历和在绝境中坚强的中华精神，这个作品令当时所有的观者潸然泪下，产生了强烈的情感共鸣，也体现了茶学学子的拳拳爱国之心，自此茶艺的情感型主题渐渐发展起来。再如，以弘扬新时代“她”力量为思想主题的茶席，选用“东方美人”茶和牡丹花形的盖碗来体现女性的柔美，用深色杯垫体现女性的深厚，用远山的煮水壶套组体现女性的高瞻，整体茶席寓意和表达当代女性“自尊、自信、自立”的精神等。

图 3-1-8 盛世红妆，气韵东方

（五）以家国情怀、地域人文等为主题

中华茶文化具有多民族性，也形成了各种地域特色鲜明的茶礼茶俗，以此为主题进行茶席创作，也是一种常见的类型；茶席创作时可以融入自然景观元素，以凸显茶席的民族性、地域性。如地处三江交汇处的宜宾，是长江首城，有竹海、石海等自然景观，也有多元化的茶俗，“坝坝茶”的休闲、“功夫茶”的讲究、“新式茶饮”的融合等，多种饮茶方式各有各的风采；以此为题创作的主题茶艺，茶席中采用“山”形主席，寓意宜宾的青山；将竹筏置于白纱之上，寓意宜宾的绿水；而花色茶席则寓意中式茶文化与西方茶礼仪的融合；白石子铺成的茶路，寓意茶文化传播海外；三种不同的冲泡方式，杯泡绿茶、盏泡红茶和调饮红茶分别呈现于三个席上，体现了宜宾茶文化的融合发展。

图 3-1-9 他乡故乡，茶与时光

天府龙芽冲泡茶艺

▶ 拓展阅读

中国茶道精神

实训任务

请以小组为单位，抽签完成下列3幅茶席的主题分析，并评价其主题表现的优缺点。

图 3-1-10 四季

图 3-1-11 川红

图 3-1-12 竹

（一）实训指导要点

茶席的整体色调与茶席主题的契合度、茶席选用茶品特质与茶席主题契合度、茶席空间场景的氛围感与茶席主题的契合度、茶席其他要素与茶席主题的契合度等均在考虑范围之内。

（二）评分标准

表 3-1-1 茶席主题解析与呈现能力评分标准

序号	项目	满分	要求和评分标准	配分	扣分	得分
1	茶席色彩、结构设置科学，合理	45 分	准确解析茶席色调搭配与茶席主题的关联	10 分		
			准确解析选用的茶品、茶器与茶席主题的关联	20 分		
			准确解析空间场景的氛围感与茶席主题的关联	10 分		
			准确解析其他要素与茶席主题的关联	5 分		
2	主题明确、创意新颖	55 分	能够明确指出图片主题的优缺点	20 分		
			能够提出合理的修改意见	25 分		
			逻辑清晰、层次递进、表达流畅	10 分		
总分	100 分					

思考与练习

一、简答题

现在的一些茶席设计会选用一些比较昂贵的如金、银类的茶器，你如何看待这种现象？

二、判断题

1. 夏季主题的茶席适宜选用梅花来作为茶席插花，凸显主题的季节性。（　　）
2. 茶席并不局限于表现茶文化，还可以表现家国情怀、民俗风情。（　　）

项目三 · 任务一 · 参考答案

参考答案

任务二　茶席解说的创作

茶席的解说创作是在特定的茶席主题下，用语言文字进行详细解释和阐述的文本表达。茶席的解说创作在茶席创作中起到至关重要的作用，能够帮助观赏者理解茶席设计背后的文化意义、设计理念、情感意境和艺术表达。通过解说，可以使茶席的主题更加鲜明，茶席的艺术感染力进一步增强，茶席艺术的内涵和表现力得到深化，同时使观赏者的审美体验和文化认知得到提升。

茶席解说的创作要求设计者不仅要有深厚的茶文化知识素养、良好的语言表达能力，还要有艺术性和创造性的表达能力。

茶席解说的创作作为一种记录形式，有一定的资料价值，可留档保存，以备后用。同时，作为一种设计理念、设计方法的说明，又可在艺术创作展览、比赛、专业学校设计考核等活动中发挥参考、借鉴的作用。

图 3-2-1 茶席解说

任务导入

小娴是学校茶艺队队长，茶艺队的指导老师要求设计一个主题为“梅香茶韵”的茶席，还需要进行茶席的解说创作。小娴不是很清楚这个解说需要包括哪些具体内容，请你给她一些建议。

一、茶席解说的内容构成

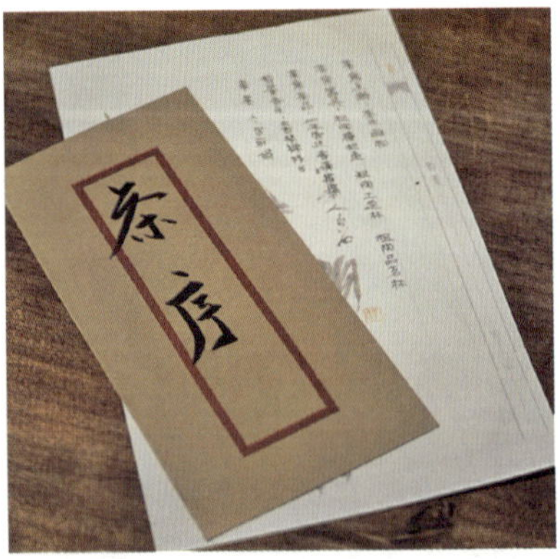

图 3-2-2、3 茶席解说

茶席解说的创作，一般由以下内容构成：标题、主题阐述、结构说明、结构中各要素的用意、结构图示、动态演示程序介绍、奉茶礼仪及用语、结束语、作者署名及日期、文本字数等。要注意的是，在实际的应用过程中，在保证能够清晰地表述茶席主题的前提下，可以酌情删减以上要点。

（一）标题

在正文之前书写用纸的头条中间位置书写标题，标题的字号可稍大，或用与正文不同的字体书写，以便达到醒目的作用。

标题是茶席的命题，概括了设计方案内容，要求文字简练概括，具有内涵，并且要新颖独特，能吸引观赏者。一般而言，标题的字数不宜太多，控制在 10 字以内最为得宜，标题需兼具通俗易懂和诗意留白，若能押韵或对仗，方便记忆会更好。

（二）主题阐述

即设计理念的阐述。可以用高度概括和准确的简短文字，将茶席设计的主题思想表达清楚。主题阐述务必鲜明，能概括性地正确表述，且与茶席设计作品相对应。

（三）结构说明

即准确解释茶席设计的结构意图。需对所设计的茶席由哪些器物组成，采用何种结构摆置，此结构欲达到怎样的效果等进行清楚说明。

（四）各要素的用意

即对茶席中各器物的选择用意、搭配的用意表述清楚，起到说明用意、烘托茶席的作用。需详略得当，不要求面面俱到，要突出重点，对主要器物或具有特别用意的物品可作突出说明。

（五）结构图示（图片）

以线条画勾勒出茶席中各器物的摆放位置和整体的茶席空间。如果条件允许，可以画透视图，如能使用不同角度的实景照片效果更好。茶席展示和茶艺演示的实际应用中经常会省略这一部分内容。

（六）动态演示程序介绍

将选用什么茶叶，为什么选用这款茶，用什么方法来冲泡这款茶，冲泡过程中各阶段的动作名称、内容、用意说明清楚。部分情况可包含自我介绍、开场白及奉茶礼貌用语。实际应用过程中可以根据具体要求决定是否呈现这一内容，一般而言这一部分多在茶席的动态演绎中体现。

（七）奉茶礼仪及用语

即奉茶给观赏者时所需注意的礼仪和所使用的礼仪语言，需做到礼貌，尊重对方。实际应用过程中可以根据具体要求决定是否呈现这一内容，一般而言这一部分多在茶席的动态演绎中体现。

（八）结束语

即全文总结性的文字，内容可以表达个人的愿望、对宾客的祝福，或者茶艺精神的升华。

（九）作者署名及日期

即在正文结束语的下一行右侧署上茶席设计者的姓名及茶席解说创作文本的日期。特别要注意在茶艺比赛或茶席设计比赛的评分规则中明确规定不能出现选手姓名时，署名可不写或用选手号代替。

（十）茶席解说文本字数

即将茶席解说的创作文本全文的字数作统计，图示需按其所占篇幅换算为文字的字数计入。全文字数（即含图示所占篇幅）一般控制在 800 ~ 1200 字。然后将全文字数记录在尾页尾行左下方处，在实际应用过程中可以根据具体要求决定是否呈现这一内容。

▶ **拓展阅读**

“功夫茶，两岸情”主题茶艺解说词的解读

二、茶席解说创作的案例分享

（一）茶席动态演绎实例分享——《御饮甘露》

1. 标题

《御饮甘露》。

2. 主题阐述

汲取蒙泉甘露水，素问蒙山皇家茶。古有甘露大师吴理真汲水蒙泉井以养皇茶园七株仙茶，后有县志载“游者虔礼，揭石取水烹茶，则有异香”，今取此井水烹甘露茶，涤静心尘问本源，以求“昔日皇帝茶，今入百姓家”。

3. 茶席结构与要素

选取玻璃盖碗、竹席、字画，构成人在草木间的自在环境。自唐取此仙茶做甘露以贡皇室，至宋孝宗乃提名“皇茶园”，今以盖碗泡法泡饮蒙顶山甘露茶，于流水笛音、竹席墨宝间焚香烹泉，静心事茶，求得一刻神思清明。茶叶品名蒙顶甘露；茶艺音乐《绿野仙踪》；以四川文化和茶品为特色，结合介绍蒙顶山茶。

4. 结构图示（图片）

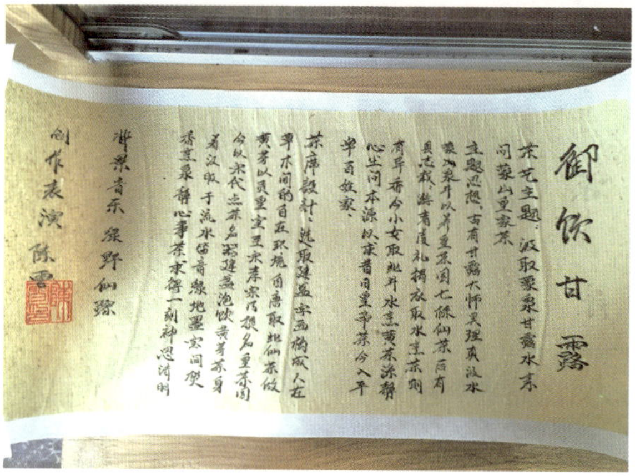

图 3-2-4、5、6 御饮甘露

5. 动态演示程序介绍

各位老师大家好，今天我为大家带来我的个人创新茶艺表演“御饮甘露”，此为绿茶盖碗泡法。

第一道“蒙泉取水”（烹泉）：

舀取蒙山泉水，用活火煮到初沸为宜。

第二道“焚香静气”（焚香）：

沁人心脾的幽香，使茶人心旷神怡，唯愿岁月静好。

第三道“清盏涤心”（洁具）：

清洁茶具，如同茶人清净凡尘俗事的心。

第四道“仙茗入世”（投茶）：

昔日皇家贡茶甘露茶落入碗中再现人世。

第五道“虔礼问茶”（赏茶）：

看到甘露茶透过玻璃碗的光泽，茶人心中升起虔诚之心，以礼待茶，以心和茶对问相答。

第六道“神思初醒”（润茶）：

煮沸的泉水，细润了鲜嫩的甘露茶，唤醒了沉睡的茶叶，让其重获新生。

第七道“顿悟轮回，化为甘露”（注汤）：

高冲的水柱让甘露茶沿着玻璃碗壁转动，如同卷入轮回的旋涡，最终领悟顺应宇宙天地间自然的规律，与水结合，融入水中，化为甘露。

第八道“天地人和”（出汤）：

点斟甘露，化为天地人，然后再次合为茶人之心。

第九道“执盏待客”（奉茶）：

茶人之心以和为贵，以礼待人。

第十道“茗香神归”（闻香）：

一丝茶香又把茶人带回现世，但心已有所属。

第十一道“回味本源”（饮茶）：

茶人追求本源归来，虽世间再多纷扰，茶人之心已定。

6. 作者署名及日期

创作者：郭炜锋、李佳钰；2016 年 × 月 × 日。

（二）茶席动态演绎实例分享——《生而为龙》

1. 标题

《生而为龙》。

2. 主题阐述

武夷岩茶产于闽北，茶树生于岩缝之中。初看茶叶皱巴巴、灰黑灰黑的，没有挺秀的形状，确有几分似衣衫褴褛的乞丐，无怪乎有“乞丐茶”的称号。沸水入壶，立时满屋飘香，香气馥郁，入骨三分；啜入口中，初入微涩，不久甘喉，苦尽甘来；回神细品，霸气透身，通体舒畅，如痴如醉。岩茶，身似乞丐，心如霸王。

降龙十八掌是金庸小说的武功，招式名称取自《周易》，丐帮的镇帮绝学。降龙十八掌出自丐帮，招式平平无奇，却是至刚至坚，天下阳刚第一的拳术。武夷岩茶确有几分“北丐洪七公”之势，性直气霸，故用降龙十八掌招式名称作一套武夷岩茶茶艺创作。

3. 茶席结构与要素

闽北乌龙茶工夫茶茶席为基础的设计，同样的三套茶具，茶盘上布置紫砂壶、公道杯、5 ~ 6 个品茗杯，品茗杯以“S”形横摆如太极；茶品武夷岩茶（肉桂）；背景音乐《哪吒》。

4. 结构图示（图片）

图 3-2-7、8 生而为龙

5. 动态演示程序介绍

中华民族生而为龙，铮铮铁骨。吾辈血脉中奔腾的是黄河长江，应谨记自己的姓名是炎黄。降龙十八掌取自《周易》，平平无奇，却是至刚至坚、天下阳刚第一的拳术。武夷岩茶外表普通，却透着“霸气”的岩韵，是中国十大名茶之一，乌龙茶中之极品。我等当饮这天下第一好茶，赏武夷岩茶茶艺——生而为龙。

（1）神龙摆尾（翻杯）

翻杯似神龙摆尾，左手从左手边起，食指中指和拇指夹杯沿，顺势翻杯。

（2）鱼跃于渊（煮水）

清泉初沸，如鱼眼，二沸如鱼儿游戏于水渊之中，时而跃起水面，三沸如翻江倒海。初沸太嫩，三沸太老，二沸刚好。

（3）双龙取水（洗杯）

双龙取水即烫洗茶杯，双手从两边同时以内旋方式洗杯。

（4）鸿渐于陆（出茶）

打开茶罐，用茶匙把茶叶慢慢拨入茶赏茶碟中。茶叶如鸿鹏降于陆，其羽可用为赏。

（5）震惊百里（赏茶）

赏而惊其形，武夷岩茶弯曲如盘龙，条形壮结、匀整，色泽乌润绿褐，带“宝色”。

（6）密云不雨（温润泡）

用高长而细的水流使茶叶翻滚，达到温润和清洗茶叶的目的。此水不为雨露，不可饮而润口喉。

（7）飞龙在天（冲泡）

把盛沸水的长嘴壶由低到高提高冲水，如飞龙在天之势高冲而下，可使茶叶翻动。

（8）或跃在渊

武夷岩茶在水中翻动，似乌龙于水渊中翻滚。

（9）损则有孚（刮沫）

古语“损则有孚”，意为损则必有利。用壶盖轻轻刮去壶口的泡沫，能使茶叶清新洁净，茶水清澈透明。

（10）羝羊触蕃（温壶）

“工欲善其事，必先利其器。”用开水浇淋壶体，洗净壶表，同时达到内外加温的目的。

（11）龙战于野（擦壶底）

将紫砂壶在茶盘边沿抹去壶底的水分，移至茶巾上吸干壶底。

（12）利涉大川（出汤）

把泡好的茶倒入茶海中。

（13）时乘六龙（分杯）

将茶海中的茶汤快速均匀地分到茶杯中至七分满。

（14）履霜冰至（擦杯底）

将白玉如雪瓷杯移至茶巾上吸干壶底的水分。

（15）突如其来（品饮）

初品奇茗，观色、闻香、品茶。武夷岩茶汤色金黄清澈明亮，香气“锐则浓长，清则悠远”，滋味醇厚滑润甘爽。

（16）亢龙有悔（再品）

意犹未尽，再品岩茶，体会透着“霸气”的岩韵。

（17）见龙在田（敬茶）

副泡双手拿起茶托，齐眉奉给客人，向客人行礼。

（18）潜龙勿用（观叶底）

选一条索紧致的茶叶叶底放入杯中，斟满净水，宛若乌龙潜水。

6. 作者署名及日期

创作者：郭炜锋、王洋、林泽鹏、陈炳煌、上官正康、吴马木荣；2010 年 × 月 × 日。

（三）茶席动态演绎实例分享——《如花美眷 似水流年》

1. 标题

《如花美眷 似水流年》。

2. 主题阐述

富甲天下的晋商的事迹广为人颂，他们艰辛拼搏，撇家谋业，抛去缠绵爱情，奔赴江南大漠，万里茶路承载了太多山西商人一生的颠簸、辛劳和酸楚。“每个成功男人的背后都会有一个女人”，独守家中的晋商家眷，为丈夫打点一切，免其后顾之忧，那刚强又温柔、含蓄又坚韧的品性，却鲜为人知。

正山小种红茶，具天然花香，香不强烈，细而含蓄，味醇厚甘爽，喉韵明显，汤色橙黄清明。小种正是晋商家眷们最相称的体现，啜一口小种，体会晋商家眷那外刚内柔、含蓄坚韧的品性。

3. 茶席结构与要素

以万里茶路图案为桌布或桌上摆设万里茶路图案的茶饼等布置场景；以红色桌旗为底，上置船形木质干泡台，营造小船渡口的情景；桃花图案的白瓷盖碗和公道杯，桃花图案的白玉瓷杯；茶品无烟正山小种；背景音乐《如花》。

4. 结构图示（图片）

图 3-2-9 如花美眷 似水流年

5. 动态演示程序介绍

大家好！请欣赏正山小种红茶茶艺——如花美眷 似水流年

（1）洗净铅华玉出水（洁具）

用净水洗涤茶具之轻尘，白玉瓷杯如同美眷出浴，洗净铅华。

（2）花容英姿初展颜（赏茶）

正山小种外形条索紧结匀齐，色泽乌润油润，古朴的形韵兼具红茶的秀美和岩茶的傲骨。她温柔的身姿带着刚强的背影。

（3） 翩然轻舞玉落红（投茶）

才子从来佳人配，香茗自是玉器益。用盖碗冲泡正山小种，其洁白如玉的瓷质映衬着飘然而下的乌黑亮丽的茶叶，独具风韵，甚显雅致之美。

（4）潇潇骤雨涨秋池（冲泡）

骤雨松声入鼎来，红云满池花徘徊。茶叶于水中飘然沉浮，如同红云倒映池水中。袅袅茶烟，浓烈芬芳，带我们进入如梦如幻的意境，恍惚间她看到站在小渡口等候的思念。

（5）万缕愁绪轻拂去（刮沫）

剪不断，理还乱，是离愁，唯有白帆江水去悲忧。渡口苦苦守候，只为等那白帆归来。

（6）一江奔流入怀中（出汤）

良人归来，红尘入怀，泪湿衣袖。一丝红艳温暖注满白玉茶海。

（7）金玉满堂酬温柔（分杯）

每一杯是满满的红艳金黄，杯沿有一道明显的“金圈”。他不负她的温柔。

（8）烟波幽香暖胸怀（品饮）

随着一丝茶烟，香气扑鼻，温暖全身。香气甜润中蕴藏着一股兰花之香，香不强烈，细而含蓄。

（9）如花似玉为你留（敬茶）

洁白似玉的白玉瓷杯盛着红艳透明的正山小种，如花似玉，相得益彰，让人赏心悦目。

一杯解却心中醉，便觉身轻欲飘仙。晋商美眷万千守，英姿憔悴几多情。个中滋味，还请大家细细品。

6. 作者署名及日期

创作者：郭炜锋、柴晓琼、张燕萍；2010 年 × 月 × 日。

（四）茶席文本实例分享——《此生 | 有杏》

1. 标题

《此生 | 有杏》。

2. 主题阐述

《成都》这首歌唱出了成都的特色，秋季的成都，校园的小路上落满银杏叶子，在美好的大学校园生活所遇见的都是此生的缘分。

3. 茶席结构与要素

亚麻布席地铺设在银杏树下，两个蒲团，随意散落的银杏叶；双份对称合并的茶席文本设计；双人茶席设计，一人以青花碗、隐青杯、提梁铜壶茶艺演绎，一人以长嘴铜壶茶艺演绎；茶品蒙顶黄芽；背景音乐《成都》。

4. 结构图示（图片）

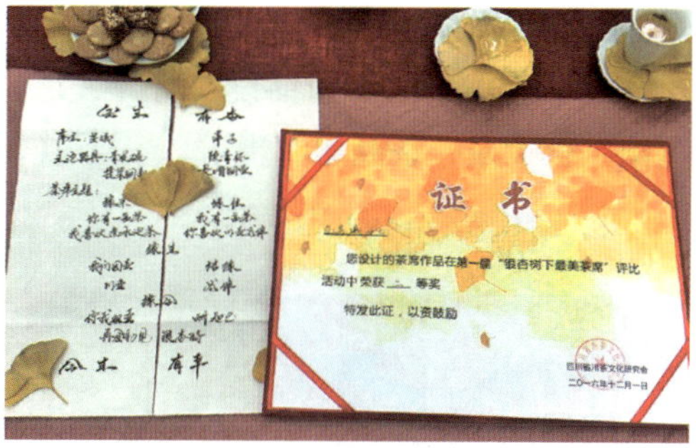

图 3-2-10、11 此生 | 有杏

5. 茶席文本介绍

此生 | 有杏

主泡器具：青花碗 | 隐青杯

提梁铜壶 | 长嘴铜壶

茶席主题：缘来 | 缘往

你有一盏茶 | 我有一盏茶

我喜欢煮水泡茶 | 你喜欢以壶为伴

缘 | 生

我们因壶 | 结缘

以壶 | 为伴

缘 | 合

你我双壶 | 酬知己

再会初见 | 银杏时

今生 | 有幸

6. 作者署名及日期

创作者：郭炜锋；2017 年 × 月 × 日。

（五）茶席文本实例分享——《春归》

1. 标题

《春归》。

2. 主题阐述

春风和煦，万物挣脱冬的枷锁，欣欣然睁开了眼，早春的枝条也忍不住冒出新绿。带上盖碗，用独特的方式（长嘴壶）享受茶带给我的悠然自在。

3. 茶席结构与要素

以绿色桌旗或纱布铺设，竹叶或绿植插花营造春天气息；茶器具为 3 个白瓷大盖碗、长嘴壶；茶品碧潭飘雪。

4. 结构图示（图片）

图 3-2-12、13 春归

5. 茶席文本介绍

碧潭飘雪（茉莉花茶）：花茶是诗一般的茶，它融茶香和花香为一体，充满了春天的气息。

请与我共饮这杯茶，一起期待着一切美好的到来。

6. 动态演示

动态演示见视频。

《春归》茶席的动态演绎

视频来源：郭炜锋、何慧

7. 作者署名及日期

创作者：何慧；2019 年 3 月 × 日。

▶ **拓展阅读**

茶席设计文案——清宫晚月

实训任务

请以小组为单位，抽签完成下列 3 幅茶席的主题与解说创作。

图 3-2-14

图 3-2-15

图 3-2-16

（一）实训指导要点

通过观察图片（茶席）的各个要素：茶器具的色调、器型，铺陈的色调与铺陈方式，摆件及其他要素蕴含的文化内涵，整体的空间结构等，充分展开头脑风暴，寻求贴合图片的茶席主题，并展开茶席解说的创作。

（二）评分标准

表 3-2-1 茶席主题与解说创作的评分标准

序号	测试内容	得分标准	满分	扣分	得分
1	主题	简明概括，兼具诗意，富有美感	10 分		
2	主题阐述	能正确、清晰表述茶席主题的内涵	20 分		
3	结构说明	准确解释茶席空间的结构用意	10 分		
4	要素分析	能充分展开想象，贴合地解释图中要素对茶席主题的衬托作用	20 分		
5	结构图示（视具体要求而定，或为加分项）	有相应图示加 5 分；没有不扣分	5 分		
6	动态演示程序介绍（视具体要求而定，或为加分项）	体现茶席完整动态演绎，明确要求有这部分内容加 10 分，没有明确要求不扣分	10 分		
7	奉茶礼仪及用语（视具体要求而定，或为加分项）	体现礼貌和尊重，明确要求有这部分内容加 10 分，没有明确要求不扣分	5 分		
8	结束语	表达祝愿或传递茶艺精神	5 分		
9	背景音乐（视具体要求而定，或为加分项）	背景及音乐的选择贴合主题，明确要求有这部分内容加 10 分，没有明确要求不扣分	5 分		
10	文本表达	文本整体逻辑清晰、层层递进、表达流畅，文字优美，有艺术感染力	10 分		
总分	100 分				

思考与练习

一、简答题

1. 一般而言，茶席解说的创作包括哪些内容？

2. 简述以“童年”为主题思想的茶席解说可以包括哪些要点内容？

二、单选题

1. 在茶席解说创作中，（　　）是视具体要求而言，不是必须要有的。

A. 主题　B. 要素分析　C. 主题阐述　D. 结构图示

2. 在茶席解说创作中，（　　）是不合适出现的内容。

A. 介绍茶席礼仪　B. 引导如何品茶

C. 强调茶艺表演者的个人成就　D. 引导如何欣赏茶席之美

三、判断题

1. 在茶席解说创作中，解说词的语言应该尽可能使用复杂的专业术语，以显示专业性。（　　）

2. 在茶席解说创作中，解说词的适应性要求包括根据不同的听众群体和文化背景调整内容和风格。（　　）

项目三·任务二·参考答案

参考答案

项目四

茶席的色彩与结构表达

思维导图

项目四 茶席的色彩与结构表达

- 任务一　茶席的色彩表达
- 任务二　茶席的空间结构表达
- 任务三　茶席的时间结构表达

学习目标

知识目标：

- 掌握色彩在茶文化中的象征意义，掌握色彩与茶席主题的搭配；
- 掌握茶席设计的空间结构类型和时间结构类型，理解不同的空间设计表达和时间设计表达。

能力目标：

- 能够根据不同主题，创造性地选择和搭配色彩，增强茶席的艺术表现力；
- 能够根据主题设计不同茶席空间的结构类型，能够合理安排茶席中的茶器、装饰物等位置来营造氛围感，提升茶席美感。

素养目标：

- 通过学习，提高在色彩和结构设计方面的审美能力，培养对美的追求和表达。

项目导读

茶是中华文明的结晶，是生活中的一种艺术形式，茶席设计是色彩表达、空间结构、时间结构的综合体，通过本次实训项目，我们将把理论和实践结合起来，提高学生们的审美能力和设计思维。

色彩是茶席设计的重要元素，也是最直观的元素，它可以瞬间影响人的情绪与感受。通过对深色系、浅色系、同色系、单一色系、多色系、主题色系等不同色彩设计的茶席的赏析，同学们会切实地感受到色彩对人的内心的影响，然后亲自动手，以均衡、唯美为原则，用给定的色彩要素，进行茶席设计实践。

空间结构是茶席设计的骨架，它决定了茶席的整体布局与视觉效果。通过赏析直线型、曲线型、闭环型、T 型、几何型等不同结构的茶席实例，同学们能了解到空间结构在茶席设计中的多样性与灵活性。实训任务中会要求同学们分析不同空间结构的茶席，从而锻炼其观察力与空间思维能力。

时间结构是茶席设计的灵魂，它给茶席赋予了历史与文化的厚重感。赏析表达不同时间结构，像历史演进、地方发展、人生经历、个人成长等茶席实例后，同学们将学会怎样在茶席设计里融入时间元素，讲述茶与人的故事。同时实训任务还会进一步要求同学们细致分析表达不同时间结构的茶席，提升他们的历史观与文化自信。通过本次实训项目，同学们不仅将掌握茶席设计的基本原理和技巧，更将学会如何运用茶席这一载体去传承和弘扬中华优秀传统文化。期待同学们在茶席的世界里找到属于自己的那份宁静与美好。

任务一　茶席的色彩表达

任务导入

夏天到了，有几位好久未见的友人要来拜访，你准备设计一个有“清凉”感的茶席接待客人，你会如何设计？

茶席的色彩

一、茶席的色彩类型与情感

（一）茶席的色彩类型与氛围表达

茶席颜色的选定，是营造茶席氛围的关键一步，不同的颜色能够唤起不同的情感和联想，从而创造出特定的氛围。如下表所示：

表 4-1-1 茶席的色彩类型与氛围表达

不同色系茶席	氛围表达	适用场合
红色系	热情、喜庆、活力	节日庆祝、喜事、新年等需要营造热烈氛围的茶席(会)或场合
蓝色系	宁静、清新、平和	夏季、海边主题、需要营造宁静氛围的茶席（会）或场合
白色系	纯净、简洁、优雅	日常使用、极简风格、需要突出茶叶色泽的茶席（会）或场合
黑色系	稳重、神秘、高级	正式场合、需要营造深邃氛围的茶席（会）或场合
绿色系	自然、生机、和谐	春日、户外、需要营造清新自然氛围的茶席（会）或场合
金色系	豪华、尊贵、庆祝	庆典、宴会、需要营造奢华氛围的茶席（会）或场合
棕色系	温暖、质朴、舒适	秋冬季节、需要营造温馨氛围的茶席（会）或场合
透明或淡色系	透明感、纯净、轻盈	春夏季节、需要突出茶汤色泽的茶席（会）或场合

根据茶席主题选定茶席整体色调时，除了考虑氛围，还应考虑与茶叶、茶点颜色的搭配以及与茶席整体装饰的协调性，以达到视觉与情感的双重享受。

图 4-1-1 浪漫之紫（供图：杭州静如茶空间）

（二）茶席的色系与情感

色彩可以激发人的情感和联想，这在心理学、艺术和设计领域都有广泛的讨论，色彩的情感表现的确在很大程度上依赖于可能来自文化、个人经历、自然现象等多种因素的人的联想，而这种联想恰恰是在心理和艺术设计领域中产生的。比如红色，它经常与力量、危险、爱情等联系在一起，也许是因为它让人联想到圣火的炽热，联想到流血的警示，联想到革命的激情，而这些都是在不同文化中普遍存在的；绿色常常被关联到自然、生长、和平与健康，这是因为绿色唤起了人们对大自然的联想，比如茂盛的森林、青青的草地，这些联想给人以清新、宁静和充满生命力的感觉；蓝色的冰凉感可能让人联想到清澈的湖水和寒冷的冰川；黄色通常与乐观、快乐和活力联系在一起，让人联想到明媚的阳光和收获的季节；橙色将红色的热情与黄色的活力结合在一起，与温暖、友善的气氛相关联；紫色常被视为神秘、奢华的象征，让人不禁联想到皇室贵族的生活或深邃的精神内在；黑色通常与力量、优雅、神秘和悲伤有关，也可能让人联想到夜晚的宁静或未知的深度；白色常与纯洁、清新、祥和、开始联系在一起，使人联想到雪的纯净，或新生命的开端。

当然色彩与情感之间并不是一成不变的，会随着不同的文化背景、个人经历、时代的不同而发生变化。在设计、艺术、生活等很多场合下，理解和应用不同色彩的情感表现力，可以更有效地传达信息、营造气氛、激发情感。在茶席艺术的色彩运用方面，应该超越单纯的色彩情感、象征意义，深入到色彩与人的情感、生理反应等复杂交互作用的层面。在茶席的设计中，应该关注色彩选择和搭配的哪些方面呢？

1. 茶席色彩要能引发情感共鸣

茶席色彩应与茶席（会）的主题和氛围相匹配，比如用绿色和棕色营造自然、宁静的氛围，适合冥想或者放松的茶会；用红色和黄色可能更适合庆祝或者节日主题的茶会，营造热烈、欢快的气氛。

2. 茶席色彩要有助于产生愉悦的感官体验

就色彩而言，不同颜色在对人的生理上有着不同作用，如蓝色和绿色能使人放松，适合用在比较安静的场合，而红色和橙色能使人兴奋，适合使用在需要活跃的场合，如聚会等。我们在选择茶席（会）的整体色调时，一定要考虑参与者的心理需求和生理需求，如要想让茶会达到让人放松的效果，那么就可以采用淡蓝、浅绿色等适合安静的颜色；要想让茶会达到让人兴奋的效果，那么就可以采用红色、橙色等颜色。同时，茶席（会）的色彩搭配是否和谐，也会直接影响茶席（会）的整体美感，进而影响到与会者的感受。

图 4-1-2 宋韵

3. 茶席色彩搭配要和谐

色彩是茶席艺术的灵魂。茶席色彩设计要凸显视觉美感，遵循美学黄金法则，巧妙运用对比与和谐，把强烈碰撞的鲜明色系与柔和融合的色系有机结合，用冷色调的淡蓝色搭配暖灰色的宁静色系，营造淡雅而舒适的小清新的氛围，配合明亮的点缀色，如橙色或红色，以加强茶会的活力。在茶席设计中，把握色彩的深浅变化也非常重要，运用渐变色彩的细腻过渡，让茶席空间充满流动感，避免刺眼的视觉冲击，摒弃单调的视觉束缚。设计者要精准把握每一种色彩在茶席上展现的独特魅力，给使用者带来完美的视觉体验。

图 4-1-3 紫烟黄月（供图：杭州静如茶空间）

4. 茶席色彩要尊重和融入当地的文化

茶席色彩在追求视觉美感时，也要注意地方文化的传承与展现。不同文化对色彩的诠释与象征意义有所差异，在色彩的选择上要尊重和融入当地的文化传统。比如，在中国传统文化中，红色意味着喜庆和吉祥，在西方文化中则可能象征着激情和力量。因此，在设计茶席时，要充分考虑参与者的文化背景，选择能引起共鸣的配色。而且，适当地运用色彩的地域表现，可以增强茶席的独特性和辨识度，让与会者在品茗时，也能感受到主人独特的品位和用心，这样的话，茶席艺术中色彩的作用，就不仅仅局限于视觉上的美感，而转变为重要的媒介，将情感和文化传递出去。

5. 茶席的色彩必须跟周围环境的色彩相匹配

茶席色彩的选择还要考虑茶席所处的环境，不同环境下的色彩会有不同的表现效果，茶席处于室内柔和的灯光下，淡雅色调更显温润，而处于户外阳光下，明亮的色彩会更显活力。设计师要善于运用环境因素，让茶席色彩与环境融为一体，加强茶席所传达的意境与氛围。在了解、运用好色彩后，我们会给茶席带来更美的视觉效果以及一场视觉与文化的盛宴，品茶之余给人们带来的也是心灵的享受。

图 4-1-4　时光慢沏（摄影：丁诗弋）

图 4-1-5　落日海畔，茶烟漫（摄影：丁诗弋）

6. 茶席的色彩能够彰显个性化

茶席设计也得考虑参与者的喜好与情感需求，给他们提供个性化的色彩体验。个性化的色彩选取可能是对某一特定情感的寄托，或者是对某一特定记忆的缅怀。例如，采用温暖的橙色调，能为茶席营造温馨的氛围；而选用清新的绿色调，就会营造出宁静致远的感觉。凭借对色彩的个性化定制，不仅能满足不同参与者的情感需求，而且能让茶席成为每个人心中的美好回忆。

茶席色彩的选择综合考察茶席设计者的色彩学知识和色彩的创意运用能力，茶席设计者需要从情感、生理、美学、文化等层面选择最合适的色彩搭配。茶席色彩的选择也从视觉、生理、情感等方面给参与者带来美的享受。

▶ 拓展讨论：从“茶席的色彩与情感”表达出发，茶席可以用什么样的色彩表达什么样的情感主题？

讨论要点：

1. 色彩与情感的关系。
2. 铺陈、茶品、器具、配件、插花等艺术组合与整体色调、情感的关系。
3. 凸显在地特色或席主自身特质。
4. 能够被广泛应用，且兼顾实用与美学。

（三）经典实例——茶席之“清凉一夏·小聚”

图 4-1-6 清凉一夏·小聚（摄影：丁诗弋）

1. 茶席主题——清凉一夏·小聚

结合荷元素与夏日清凉感，营造一个既有视觉凉意又富含荷香的茶席，让久别重逢的友人在品茗谈心中享受夏日的宁静与清新。

2. 茶席剖析

（1）色彩与材质

主色调：采用荷叶的深绿与荷花的粉白作为主色调，辅以白色或淡绿，营造出荷塘的清凉感。

材质选择：选用棉麻或亚麻桌布，搭配竹、陶瓷或玻璃质地的茶具，增加自然清凉的触感。

（2）茶席装饰

荷叶与荷花：可摆放一个小水钵于茶席上，放几片荷叶，一朵两朵的荷花或花苞。

干荷叶作装饰：用干制的荷叶或荷花作为点缀，提高茶席的层次感和自然气息，同时荷花的花瓣还能作为茶荷使用，更加实用。

荷叶形装饰物：将荷叶形状的小物摆放在茶席上，或者将荷叶边的盘子作为茶点盘，都可增添清新感。

（3）感官体验

茶品：绿茶或冷泡茶，既能解暑又清新，提升品茗体验。

小食：提供莲子糕、荷香绿豆糕等荷元素小食，不仅美味，还能增添茶席的趣味性。

（4）灯光与氛围

灯光：采用偏冷色调灯光，或者在茶席周围布置小型 LED 串灯，营造温馨又清凉的氛围。

背景音乐：播放轻柔的自然音乐，像流水声和蝉鸣，增添夏日荷塘的意境。

3. 茶席解说

“夏意正浓时，绿荷引幽梦”，请和我们一起走近“清凉一夏·小聚”茶席：荷叶舒展如绿罗裙曳带水，荷花半遮半掩似羞涩佳人待月明，一壶香茶，或许能将炎夏的热烈都溶化，莲子糕似明珠，荷叶茶如绿舟，一样是自然的馈赠，一缕茶香，一声轻吟，光影交织，茶席如一帧帧动人的自然画卷，淡雅的色彩，精巧的布局，似夏日清凉和雅致，耳边的轻音乐，似泉水叮咚，恰似荷叶拍水面的韵律，带来清凉的氛围。在“清凉一夏·小聚”中，我们不仅品茶，更是在品味夏日的诗句，一缕荷香，一次小饮，都是一段对夏天的吟诵，对友谊的唱吟。在这荷塘月色中，来一场诗意的相逢，让心灵在清凉里悠然。

二、茶席的色彩组合

（一）茶席的色彩组合

在茶席设计中，通常是以色彩的组合与面积的配比来达成色彩的和谐与美感，设计师利用色彩的相互衬托来营造反差强烈的视觉效果，在选择色彩时要紧扣茶席主题，以提升整体的情绪氛围，在设计时要做到色彩的和谐与美感。通过对色彩属性的深入理解，充分考虑色彩对人心理和生理的影响，保证茶席在视觉上不仅具有美感，更能在情感上打动人心，在实际操作过程中，茶席师可以从以下几个方面着手：

图 4-1-7　墨香流韵（摄影：李慧）

1. 色彩主次分明

确定一两个主调作为茶席的调性，一般会占很大的面积。

选用面积较小但可起到提亮或调和作用的一两种辅助色，点缀或平衡主色调。

考虑使用中性色或无彩色（如黑、白、灰）作为背景或边框，以突出主、辅色。

2. 运用色彩理论

单色系：利用同一颜色的明度、饱和度的不同，营造出统一、浓郁的效果。

类似色系：选择色轮上相邻的颜色，营造过渡与和谐的温和感觉。

互补色系：选择色轮上相对的颜色，用于强调或对比，但要注意面积比例，避免视觉上的冲突。

分裂互补色系：选择色轮上一个色彩和其对面色彩两侧的色彩，既保持了对比，又避免了过分强烈的冲突。

3. 色彩面积的黄金比例

应用“60-30-10”法则：主色调占 60% 的面积，次色占 30%，强调色彩或点缀色彩占 10%，这个比例有利于保持视觉平衡，防止某一种色彩过分主导或缺失，使整个茶席看上去既有层次感又和谐统一。这个比例不仅可以体现在颜色的布局上，对于茶席的整体布局和装饰也同样适用，比如遵循这个比例，在茶具、点心、花艺等元素的选择上，可以让每一件单品都找到一个整体中的恰当位置，既不显得突兀，又能保留个性。如此精心的考量，让茶席构成一个体现主人品位、追求美的和谐小天地，参与者在品茗之余，也能更多地感受到生活在这样的环境中的精致与情趣。

图 4-1-8 静如（供图：杭州静如茶空间）

4. 色彩分割与重组

茶席铺垫在运用色彩时，通过对材质、形状、图案进行分割与重组来达到茶席的色彩层次感，对色彩进行重组时要注重色彩的流动性与连贯性，避免色彩的生硬切割，让茶席呈现出流动的节奏与和谐，例如让色彩明亮的色彩在茶席中心点出现，可以将目光的注意力吸引过去，以柔和的过渡色作为背景色，让茶席呈现出色彩的渐变。与此同时，色彩留白是不可或缺的，在色彩设计上适当的留白可以让视觉得到休息的同时提高茶席的艺术性与想象空间。对茶席的细节进行点缀是必不可少的，可以在茶席的色彩上适当增加一些茶具，使茶席更加丰富饱满。

图 4-1-9 长征

5. 现场光照与色彩

考虑现场自然光或人工光源对色彩的影响，调整色彩的明暗和饱和度，适应不同的光照条件，使茶席在不同时间段内呈现最佳的视觉效果。在光照的衬托下，色彩更加生动，结合光影效果，使茶席的每一个细节都散发出美感。

6. 表达与功能的平衡

要保证茶席的色彩选择不仅贴合情感表达，还得考虑到实用性，如洁净度、耐脏等，在实用性的考虑上，要选择易于保养和打理的面料，这样才能保证茶席在长时间使用的情况下依然能够保持美观。在色彩表现与功能平衡上，也需要注意材质的触感与质感同样会影响茶席的整体感受，丝质的细腻、陶瓷的温润、棉麻的粗糙、镜面能倒映万物等，每一种材质都会赋予色彩别样的活力与层次。同时，适度的防滑、耐热等特性也是茶席在选材时考虑到茶席使用场景的关键因素，如此一来，不仅满足了美感，同时也保证了茶席的实用性和耐用性。

图 4-1-10 窗影
（摄影：丁诗弋）

图 4-1-11 荷

▸ 拓展讨论：从“茶席的色彩组合”出发，一般茶席中可以有多少种色彩？

讨论要点：

1. 桌布或桌旗的色彩组合。
2. 茶具、配件、插花的色彩组合。
3. 凸显在地特色或席主自身特质的色彩。

（二）经典实例——“秋意浓”茶席鉴赏

图 4-1-12 秋意浓（摄影：潘磊）

1. 茶席主题

“秋意浓”茶席是一种以秋天为灵感，通过茶具、装饰和茶艺来展现秋天韵味的茶席布置。在这样的茶席上，您可以感受到秋天的气息，享受一杯温暖的茶，体验宁静和秋天的感觉。

2. 茶席剖析

“秋意浓”取材秋日，茶席以棕色作为主色调，桌布纹理如秋叶随风摇曳般细腻、生动，主泡器及公道杯为银质地，干枯落叶配以红花作为茶席插花，彰显秋天韵味，体现茶席主人的审美。配色上使用黄色、橘色、绿色、白色渐变色的品茗杯，不同的茶杯颜色在茶席中相互衬托，品茗杯所展现出来的柔和有趣的色彩，使人联想到秋天树叶从绿到黄再到红的渐变，富有艺术性和生活气息，在这样的环境里品茗，不仅可以感受到茶的美感，还能感受到设计者对于季节变换的捕捉和对色彩运用的独特见解。

3. 茶席解说

金秋送爽之时，以茶为媒，共赴一场与自然的诗意对话。“秋意浓”茶席不仅是视觉与味觉的盛宴，更是心灵的一次洗礼，茶席上，落叶轻舞，似秋日的轻声细语，讲述着岁月的变迁。茶树枝头，茶花带露，静谧开放，散发着淡淡的清香，犹如秋天清晨的露珠，清新而不张扬；桂香扑鼻，是带来丰收喜悦和温馨问候的秋天使者；果实累累的红豆、石榴、柿子，在点缀茶席的同时，更寓意着人生的丰盈与甘甜。在这场对话中，茶与秋相互交融，流露出对自然和生活的热爱，银器中的金黄色茶汤泛着光芒，与周围的环境相互映衬，透着一种和谐之美。那些点缀其中的落叶以及果实，都唤起了人们对秋天的记忆，让人在品茗时，也能品味到生活的厚重和甜蜜，这份秋意，既是对季节的赞美，也是对美好生活的诠释。

实训任务

请以小组为单位，根据实训室的茶席及茶具进行茶席设计，主题自拟，以均衡、唯美为原则，并提交设计材料。

（一）实训指导要点

茶席主题的切入点、茶席色调的选择、茶席器具色调的搭配、茶席配件色调的选择、茶席花艺色调的选择、茶席空间光线的应用等。

（二）评分标准

表 4-1-2 茶席的色调单项评分标准

序号	项目	满分	要求和评分标准	扣分	得分
1	准确性	30 分	正确识别与标注空间结构类型，分析其在图片中的体现		
2	深度与广度	30 分	深入分析结构类型对茶席氛围与功能的影响，全面考虑不同维度		
3	创新性	20 分	提出有创意的改进方案，展现对茶席设计的独到见解		
4	表达清晰度	20 分	分析报告条理清晰，用词准确，逻辑性强，展示良好的沟通与表达能力		
总分	100 分				

思考与练习

一、简答题

1. 茶席的色彩类型有哪些？请举例说明。

2. 根据色彩理论，茶席色彩搭配有哪些方式？

二、多项选择题

1. 一般来说，（　　）可能有助于放松和减压，适合需要营造平静氛围的茶会。

A. 大红色　　B. “爱马仕”橙色　　C. 浅蓝　　D. 绿色

2. 在中国传统文化中，（　　）代表着喜庆和吉祥，而在西方文化中，（　　）则可能象征着激情和力量。

A. 紫色　　B. 红色　　C. 白色　　D. 绿色

三、判断题

1.在茶席设计中，可以应用“60-30-10”法则：60%的面积用于主色调，30%用于次要色，10%用于强调色或点缀色，这种比例有助于保持视觉平衡。(　　)

2.茶席的色彩应与茶席（会议、空间）的主题和气氛相匹配，如用红、黄两色营造自然、宁静的气氛，适合静坐或放松心情的茶会。(　　)

参考答案

项目四·任务一·参考答案

任务二　茶席的空间结构表达

任务导入

请分析你在任务一中设计的茶席属于哪种空间结构类型。

一、茶席的空间结构类型

（一）茶席的空间结构类型

发展至今，茶席的空间结构十分多样，包括直线型、曲线型、闭环型、T型、几何型以及上下、左右、前后、多维度组合等，多元的空间结构创造出丰富多变、意蕴深远的品茗空间。

1. 直线型

特点：简洁、直接、稳定。

应用：茶席布局沿一条直线展开，适合长条形空间，如主泡区域与品茗区域呈直线排列，增强空间的导向性和流畅感，直线型的布局在视觉上给人以清晰明确的导向，使得空间更为通透。在此基础上，适当加入曲线型元素，如弧形茶几或圆润的茶具，既能柔化直线带来的生硬感，又能增添一份优雅与灵动，这种结合不仅体现了设计师对空间布局的独到见解，同时也让茶席在动静结合中散发出独特的魅力。

在画面构图中，横线条往往以地平线的姿态优雅展现，赋予观者以稳定、宁静与宽广的视觉体验。茶桌之上，横线条的运用尤为普遍，它们以铺垫的平直铺展为基本形态，与茶桌长边默契并行，构筑出一个坚实稳固的基底，让人感受到一种沉稳与安心。

图 4-2-1 夜宴（摄影：潘磊）

茶杯在茶席上布局，也是沿用了横线条的原理，把茶杯沿着横线排开，整齐有序地放置在茶席的前端，给人一种简洁大方的效果。横线条的布局，并不是限制茶杯数量在少量的状态下使用，10 杯茶杯的茶席，依然可以采用横线条的布局；当茶杯数量超过 5 杯，就采用两列并行，把茶杯分成两组，前后以横线为引导，错落有序地分布，这样横线条的布局就可以变化出不同的视觉层次，如 7 杯的茶席，可以用“二五”“三四”的组合，通过分组和层次的安排，解决茶杯数量过多带来的长条布局，让茶席更具有空间感和动律美。

2. 曲线型

特点：柔和、流动、自然。

应用：茶席布局如曲线，似“S”曲线或波浪曲线，使茶席拥有流动感和自然美，适用于追求自然的茶席布局。曲线布局让整个茶席充满韵律感，好似置身于山水间，曲径通幽流转，使人有静谧之感。按照这种理念，常以弧形桌面或者蜿蜒展示架作为茶席布局的重点，以线条流畅的茶具搭配线条曲线美的装饰品，使茶席如一幅生动画卷一般，具有更强的视觉冲击力，更能吸引观者眼球，置身于这样的空间中，品茗者仿佛能感受到山水的灵动之韵，心境宁静，思绪沉淀。这种曲线型茶席设计，既为品茗空间增添了一丝优雅柔美，又让人们在忙碌的生活中获得了片刻的宁静惬意。

图 4-2-2 镜台山水（摄影：潘磊）

曲线条凭借很强的造型力增强茶席的立体深度和视觉冲击力，同时也起着传递美感和动感的作用。在插花艺术中，花器与花材的和谐共生是曲线美的生动体现。花器的温婉轮廓与花材枝条自由的曲线交织，不仅营造出柔美灵动的视觉感受，更融合了人体工学的舒适与高雅的审美情趣，让人看着十分惬意。对于茶杯的摆放，也能将曲线艺术融入其中。无论茶具数量多少，都能通过波浪式排列的创意手法，为茶席带来曲径通幽、韵味无穷的视觉感受。这种打破常规、不单调的曲线布局，不仅为茶席增添了无限生机与活力，更能让观者的视线在精致曲线间穿梭，感受到来自大自然的生动与和谐。

3. 闭环型

特点：完整、封闭、私密。

应用：茶席布局成圆形、椭圆形或方形的闭环形状，比如中央设主泡区，四周环绕品茗区，这样的布局使得空间的私密性和完整性得以增强，闭环型的设计使茶席具有向内的凝聚力，品茗者可以从中感受到一种温馨的归属感。这样的布置方式，既能保持沟通的亲密性，又能体现中国茶文化的和谐圆融，适合家庭聚会或小型茶会，在此基础上适当地将视野放宽或以通透的隔断，使内外空间相互渗透，既能保持私密性，又能达到分隔贯通的效果。这种布局让人们品茗时能感受到空间的层次感和温馨的氛围，同时透明隔断的使用还能使内外景观相互映衬，仿佛置身于自然之中，增加品茗的意境。

图 4-2-3 春日茶叙（摄影：李慧）

4. T 型

特点：平衡、对称、扩展。

应用：茶席布局为“T”字形，适用于长宽比例合适的空间，主泡区在“T”字交叉点，操作方便，两侧设品茗区能增加空间互动性。这种布局各自独立还促进交流分享，营造出和谐共处的氛围。T 型布局茶席对称平衡，让人们品茗时能感受到空间延展性，好像思想感悟也随之拓展。所用茶具和装饰品注重和谐统一，既能展现中式茶文化的庄重，又有现代设计的简洁。茶席插花艺术中也有竖线条的体现方式，那些枝干笔直的花卉材料，以不屈姿态显得坚韧挺拔，不过因太刚硬的美感，在某些情境下稍缺柔美和谐。但这些元素巧妙融合对比，才构建出茶文化丰富多彩、层次分明的审美世界。

5. 几何型

特点：结构感强、具有现代感。

应用：茶席布局采用三角形、菱形、六边形等几种形状，适合现代风格的茶席设计，空间的结构感和视觉冲击力得以增强，同时与现代生活节奏相呼应。茶具的选择和摆放遵循几何美学，营造出简洁而富有张力的空间感，品茗者仿佛置身于充满现代气息又具有传统底蕴的茶文化世界，享受独特的感官体验；几何形的茶席中，光影交错，更添神秘和动感，喝茶时不只是享受茶的美感，更是探索生活哲学，追求和谐与秩序。

图 4-2-4 扇形茶席

6. 上下组合

特点：层次分明、具有立体感。

应用：用不同高度的茶几或平台，把品茗区和装饰区分层设置，高处放装饰物或观赏品，低处摆茶具，空间的立体感和层次感得以增强。这种上下组合布局让整个空间更有动态美，打破了传统茶席的单一性，视觉和触觉有新体验。在这种上下组合布局里，茶席不是平面呈现而是立体画面，高低错落间有节奏感，不但让人能感受到空间层次感，还能在高低错落间体现主人的趣味。

图 4-2-5 春江水

7. 左右组合

特点：对比、平衡。

应用：茶席左右两边用不同装饰风格或者色彩形成对比，靠平衡设计保持整体和谐，一边是自然装饰，另一边是文化艺术品。这种左右组合布局在视觉上有鲜明对比，一边的自然质朴和另一边的文化韵味相互映衬，营造出动静结合的空间氛围。品茗者在此环境中，既能体会自然美，又能领略文化艺术魅力。

图 4-2-6 莲蓬茶话（摄影：丁诗弋）

8. 前后组合

特点：纵深、透视。

应用：利用空间深度，主泡区在前，装饰区

在后，主泡区形成纵深感，视觉层次和透视效果得到增强，这种前后组合的布局，使茶席犹如一幅立体画卷，层层递进，极具吸引力，主泡区的焦点地位和后装饰区若隐若现，相互映衬，营造出静谧深远的氛围。空间深度成为记忆与情感的承载，品茶氛围在这种透视效果下，变得更加鲜活，更有故事性。

图 4-2-7 雪山茶事
（摄影：潘磊）

图 4-2-8 蒹葭

9. 多维度组合

特点：复杂、立体、丰富。

应用：运用上述所有组合形式，在 T 型的基础上加上曲线型的装饰布局，上下左右前后多次组合，就可以创造出一个立体而复杂的茶席空间。在这种空间中，不同角度都如同一件艺术品，每个角度都让人眼前一亮，其中的品茗不仅是味觉的享受，更是对全方位感官的刺激。

图 4-2-9 云楼·山水席（供图：杭州素业茶院）

通过这些形式与组合，茶席可以变得千变万化，不仅可以满足不同的功能需求，更凸显了茶席与茶空间的艺术性与文化性。

▸拓展讨论：从“茶席的空间结构”的角度出发，用不同类型的茶席空间结构，表达出何种情感主题？

讨论要点：

1. 主题的选择。

2. 色调、材质、器具、配件、插花等在不同空间结构组合运用所表达的不同的艺术情感。

3. 突出在地的特点或者是主人本身的特点。

4. 实用广泛，兼顾实用与审美。

（二）经典实例——“仲夏夜之梦”茶席鉴赏

1. 茶席主题

本作品设计思路来源于莎士比亚的名剧《仲夏夜之梦》，这一主题茶席旨在营造出一个充满神秘、浪漫与自然之美的梦幻空间。夏日的夜晚，月光如练，星光闪烁，森林中精灵与仙子的轻盈舞步都将成为茶席设计的灵感源泉。

图 4-2-10　仲夏夜之梦（摄影：潘磊）

2. 茶席剖析

（1）色彩与材质

色彩：以月光的银白、夜空的深蓝与女士纱裙的粉色为主色调，配以金色或铜色的点缀，营造出神秘而浪漫的氛围。

材质：使用自然纹理的木、石材质，配以轻薄透明的玻璃、纱质或丝绸，增添几分仙气与飘逸。

（2）布局与装饰

曲线的运用：将自然流动的曲线与柔和的曲线相组合，模拟森林小径的蜿蜒和月光下的溪流。

闭环型与散点式布局：把闭环型茶几当作中心，周边轻巧地布置座椅，模拟森林里仙子的聚会场景。

上下、左右、前后的立体感：用不同高度的茶几和装饰物，像悬挂的灯与低垂的花蔓，营造层次分明的立体空间。

（3）茶具与摆设

茶具：挑仿古瓷质茶具，表面画月光下森林图案，增加些古典韵味。

摆设：桌上用夜光石或萤火虫灯点缀，模拟夜空闪烁的星光、散落的野花和绿叶，增加自然野趣。

（4）茶品与点心

茶品：精选月光白茶或茉莉花茶，其清雅的香气与主题相得益彰。

点心：小巧精致的水果塔、月牙形的巧克力以及以花朵为造型的马卡龙，与主题相呼应，增添几分梦幻与浪漫。

（5）氛围营造

音乐：古典小夜曲，营造出一种宁静而浪漫的气息。

3. 茶席解说

仲夏夜温柔月色下，森林悄悄揭开神秘面纱，万物沐浴在银辉之中。在这里，一场梦幻茶席静静展开，邀你走进月光下的奇遇。

银白色的茶具上，月桂叶影子轻轻摇动，像夜风的轻声细语，与夜空中闪烁的星星相互映衬，每一盏茶都是夜的诗篇，每一口品茗都是对盛夏最温柔的礼赞。

月光白茶的清雅，似夜话般的轻语，轻掠过鼻尖，唤醒沉睡的感官，精致的茶点灵感来自大自然，每一口都是对大地之美的赞美，每一抹色彩都为仲夏的梦境勾勒出一幅美丽的画卷。

此时我们都是这梦境里的行者，月光之下共饮一盏茶，星光之下共度一段时光，每一刻都是永远，每一次相遇都是机缘。

仲夏夜之梦是茶席的前奏，更是心灵深处最轻柔的诗。

让我们在月光中起舞，在茶香中陶醉，共度仲夏夜之梦。

二、茶席的空间结构表达

茶席作为融合了实用与美学的空间艺术表达，通过实体布局，与周围环境交融，共同营造新的视觉享受和文化氛围。在这种艺术形式里，茶席布局和器物摆放都遵循空间结构艺术的内在逻辑。

（一）体积与空间的关系

体积是三维形态的基础，通过长、宽、高组合来定义物体在空间中的占有情况。在茶席设计中，不同体积的物体依靠对比、组合来提升空间感，比如较大的器物可作为视觉焦点，较小的器物放在大器物周围衬托其体积，在视觉上创造层次感和深度，器物摆放还得考虑与空间整体协调，像高矮错落有致，丰富视觉节奏，引导观者视线流动。

（二）形态结构的多样性

茶席的形态结构由点、线、面、体组合而成，这些元素的相对性与结合能产生无限的新形态。茶席设计里，茶杯、茶碗、饰物，甚至每一朵精致的花，都可看作形态构成中最基本且灵动的“点”。这些“点”虽小却有活力，像画布上跳动的色彩，是视觉焦点所在，经巧妙布局，给空间增添层次和细节美。“线”是众多“点”的连接与延伸，在茶席设计里起连接和引导作用，把茶匙、茶夹、插花，还有排列的茶具串成流畅旋律。“线”的形态，不管是直线的刚硬还是曲线的柔美，都饱含情感，引导视觉移动，构建空间节奏和韵律。从几何学角度看，“面”由“线”的扩展或“点”的密集构成，在茶席设计中，像广阔的画布，承载茶台、茶巾、台布等“面”元素的丰富表达。它们用色彩、质感和形状营造整体风格和氛围，是茶席情感传递和文化展示的重要载体，给参与者提供沉浸式体验。

设计时可调整这些基本元素的比例和排列方式，创造和谐而富于变化的空间效果，器物线条流畅优雅，表面的转折和延伸形成节奏感，器身的堆叠和穿透表现量感与光影交织，这些元素在茶席中相互呼应，营造出一种静谧生动的气氛。

（三）立体性格的表达

立体性格由其线条特征决定，直线系立体让人感觉刚直硬朗，曲线系立体看起来柔和优美，在茶席设计时，通过选择特定性格的立体形态，表达特定的气氛或情感。如以曲线造型的器物能营造飘逸流动的空间感，而以直线造型的器物则能带来稳重有序的感觉，靠巧妙地运用立体人物，茶席设计传达出别样的审美情趣。在茶席设计上，特别注重器物线条的搭配，力求刚柔相济中彰显独特的茶空间韵味。比如在一个转角处，挑一朵曲线优美的花或花瓶，与旁边用直线勾勒的茶几形成鲜明对比，既突出各自的特色，又和谐共处一室，十分有看头，这种对立体性格的深入理解和巧妙运用，使整个茶席空间既有动态美感，又有静态平衡。

图 4-2-11 鱼溯玫影 2020 年云南省中华茶艺大赛作品

通过对体积、形态结构、立体性格的精心搭配和运用，茶席设计者可以创造出既美观又具有空间感的品茗环境，使茶席不仅仅是一个实用的品饮空间，更是一个能够激发观者情感和思考的艺术空间。

实训任务

请根据以下茶席图片进行具体的茶席空间结构类型分析，并探讨不同结构类型对茶席空间氛围与功能的影响。

图 4-2-12 桂影摇秋（摄影：潘磊）

图 4-2-13 竹影

图 4-2-14 清风小憩

（一）实训指导要点

1. 观察与记录：仔细观察提供的茶席图片，记录下第一印象，注意茶具的布局、线条的走向、空间的划分等。

2. 类型识别：根据茶席的布局特点，识别并标注出图片中体现的每种空间结构类型：直线型、曲线型、闭环型、T 型、几何型以及多维度组合。

3. 分析与评价：分析每种空间结构类型如何影响茶席的视觉效果与品茗体验，评价其设计的优缺点。

4. 创新思考：思考如何在原有的布局上进行微调，以增强空间感或提升品茗氛围。

（二）评分标准

表 4-2-1 茶席的空间结构单项评分标准

序号	项目	满分	要求和评分标准	扣分	得分
1	准确性	30 分	正确识别与标注空间结构类型，分析其在图片中的体现		
2	深度与广度	30 分	深入分析结构类型对茶席氛围与功能的影响，全面考虑不同维度		
3	创新性	20 分	提出有创意的改进方案，展现对茶席设计的独到见解		
4	表达清晰度	20 分	分析报告条理清晰，用词准确，逻辑性强，展示良好的沟通与表达能力		
总分	100 分				

思考与练习

一、简答题

1. 茶席的空间结构类型有哪些？

2. 茶席与茶席空间的关系是什么？

二、多项选择题

1. 茶席的空间结构经常是多维度的，（　　）都会出现。

A.T 型　　B. 曲线型　　C. 前后组合　　D. 上下组合

2. 茶席的形态结构由（　　）的组合构成，这些元素的相对性和结合可以生成无限的新形态。

A. 点　　B. 线　　C. 面　　D. 体

三、判断题

1. 直线型茶席的特点是简洁、直接、稳定，适合长条形茶席空间。（　　）

2. 曲线型茶席拥有流动感和自然美，适用于追求自然的布局场景。（　　）

项目四·任务二·参考答案

参考答案

任务三　茶席的时间结构表达

任务导入

你所在的企业是一家“老字号”企业，今年是 60 周年庆典，你需要设计一个相关的茶席来迎宾，你准备如何设计？

一、“历史演进”类茶席的时间结构表达

（一）仿古茶席的时间结构表达

茶席能借模拟历史上的茶饮方式表达茶文化的历史演进。设置不同历史时期的茶具和品饮方式，参与者就可体验从古代到现代的茶文化发展历程，感受到不同时代茶文化的不同与变迁。汉代煮茶、唐代煎茶、宋代点茶、明代泡茶等不同时期的茶文化都可通过茶席展示。

图 4-3-1 仿宋点茶

（二）现代茶席的时间结构表达

现代茶艺中，把城市发展、企业文化等融入创新的茶艺冲泡演示，不但彰显现代茶艺的时代性，还让宾客品茗时体会到茶文化随时间沉淀的韵味。以滇红为例，挖掘滇红茶故事，离不开凤庆滇红发展历史、现代工艺创新与突破，把这些元素融入茶席设计，茶席就不只是品茗的空间，更是了解滇红历史，品鉴滇红创新的过程。

图 4-3-2 2023 年茗星茶艺师大赛获奖作品
（虞明睿、杨四润）

二、“地方发展”类茶席的时间结构表达

（一）乡土茶席的时间结构表达

比如使用福建工夫茶的茶具表演福建工夫茶的冲泡技艺，运用福建工夫茶的茶具呈现乡土茶席，将体现福建茶文化的特色，让参与者身临其境地体验福建茶文化的韵味。同时，可让参与者在品茶的同时感受福建茶文化的变迁。又如通过设计呈现云南茶马古道的茶席冲泡普洱茶，放置马鞍、茶篓等装饰物，让宾客在品鉴普洱茶的同时，了解茶马古道和普洱茶悠久的贸易史。

（二）民俗茶席的时间结构表达

我国拥有 56 个民族，在华夏文明的历史进程中，逐渐形成了各自独具特色的饮茶方式，与之相对应的，反映和呈现民族茶饮的茶席也有各自的特色。例如，擂茶的起源和发展受到了地理环境、历史迁徙、民族交流等多种因素的影响，不同地区的擂茶不仅在原料和制作工艺上有所区别，其在当地文化和社会生活中的作用和意义也各具特色。随着时间的推移，擂茶不断演变，成为中国传统饮食文化中的重要组成部分。我们在呈现擂茶茶席的时候，就必须充分注意到擂茶的演变过程和在地擂茶的时间线，也就是在地擂茶的历史文化，具体表现在茶席的茶器、茶品、配料、制作流程及其他要素等。再如，大理白族三道茶是一种传统的茶艺，具有深厚的文化意义和独特的风味特点。通过茶席的布局来表达从青春到成熟的转变，它包括三个不同的茶饮阶段，每一道茶都有其独特的制作方法和寓意：

第一道茶——苦茶

苦茶是通过烘烤和煮沸的方式制作的，茶汤色泽琥珀，香气浓郁，味道苦涩。这道茶象征着人生的艰辛和创业的初期阶段。

第二道茶——甜茶

甜茶在苦茶的基础上加入了红糖、乳扇、桂皮等配料，使得茶汤变得香甜。这道茶代表了经过努力后获得的甜美成果和幸福生活。

第三道茶——回味茶

回味茶在甜茶的基础上加入蜂蜜、炒米花、花椒、胡桃仁等，茶味甜中带酸、苦、辣，滋味浓郁，令人回味无穷，茶中寓意人生多姿多彩，深刻反思人生阅历。

白族三道茶不仅是一种茶饮，它还蕴含着“一苦二甜三回味”的人生哲理，体现了白族人民的生活哲学和待客之道。

图 4-3-3、4 白族三道茶

▸ **拓展讨论：从某“老字号”茶叶品牌角度，我们可以选择几种不同类型的茶席来作为其主题。**

讨论要点：

1. 主题的选择。

2. 以色调、材质、器具、配件、插花等元素为茶席要素的艺术组合，展现“老字号”的历史变迁和未来的发展。

3. 实践应用范围广，实用中也不乏美学元素。

（三）经典实例——“一壶清茶敬钱王”茶席鉴赏

1. 茶席主题

钱王街是昆明的名片。名片后是“钱王”王炽的故事。2007 年前，昆明人把这里叫作南正街、邱家巷、小银柜巷。清末民国初，这里有不少的票号和银柜，其中

“一代钱王”王炽的“同庆丰”最为著名。王炽是那个时代的商业精英，富甲一方，被李鸿章称为“大清的钱柜”，被《时代》周刊评为近百年世界十大富豪之第四名。能让王炽青史留名的，不仅仅是他财富的庞大，更主要的是他的家国情结、社会责任和商业信誉。今天在钱王街的老院子里与大家一起说说“钱王”，以一壶清茶致敬王炽先生！

2. 茶席剖析

（1）茶品茶点

茶品：大渡岗茶厂的1999年圆宝。茶点：钱王街上老字号花生糖。

（2）环境空间

背景：LED屏上以一条故事线索做成PPT呈现。

茶席：设一席，蓝色（平静、沉思、男性的力量）桌布满铺，土黄色（家乡的土地）、乳白色（正义纯洁）桌旗层叠横搭。铁壶煮水；泡茶器为柴烧壶，玻璃公道杯，兔毫品茗杯；铜壶承、铜杯托。

（3）服装选择

长衫马褂（与王炽同款）、布鞋。

（4）音乐选择

《末代皇帝》《听云》《天下得平安》。

图 4-3-5 2019年云南省第十六届职工职业技能大赛茶艺师技能竞赛优秀作品（黄兴兵、孙浪涛）

图 4-3-6 2019年云南省第十六届职工职业技能大赛茶艺师技能竞赛优秀作品（黄兴兵、孙浪涛）

3. 茶席解说

在四川时，就听到起以前重庆有个云南人做生意太得行，大家都喊做他钱王。我只要来到昆明工作，就一定要转转钱王街，瞧一下钱王。可以拿名字来命名一条街的人，了不起！我回去喝茶读书查资料去。

我读书、查阅资料，得知王炽是那个时代的商业精英，富甲一方，被当时《时代》周刊评为近百年世界十大富豪之第四名。能让人记住他的，不仅是他财富的庞大，更主要的是他的家国情结、社会责任和商业信誉。王炽一生以利聚财，以义用财，以儒治商，爱家爱国，以惊人的经商天赋和不懈的努力，终于成为一代钱王。

分享一片20年的茶，只为怀想一个人的传奇时光。这是来自大渡岗茶厂的1999年圆宝茶，茶山飘来的茶香温柔了岁月迭代的茶马古道。从昆明到昭通到盐津再到四川宜宾，这条运输线是当时云南最繁忙的茶叶运输线路之一了。在宜宾，当时的茶叶销售票引制度下，财力雄厚的大茶号才有能力完成跨省的茶叶交易，而王炽先生的“天顺祥”正是这样的大茶号，他行走于重庆和昆明之间，贩运着普洱茶和其他云南特产。

生于弥勒虹溪的王炽，以做小本生意起步，从滇南贫瘠的红土地一路向前奔跑、寻觅，终于他的“同庆丰”商号的分号遍布全国。钱王的传奇故事一则又一则，每一则都是他为人侠义、爱国爱民、智勇双全的金口碑。

自光绪十三年至宣统三年的25年里，“同庆丰”基本垄断了云南公、私款的存、汇业务，“富过半个云南”，王炽也因此被民间尊称为“钱王”，被誉为“执全国商界牛耳”的云南金融业开山鼻祖。而王炽的“同庆丰”“天顺祥”则被誉为“南邦之雄”，与山西票号一道驰名中国。

富豪王炽是一个爱国的商人，他花巨资从法国买回滇越铁路的路权。冒险夺标，垫付数十万两白银与官府一同筹办云南铜、锡矿业，为云南经济摆脱列强控制做了巨大的努力。黄河水灾而国库空虚，他以白银数万两支持国家，李鸿章评价他为“清廷之国库也”。1903年，云南袁嘉谷高中经济特科状元，王炽出资奖励，并建造了状元楼。

王炽和他的儿子出资修建昆明同仁街，铺设昆明至碧鸡关的石板路，参股兴建昆明第一家电灯公司、第一家自来水公司，建成了我国第一个水力发电站——石龙坝水力发电站。

清廷根据王炽的义举，诰封“三代一品”封典，成为中国唯一的一品红顶商人。

琥珀般的茶汤是经一段又一段的光阴晕染的，阵阵泛起的茶香里依然有当年的味道。

图4-3-7 2019年云南省第十六届职工职业技能大赛茶艺师技能竞赛优秀作品（黄兴兵、孙浪涛）

拜钱王，功绩成就了“滇商”在中国商界的地位，他的创业故事，他的运筹帷幄，他的豪情万丈，他的义举，使云南底气十足，他所倡导的商道文明，足以让所有的商人子孙奉为圭臬。

致敬钱王，一句心得，千古名言。

说我，羞我，辱我，骂我，毁我，欺我，骗我，害我，我将如何是好?

容他，凭他，随他，尽他，让他，由他，任他，帮他，再过几年看他。

举大业，德为先，万事国事，万事家事，唯愿人心顺，天下安稳，太平！祝福云南，美丽！感谢您，感谢您！

三、“时代特征”类茶席的时间结构表达

（一）“时代特征”类茶席时间结构表达的类型

1. 呈现“个人成长”的茶席时间结构表达

“没有一朵花，一开始就是花，也没有一朵花，到最后仍然是花。”每个人都是通过学习在不断地成长，在成为花朵之前，我们都是披荆斩棘，克服种种困难，百折不挠，顽强不屈，才得以凤凰涅槃，成为更好的自己；这一路的成长与茶从青叶到茶汤的转变，十分相似，所以我们常说“茶如人生，人生如茶”。茶艺师可以结合时代大背景，根据自己的成长经历和感悟来选择铺陈、茶具和其他配件，使茶席成为个人故事展现和演绎的舞台。

图 4-3-8 芸耕不知晓

2. 呈现“时代特征”的茶席时间结构表达

不同的时代生产力水平不同，具体表现在其政治、经济、军事、文化、哲学等

都被深深打上了时代的烙印。比如我们几千年的茶文化演绎到现在已经十分的纷繁多彩，尤其是新茶饮的出现，极大地推动了茶文化的推广、茶经济的振兴。在国富民强、经济繁荣、文化昌盛的数字时代背景，我们的航天事业蒸蒸日上，众多的国际赛事在我国成功举办，各省市的文旅产业飞速发展，传统文化正在不断被赋予新生机和动力；而这些，正是一个个在自己的平凡岗位上持续发光发热的普通人所造就的。时代的印记是十分多元的，但是都可以在一方小小的茶席（茶空间）上，通过要素的选配和艺术的设计得以承载和展现。这样的茶席，不仅是品茶的场所，更会让参与者在品茶的同时，体验到更深层次的家国大义和人文情怀，也更能体验到茶文化的时代性。

图 4-3-9 宋韵亚运

图 4-3-10 世界杯

（二）经典实例分享

1. 个人成长类——“三十而立”茶席鉴赏

（1）茶席主题

“三十而立”茶席以人生三个阶段作为创作灵感，以白色、黄色、绿色三个不同颜色的茶杯，代表人生的青涩、成熟与自我实现，其中绿色茶杯代表着三十岁“立”——个人成长与自我确立阶段。

图 4-3-11 三十而立（摄影：丁诗弋）

（2）茶席剖析

①茶具色彩寓意

白色：象征着人生最初，宛如一张白纸，空白而纯洁，它象征着少年的纯真，还代表着萌发的梦想。

黄色：学习的季节，正是五谷的丰收之秋，这代表着知识与智慧的积累，是人生中青春岁月的写照。

绿色：“三十而立”茶席的主色调是绿色，象征着自己在三十岁时的自我确立、成长，犹如春天里茁壮生长的绿叶，绿叶代表着生命力、希望和新的开始，是个人价值观形成、社会角色确立的重要时刻。

②茶席布局

中心茶具：整体布局采用直线型设计，选用绿色的茶壶与同色壶承作为中心，以强调主题。周围以白色、黄色、绿色茶杯环绕，形成一种时间与成长的环形叙事，象征着从青涩到成熟，再到自我确立的人生旅程。

③茶品与点心

茶品：普洱茶（生茶），代表鲜明的个性，同样代表着鲜活的生命力，再经过时间的沉淀历久弥香。

点心：搭配以天然食材为主的小点心，如绿色的抹茶蛋糕或绿色茶果子，不仅与主题色相呼应，也寓意着自然与健康的追求。

图 4-3-12 三十而立（摄影：丁诗弋）

（3）茶席主题解说

序章·启

在岁月的长河里，时间如茶，沉淀着人生百味。三十而立，不仅是年龄的刻度，更是心灵的觉醒。今日，我们以茶为笔，以席为纸，于这方寸之间，书写一段关于成长与立身的诗意篇章。

第一幕·初识

茶器之语："白瓷如雪，青花为梦，绿釉藏春。"每一件茶器都承载着故事，白盏，像少年的天真，青涩而充满希望；黄盏，是岁月赋予的智慧，积淀着时光的醇厚；青盏，是三十岁的见证，生机勃勃，存世不灭。

第二幕·品味

茶香之韵："轻捻一撮时光，投于茶汤之中，沸水翻滚，唤醒了记忆的深处。"绿色茶杯中，一缕清雅的茶香，如同三十岁的你我，历经风雨，却更加坚韧。每一口茶，都是对过往的回忆，对未来的憧憬。

第三幕·立身

茶席之境："以茶为媒，以心为镜，观照自我。"三十而立，不仅是外在的成就，更是内心的成熟。在绿色茶杯的引领下，我们品味的不仅是茶的甘醇，更是人生的意义，学会在纷扰中寻得宁静，在喧嚣中保持自我。

第四幕·共鸣

茶语连心："茶席之上，杯盏交错间，是心灵的对话。"与友共品，不仅是茶的交流，更是灵魂的触碰。绿色的茶杯，如同三十岁的我们，找到了志同道合的伙伴，共同前行。

尾声·悟

茶席之悟："三十而立，立的是心、志、梦。"茶席是时光的驿站，我们在品味里感悟，在静谧中成长，每一次举杯都是对自己的一种肯定和对未来的期许。

今日在这"三十而立"的茶席之上，以茶为伴，以心为引，就着一杯茶，慢品在时光之上的那份丰盈。就着一席茶，诗意地行走在岁月的长廊之中。愿我们都可成为时间的诗人，谱写一段属于自己的华美乐章。

2. 时代特征类——"大山里的一盏灯"茶席鉴赏

（1）茶席主题

老师是大山间的一盏灯，是黑暗中的一缕微光，照亮了无数贫困山区女孩的未来。创作者将自己的亲身经历与时代楷模张桂梅的办学事迹相结合，借一杯清茶，让更多人关注边疆教育，关注山区教育者的艰辛。茶叶如同众多贫困山区的孩子，即使生长在贫瘠的土地上也要努力汲取养分，老师就像是潜心制茶的师傅，从茶叶发芽到采摘，再到精心加工，让茶叶呈现出最美的样子，当红艳明亮、温润如玉的茶汤入口，我们品到的不仅是茶叶，更是制茶人的心血。

图 4-3-13 2023 年云南省职业技能大赛获奖作品（杨英晓、冯骏宁）

（2）茶席剖析

背景采用视频与图片结合方式，呈现出贫困山区、张桂梅校长的事迹及长大后"我"的蜕变等效果，身临其境地感受边疆教育的艰辛与不易。茶席采用庄重的黑与红，展现老师带领孩子们走出大山的决心；器具的采用，象征着大山里孩子和老师们质朴纯洁的内心，茶席中采用傲寒绽放的红梅和灯，象征着无数如红梅一般坚挺的老师是山区孩子的明灯，突出主题"大山里的一盏灯"。

（3）茶席主题解说

曾几何时
我并不晓得梦想是什么颜色
是你轻轻转动钥匙
亲手为我打开心锁
曾几何时
他们说女娃生在了大山
注定前路黯淡 嫁人生子 洗衣做饭
日子就似天边的浮云
可以一眼望穿
直到你的出现
让我知道了这世界原来还有另一面
从此我下定决心
不再做依附他人的藤蔓
我要拼命生长 长成一棵树
把鲜花开满树冠
是你把一生留在大山
只为我们能走得更远
如今女儿们大学梦圆多想对你说一句
这世界有那么多人
多幸运有你在身边

实训任务

请根据以下茶席图片，分析茶席设计中时间结构的体现，解读茶席中隐含的时间表达与文化寓意。

图 4-3-14 龙山窑

图 4-3-15 梅你不行

（一）实训指导要点

1. 茶席文化理解：深入了解不同茶席的文化背景与历史意义，剖析其在时间表达方面的独特性。

2. 图片分析技巧：学会从图片里读取信息，像茶具、装饰、布局等元素，还有它们怎样体现时间的流逝或者特定历史时期的风格。

3. 时间表达解读：剖析茶席中通过茶的种类、冲泡方式、茶具的变迁体现时间结构与变化的情况。

4. 文化寓意阐释：探究每一道茶或者茶席布局背后如人生阶段、季节变化、历史故事等文化寓意。

（二）评分标准

表 4-3-1 茶席的时间结构单项评分标准

序号	项目	满分	要求和评分标准	扣分	得分
1	准确解读	40 分	根据图片内容准确解读茶席的时间表达，包括历史背景、茶艺发展等		
2	深度分析	30 分	深入分析茶席设计中蕴含的文化寓意以及时间表达的创意和艺术价值		
3	清晰表述	20 分	分析报告或口头汇报条理清晰，用词准确，表达流畅		
4	创新理解	10 分	在分析中能体现个人的创新理解和独特见解		
总分	100 分				

思考与练习

一、简答题

1. 茶席的时间结构表达类型有哪些？请举例说明。

2. “地方发展”类茶席的时间结构表达类型有哪些？请举例说明。

二、多项选择题

1. 茶席可以通过模拟历史上的茶饮方式来表达茶文化的历史演进，以下哪些时期的茶文化可以通过茶席进行展示？（　　）

A. 唐代煎茶　　B. 宋代点茶　　C. 明代泡茶　　D. 现代茶艺

2. 大理白族三道茶是一种传统的茶艺，它包括三种不同的茶汤，寓意人生的不同阶段，每一道茶汤都有其独特的制作方法和寓意，分别是（　　）。

A. 苦茶　　B. 甜茶　　C. 麻辣茶　　D. 回味茶

三、判断题

1. “个人成长”类茶席常用仿古型茶席来表达自己追忆过去的特殊情感。（　　）

2. 茶席可以设计成反映人生不同阶段的象征。在民俗茶席、现代茶席中都比较常见。（　　）

项目四·任务三·参考答案

参考答案

项目五

主题茶席设计赏析

思维导图

项目五　主题茶席设计赏析

- 任务一　节日庆典类主题
- 任务二　时间序列类主题
- 任务三　时代特征类主题
- 任务四　日常生活类主题
- 任务五　神魔科幻类主题
- 任务六　文人情怀类主题
- 任务七　特色茶饮类主题

学习目标

知识目标：

· 掌握不同类型茶席主题提炼通则；

· 掌握不同类型茶席设计的空间维度、时间维度、美学维度表达方式。

能力目标：

· 能够分析不同类型茶席的组成要素；

· 能够依据茶席主题有创意地应用茶席各组成要素。

素养目标：

· 在茶席设计中树立东方审美意趣。

项目导读

茶，与中华文明相伴相生，这片神奇的叶子与我们相处了几千年，丰厚的历史渊源，串联着不同的时空，联结着不同的文明；兼容并蓄的博大和宽广，滋养着东西方的哲学和美学发展。古今中外，有太多的茶人投身于“茶”，用“茶人”的思维和方式与这个万千变化的世界相互沟通和交流；他们始于“茶”，汲取“茶”的滋养，培养更宽阔的视野和更博大的胸襟；同时，充分地理解和懂得“茶”，赋予“茶”更多的内涵和外延，用“茶”的语言和方式表达他们所感受到的一切，“茶席”是他们与世界对话的重要方式。方寸之间的“茶席”，可展天地，虽器物有限，而精神无限，既可以承载万千气象，也可以传递诸多情感。

图 5-1-1 春（供图：杭州静如茶空间）

任务一　节日庆典类主题

在我国，每个节庆活动都有其特定的内涵和寓意，无论是端午、中秋还是国庆、春节等，这些不同类型的节庆活动是中华民族文化认同加深的结果，也是中华民族凝聚力逐渐加强的结果。众多意义重大的节日里，那些不同往常的仪式感，那些节日必备的要素，都是人们对过往的怀念和对未来美好的祝福。

图 5-1-2 春节

任务导入

再过几天就是中秋佳节了，上大二的小陈想给一直在外打工供自己上学的爸爸妈妈一份惊喜，他的爸爸妈妈都喜欢喝茶，小陈想设计一个美美的茶席给爸爸妈妈一个仪式感满满的下午茶时间，请你帮他想想看。

一、中秋茶席赏析

（一）中秋茶席设计思路剖析

1. 中秋的诗词

中秋，是非常重要的节日，这是个阖家团圆的日子。在这一天，无论是山南海北的游子，还是各行各业的打工人，都要排除万难，回家团圆。终日忙碌、散居各地的家人难得聚集在一起，谈天说地，共赏圆月，其乐融融。

这样触动心灵的日子，诗人们往往会借景抒情，感慨良多。如唐代张九龄的“海上生明月，天涯共此时”；唐代杜甫的“露从今夜白，月是故乡明”；北宋苏轼的“中秋谁与共孤光”等。这其中，最有名的就是这首北宋大文豪苏轼的水调歌头了：“明月几时有？把酒问青天。不知天上宫阙，今夕是何年。我欲乘风归去，又恐琼楼玉宇，高处不胜寒。起舞弄清影，何似在人间。转朱阁，低绮户，照无眠。不应有恨，何事长向别时圆？人有悲欢离合，月有阴晴圆缺，此事古难全。但愿人长久，千里共婵娟。”表达思念、期待团圆，这些诗词都可以是中秋茶席设计的灵感来源。

2. 中秋的文化

月亮、嫦娥、玉兔、月饼，是中秋的四要素，提起月亮人们肯定会想起那个流传已久的故事“嫦娥奔月”；同样，人们也会展开对月宫仙子嫦娥的无尽想象；还有那个厌倦了整日捣药，偷偷下凡想要吸取唐僧的能量增加自己功力的玉兔；当然还有众多吃货都无法拒绝的各种馅料、各种造型的月饼。找到这四大要素与茶的契合点，是中秋主题茶席设计的关键。

图 5-1-3 中秋

3. 中秋的花儿

中秋时节的花儿是很多样的，杭城的桂花开了，整个城市都浸润在甜甜的桂花中，金桂、丹桂、银桂、四季桂争相开放，杭城的人们真是幸福，一出门就被这漫天的香气包裹着。清冷高洁的菊花也开了，金黄色的、粉色的、绿色的、红色的，还有各种小雏菊的色彩，更是丰富多样。这些顺应时节的花儿，都是茶席设计插花的重要选择。

4. 中秋的点心

月饼，已经不再是传统观念里高热量的代名词了，好看好吃又健康的国风糕点已经兴起，越来越多的点心开始走颜值和养生兼具的路线。月饼吃多了，容易导致消化不良，谁是月饼的最佳搭档呢？当然是茶了。属性温和又帮助消化的红茶、熟普、乌龙茶，都是好选择；来杯春秋相遇的桂花龙井，帮助消食解腻也不错。世世代代做茶的茶人，一定很清楚自家的茶怎样与月饼搭配才是最得宜的。这些也都是我们进行茶席设计可以切入的角度。

图 5-1-4 人与花心各自香

5. 中秋的科技时代

曾经，我们对月亮的向往只能停留在传说和故事中。现在，我们已经实现了嫦娥探月和载人航天。因为我们的祖国越来越强大，曾经的遥不可及，在这个家国同庆的中秋显得更加不同往日。而作为茶人，将星辰大海、苍穹宇宙巧妙地融入茶席，同样也是很好的、献给祖国的中秋礼物。

▸ **拓展讨论：从“中秋”出发，我们可以用茶席来表达什么样的主题？**

讨论要点：

1. 主题的选择。
2. 茶品、色调、材质、器具、配件、插花的艺术组合。
3. 凸显在地特色或席主自身特质。
4. 实践应用性广泛，实用与美学兼顾。

（二）“中秋”茶席设计实例赏析

《花好月圆》茶席设计与解析

1. 茶席主题

花好月圆——灵感源自我国的传统文化。

2. 茶席剖析

选用深色的茶席布为基底，上面衬以粉色的茶席，在此基础上，叠加灰色的茶席布，最上层覆以纱席，赋予茶席温暖甜蜜又精致的感觉，凸显仪式感。

选用磨砂质地的圆形水盘作为茶席的壶承；选用青瓷大盏作为主茶器，配合玻璃水勺和玻璃材质茶则；选用花朵造型的杯托衬以影青描边的品杯，呼应主题中的“花”；品杯围绕主泡器的大盏，呈圆形放置，寓意中秋的团圆之意。圆形的玻璃水壶和水盂，与整体的圆形线条和风格相统一。

取两张纱席从两个高低错落的屏风上挂下来，并通过席面，向下延展；这样设计的用意在于，分别从横向、纵向帮助延伸茶席的空间来扩大空间感，呼应节日的隆重氛围。

茶席的插花插作成饱满圆形的满天星，既呼应茶席的色调，又符合中秋的“团圆”之意。精致的圆月摆件放置于插花之前，与插花一起共同起到画龙点睛的作用。

选取高脚、影青的茶点碟，盛放好看好吃的月饼，进一步强化中秋的主题，更赋予茶席浓浓的生活气息。

3. 茶席解说

《花好月圆》
今人不见古时月，今月曾经照古人。
漫漫历史长河，多少人曾对着圆月诉说情怀；
亲情、友情、爱情，抑或家国情怀，都可以寄托在明亮的月影中；
中秋是家国同庆、游子思乡、岁月静好，也是四海同唱。
掬水月在手，弄花香满衣；
每年的今天，都有太多祝福的话想说；
思来想去，还是引用大文豪的话吧，
“但愿人长久，千里共婵娟”。

任务导入

国庆节当天，小王所在的村子将会迎来二十位游客的一个团队，这可不是一般的村子，《真理的味道是甜的》就发生在这里，小王想设计一个以此为主题的大型茶席，为远道而来的客人们分享村里的红色故事、美食、美景，请你帮他想想看。

图 5-1-5 国庆

二、国庆茶席赏析

（一）国庆茶席设计思路剖析

1. 国庆的个人表达

这一天，是我们伟大祖国母亲的生日，

这是一个盛大的主题。然而越是隆重的、盛大的主题，同学们越难以找到其与茶的契合点。其实，我们可以用自己的方式为祖国庆祝生日。将茶席落脚于个人，可以用自己最珍贵的茶来为祖国庆生。那么六大茶类及各种加工茶类，尤其是同学们的家乡茶、具有民族特色和地方特色的茶，都可以是我们的选择。茶汤的各种花香、氨基酸的滋味、甜润的回甘都会带给我们愉悦感，在国庆这一天、在举国上下一起庆祝的日子里，会觉得更加幸福。我们能有今天这样岁月静好的美好生活，都是因为日益繁荣昌盛的祖国母亲默默而强大的守护。

2. 国庆的文化元素

小区里、大街上、商场里满眼都是我们热爱的国旗和红红的彩灯。首都北京天安门前庄严的升旗仪式是多少人一生的梦想，亲眼看着我们伟大的国旗冉冉升起，想想这许多年来祖国经历的各种磨难，不由得心潮澎湃、热泪盈眶，现在的美好生活多么来之不易！相信在国庆这天亲眼看过庄严的升旗仪式、唱着国歌的人，内心一定会被触动，必定会对生活、对人、对事有更加深刻的认识。

3. 国庆的民族元素

我们的伟大祖国幅员辽阔，春有百花秋有月，夏有凉风冬有雪。民风民俗丰富多样，地域文化特色鲜明；这一天中华民族的各族儿女都会用自己最珍贵的仪式和活动来为伟大的祖国庆祝生日。少数民族的庆祝活动一定十分具有地域和民族特色，同学们也可以按照这个思路来找到适合自己的茶席风格。

4. 国庆的守卫者

没有负重前行的他们，就没有我们的岁月静好。他们用火热的青春守卫祖国的安宁，他们是父母的孩子，是谁的心上人，是妻子，是丈夫，更是守卫祖国边疆的战士。他们用自己宝贵的青春守护祖国的每一寸土地；春夏秋冬的每一天，大江南北、黄河两岸、各种无人区都有他们坚毅的身影。他们用自己的血肉之躯默默保卫我们的安宁，他们，是世界上最可爱的人！

5. 国庆的建设者

职业不分高低贵贱。随着社会经济的飞速发展，职业越来越细分化，教师、医生、律师、公司职员、文化工作者、工地上的劳动者等都是祖国的建设者，他们的每一滴汗水都见证了祖国的飞速发展：基建狂魔，载人航天，文化繁荣，乡村振兴，国泰民安。

▶ **拓展讨论：从“国庆”出发，我们可以用茶席来表达什么样的主题？**

讨论要点：

1. 主题的选择与立意。
2. 茶品、器具、材质、色调、配件、插花的艺术组合。

（二）“国庆”茶席设计实例赏析

《五星红旗》茶席设计与解析

1. 茶席主题

五星红旗——灵感源自我们的祖国。

2. 茶席剖析

选用黄色的茶席布为基底，上面覆以红色茶席布，凸显五星红旗的红、黄两色。最上层覆以团花烫金，彰显华丽质感。

壶承选用菱形的亚克力，通透的质感意在凸显红色的主茶器；选用配套的红色的品杯，意在保持统一主色系；选用黄色把手的玻璃公道杯，黄色的把手、黄色的底布和黄色的五角星相互呼应，玻璃材质能够更好地呈现茶汤；选用锡质的茶叶罐，黑色的水壶套组，强化茶席整体的厚重质感和强大气场；选用竹子质地的茶匙和茶匙架，低调又质朴，给人踏实的温暖，寓意勤劳勇敢的中国人民。

整个茶席的插花选用的是罗汉松，沉稳大气，万古长青。

3. 茶席解说

《五星红旗》

五星红旗，是我们中华人民共和国国旗，是中华人民共和国的象征和标志，
是无数的革命志士用血肉之躯换来的。
没有他们前仆后继，英勇无畏的牺牲，就没有我们今天的幸福生活。
无数的文章讴歌了我们的五星红旗，这里我们引用一下这首歌里的话：
五星红旗，你是我的骄傲
五星红旗，我为你自豪
为你欢呼，我为你祝福
你的名字，比我生命更重要！

实训任务

请以小组为单位，抽签完成以“国庆”“端午”“儿童节”“春节”其中之一为核心的茶席设计。

（一）实训指导要点

茶席主题的切入点、茶席色调的选择、茶席器具的搭配、茶席配件的选择、茶席花艺的选择、茶席空间的构建等。

（二）评分标准

表 5-1-1 茶席设计评分标准

序号	项目	满分	要求和评分标准	配分	扣分	得分
1	茶席色彩、结构设置科学，合理	40 分	茶器的器型、质地、体量搭配适宜	10 分		
			茶席的材质、色彩搭配适宜	10 分		
			茶席总体时、空结构布局科学，合理	10 分		
			茶席插花及其配件合理，艺术化	10 分		
2	主题明确、创意新颖	15 分	主题明确，文字贴切、优美，创新性强	5 分		
			讲解脱稿、流畅，深有寓意，艺术感染力强	10 分		
3	茶席动态演绎	10 分	流程科学、合理、流畅、艺术感强	6 分		
			整体感染力强	4 分		
4	茶汤品质特征	15 分	不苦、不涩、不酸、不过分甜，符合茶品内在特质	5 分		
			香气、汤色、滋味皆符合产品内在特质	10 分		
5	时长	5 分	规定时长 20 分钟：设席、分析、演绎、整理。在规定时间内完成计 5 分，超出 2 分钟计 4 分，超出 4 分钟计 3 分，超出 5 分钟及以上计 0 分	5 分		
6	茶席作品总结	15 分	全景照片与特写照片都有；具有一定的摄影技巧和审美能力	7 分		
			视频能够完整反映茶席、茶空间设计的全过程，剪辑合理，内容美感凸显，时长控制合理，适合自媒体播放	8 分		
总分	100 分					

思考与练习

一、简答题

1. 请同学们举例分析能够表达和传递中秋意象的自然和人文要素。

2. 请同学们举例分析能够表达和传递国庆意象的自然和人文要素。

二、多项选择题

1. 下列能够代表中秋意象的要素有（　　）。

A. 嫦娥　　B. 明月　　C. 月饼　　D. 团圆

2. 下列能够代表国庆意象的要素有（　　）。

A. 中国红　　B. 边防战士　　C. 五星红旗　　D. 长城

三、判断题

1. 中秋主题的茶席，月饼比其他茶点更具有点睛的效果。（　　）

2. 相对而言，饱满大气、百花成朵的绣球花比起小雏菊更能体现中秋的主题。（　　）

项目五 · 任务一 · 参考答案

参考答案

任务二　时间序列类主题

春夏秋冬，四季轮回，每个季节都丰富多彩；色调不同，物候不同，人们的感觉也不相同；365 天中的每个日出和日落，对人们而言都是相同的，又都是不同的。时间的脚步匆匆，从不为谁停留，在四季轮回和昼夜交替间刻画了历史长河、刻画了生命篇章，见证了历史，又创造了未来。看似方寸间的茶席，同样也可以体现斗转星移、时空变幻。

任务导入

缤纷多彩的春日里，某村要来一个开展党建的 12 人团队，都是年轻人，请你为这个团队设计一个体现本村“春色”的茶席来招待该团队。

一、四季之春季茶席赏析

（一）春季茶席设计思路剖析

1. 春季的色调

春天的基调是绿色的，浅绿的、嫩绿的、黄绿的，深深浅浅的绿，叫醒了整个祖国大地。春天的色调是缤纷的，粉色的、黄色的、蓝色的、紫色的、红色的……你瞧那河边，“碧玉妆成一树高，万条垂下绿丝绦”，婀娜多姿的柳条，随风轻扬，宛如羞涩的妙龄女子。罗平的油菜花开了，伊犁杏花沟的杏花也开了，大片大片的各色花海，实在赏心悦目；粉嫩的樱花也开了，目之所及，云蒸霞蔚；田间地头的阿拉伯婆婆纳开了，黄鹌菜开了，蒲公英开了，漫山遍野的小花儿都开了，点缀着春日的勃勃生机，映衬着孩子们美好的童年。黄河两岸、大江南北的春色各具特色，在茶席上想凸显哪种颜色呢？从色彩及其意象着手，是我们用茶席呈现“春”很好的思路。

图 5-2-1 春分（摄影：清可谢丽卿）

2. 春季的气象

春天是朦胧的，“沾衣欲湿杏花雨，吹面不寒杨柳风”“随风潜入夜，润物细无声”，春天的雨，细细的、软软的，如烟似梦，如同氤氲的茶烟，将人们温柔地包裹起来。这蒙蒙细雨，感动了太多的诗人，我们可以向诗人们学习，从“茶”的角度出发，运用“茶席”来讲述“春”雨的故事。

图 5-2-2 雨水（摄影：清可谢丽卿）

3. 春季的自然物候

春天是活泼的，一会儿这个冒出了头，一会儿那个新发了芽，“细雨鱼儿出，微风燕子斜”“春眠不觉晓，处处闻啼鸟”，明媚的春光里，“阳春布德泽，万物生光辉”。春天，是多么和谐美好的一幅彩画呀！这样的画面在自然界、在小朋友的画里很容易看得到，这些都可以成为我们茶席设计思路的来源。

4. 春季的文学作品

春天是富有诗意的。从古至今，优秀的诗人们为我们创造了那么多描写生机盎然的、“春”的诗句，比如唐代诗人杜甫的《绝句》：“迟日江山丽，春风花草香；泥融飞燕子，沙暖睡鸳鸯。”再比如《江畔独步寻花》：“黄四娘家花满蹊，千朵万朵压枝低。留连戏蝶时时舞，自在娇莺恰恰啼。”是不是很有画面感呢？真是娇俏可人的春天啊！元代的白朴在《天净沙 · 春》中这样描绘春天：“春山暖日和风，阑干楼阁帘栊，杨柳秋千院中。啼莺舞燕，小桥流水飞红。”一幅由远及近的春天的景色在我们眼前徐徐展开。这么美好的春天，我们可以通过剖析喜欢的诗句、文学作品、历史典故、名人逸事等来寻找设计灵感，将自己心中独一无二的春天用茶席来呈现。

图 5-2-3 春风

图 5-2-4 陌上花开

5. 春季的人生

有句话我们耳熟能详，那就是“一年之计在于春”。春天的一切，都是新鲜的、美好的、有活力的、充满希望的。春季开启了一年生命活动周期的序幕，既是生物意义的春天，也是人生意义的春天，是生命，是复苏，是希望，更是新的开端和新的起点。人的生命是短暂的，每位青年学生都身处自己人生的春天，也是最好的奋斗时光。哪怕身处逆境、哪怕遭遇挫折、哪怕前行的道路荆棘丛生，都应该坚守最初的信念，都要勇敢拼搏、努力追求，广大青年学生只有充分地融入国家和民族的发展，才能最终成就一番事业，不负青春！

6. 春季的民族、民俗、地方特色

对于杭州而言，林语堂先生说，春天一定要做的事有三件：赏花，踏青，喝西湖龙井。春天是万物生长的季节，茶树都冒出了嫩绿的芽头，最惦记的就是这杯明前新绿，在翩翩起舞的茶汤里，怀想江南，饮下整个春天。西湖龙井，是身处杭州的人们，茶席设计的重要主题之一。当然，我国幅员辽阔，东西南北每个地方都有属于自己的“春”天的地域习俗和民俗风情，这些同样可以是茶席设计的思路和源泉。

▸ **拓展讨论：从“春季”出发，我们可以用茶席来表达什么样的主题？**

讨论要点：

1. 主题的选择。
2. 茶品、色调、材质、器具、配件、插花的艺术组合。
3. 凸显在地特色或席主自身特质。
4. 实践应用性广泛，实用与美学兼顾。

（二）春季茶席设计实例赏析

《芳华》茶席设计与解析

1. 茶席主题

芳华——灵感来源于2017年底上映的电影《芳华》。

2. 茶席剖析

选用黑色的茶席布为基底，衬托上面的春色。

上面衬以缎面不饱和绿的茶席布，在此基础上，叠加米黄色的缎面茶席布和最上层的金黄色纱。整体色调清新青春、优雅大气。

选用现代冲泡绿茶的代表——玻璃杯，作为主泡器，茶荷、水盂、水壶统统选用玻璃材质，晶莹剔透的色泽，正如风华正茂的同学们，明亮、澄澈、纯粹。茶席左侧放置青苔和小桥，象征着江南的春光。

满天星是青春、幸福、纯洁的代表，弱小的花朵，却拥有强大的生命力，绿色的鸡爪槭，很是符合春天绿色的基调。

3. 茶席解说

《芳华》

春天，山野里一朵美丽的花开了，那是青春吐芳华。

它在寒风刺骨中成长，

在微风暖阳里绽放。

不负韶华，永远热情滚烫。

活力奏出青春华丽的乐章

绚烂的憧憬，把自信的双眸点亮。
春天，是稚嫩的我们，勇敢的我们，充满希望的我们，
饮一杯春茶，享受此刻的芳华。

任务导入

晶莹的雪花从天而降，飘飘洒洒，山川大地万籁俱寂；那袅袅升起的炊烟里是万家灯火的温暖和踏实。断桥残雪的意境里，我们以“冬”为核心，设席饮茶，留住这份剔透和浪漫。

二、四季之冬季茶席赏析

图 5-2-5 聚

（一）冬季茶席设计思路剖析

1. 冬季的色调

冬天是寂静的，也是暗香浮动的；冬天是白色的，也是彩色的。竹边的梅花开了，有铮铮傲骨，有风递幽香；有凌波仙子，娇嫩的白色花瓣、黄色的花蕊在绿叶的衬托下，十分清丽可人；还有山茶花，白色的、红色的、粉色的，在傲然白雪的映照下，很是抓人眼球。这些冬日里的色调都可以成为我们茶席设计的灵感来源和参考，可以类比，也可以对比，尤其是对整体色调和茶席花的搭配很有帮助。

图 5-2-6 水仙
（摄影：清可谢丽卿）

图 5-2-7 梅 （摄影：清可谢丽卿）

图 5-2-8 雪 （摄影：清可谢丽卿）

2. 冬季的自然气象

提起冬季这个季节，我们总会有这样的画面感：鹅毛大雪、纷纷扬扬，在夜晚仿古路灯的映衬下，十分得浪漫唯美；年年岁岁，所谓“昔去雪如花，今来花似雪”；抑或，目之所及皆为皑皑白雪，一片冰清玉洁、晶莹剔透，既有“千里冰封，万里雪飘”的豪迈，也有“脉脉花疏天淡，云来去、数枝雪”的婉约……虽然北风凛冽，虽然刺骨寒冷，但冬天，依然也很美好。艺术性的组合适当的色彩、器具和配件，可以用“茶”的语言，再现和构建“冬”日之美。

3. 冬季的经典故事

源远流长的上下五千年，冬天里发生过太多太多值得回忆的故事，喜怒哀乐、酸甜苦辣，各种人生滋味在纯白和凛冽的衬托下，更加具有感染力。“林教头风雪山神庙”是《水浒传》中令人印象深刻的冬天；《三国演义》中著名的“赤壁之战”

发生在建安十三年（公元208年）农历十一月，是那个冬天十分关键的一场战役；“琉璃世界白雪红梅”是《红楼梦》里最美的场景之一；《行者玄奘》里，一次次以超人般的意志和坚强，翻越长年冰雪覆盖的葱岭，经历多次雪崩和生死磨难的玄奘法师，最终到达佛国，取得真经返回大唐，翻译大量珍贵经文，讲经说法，普度众生，功德圆满。这么多发生在冬天的故事，同样可以成为大家茶席设计的素材来源。

4. 冬季的茶事艺文

一千多年前的一个冬日的夜晚，南宋诗人杜耒终于等来了自己的好友，围炉夜话、相谈甚欢；月夜里，初绽的梅花更是平添了清雅之趣，于是，便有了这首流传千年的诗：“寒夜客来茶当酒，竹炉汤沸火初红。寻常一样窗前月，才有梅花便不同。”国潮兴起，约了好姐妹穿着温暖好看的汉服一起月夜吃茶，想想，都觉得很美。寒冷的冬天里，对温暖的渴望是强烈的，将茶席具象为一个冬天饮茶的场景，也是茶席设计的思路之一。

图 5-2-9 雪松（供图：杭州静如茶空间）

5. 冬季的文旅

古今中外，人们见到雪，都会想起童话，那是冰雪的浪漫啊！最火的当数“尔滨”了，尤其是“南方小土豆”的爱称，何尝不是现代人最温暖的心灵抚慰，“配小勺的烤红薯”“拼盘的冻梨”“索菲亚教堂上空的人造月亮”“剪小块的锅包肉”等，“尔滨”的浪漫和温暖是沉浸式的、全方位的，设席而茶，分享对“尔滨”的美好回忆，延续“南方小土豆”的快乐，是冬日里唯美的慰藉。

6. 冬季的饮食文化

冬日里，万物都藏了起来，积蓄能量，人体也是一样。我们需要大量高热量的食物，带给我们温暖踏实的感觉。冬日饮食容易肥厚油腻，如果想要帮助消食解腻，那么红茶、熟普、乌龙都是好选择；空调和暖气房里容易口舌干燥，绿茶、黄茶、白茶也都是好选择；心情不舒畅的时候，来杯芬芳的茉莉花，理气开郁、甜润身心。从适合“冬”日特定情境的茶类入手，也是我们着手进行茶席设计的选择之一。

图 5-2-10 暖

▸ 拓展讨论：围绕“冬季”这个关键词，我们可以用茶席来表达什么样的主题？

讨论要点：

1. 主题的着眼点。
2. 茶品、茶器、色调与材质、配件和插花的艺术组合。
3. 要凸显在地特色、季节特色或席主自身特质。

（二）冬季茶席设计实例赏析

《茗缘》茶席设计与解析

1. 茶席主题

茗缘——灵感来源于冬日里人们对温暖和相聚的渴望。

2. 茶席剖析

选用白色的茶席布为基底，凸显雪的特质。上面衬以酒红色的茶席布，在此基础上，叠加浅棕色的茶席布，酒红色的茶席布露出一指节的宽度；暖色调的加入，赋予了冬季暖暖的温馨感。

选用亚克力质地的古琴，作为茶席的壶承；选用浅色的盖碗作为主茶器，配合百搭玻璃公道杯；选用鸡爪槭的叶子作为杯托，衬以白色的品杯；这一切，都是为了与户外的晶莹剔透形成呼应。选用竹子质地的茶拨、茶则，给人踏实的温暖。搭配黑色水壶套组，既有质感又很有气场，与相对比较大的茶席空间相呼应。

整个茶席的插花选用五针松与黄色菊花的搭配，五针松体现了冬日的厚重感，明亮的黄色菊花赋予冬日蓬勃的生命力和朝气。

香茗和茶点一唱一和，抚慰顶风冒雪的寒冷和疲惫。

3. 茶席解说

《茗缘》

你们说要来，我烹茶尽具，终是绕不过世事烦扰，被棋子闲落了灯花；
来日方长，有缘，终会相聚；
梨花纷飞，风一更，雪一更；
月儿圆圆、梅花初绽，
初红的炉火，伴着袅袅升起的茶烟，氤氲、温润；
突闻柴犬吠，月下叩门扉；
踏雪而来负幽期，相逢一杯是茗缘！

实训任务

请以小组为单位，抽签完成以“春”“夏”“秋”“冬”其中之一为核心的茶席设计。

（一）实训指导要点

茶席主题的切入点、茶席色调的选择、茶席器具的搭配、茶席配件的选择、茶席花艺的选择、茶席空间的构建等。

（二）评分标准

茶席设计评分标准见表 5-1-1。

思考与练习

一、简答题

1. 请同学们举例分析能够表达和传递“夏季意象”和“秋季意象”的自然和人文要素及其组合。

2. 请同学们举例分析能够表达和传递“南方小土豆快乐”的自然和人文要素及其组合。

二、多项选择题

1. 下列能够代表秋季意象的要素有（　　）。

A. 红枫　　B. 柿子　　C.《山居秋暝》　　D. 菊花

2. 下列属于夏季意象要素的有（　　）。

A. 西瓜　　B. 绿豆糕　　C. 蒲扇　　D. 蝉鸣蛙声

三、判断题

1. 褐色可以寓意大地的颜色，春夏秋冬都可以用褐色来作为茶席基础铺垫的颜色。（　　）

2. 如果茶席中的插花应用的是蜡梅，那么这个茶席所表达的时间意象，一般而言是四季中的夏季。（　　）

参考答案

项目五 · 任务二 · 参考答案

任务三　时代特征类主题

每个时代都拥有独特的社会背景和社会生产力，表现在政治、经济、文化、艺术、宗教、建筑等各个方面。不同的历史阶段，人们的生产生活、思维方式和价值观会发生十分显著的变化，呈现出十分鲜明的时代印记。茶席，作为茶道精神的物化载体和呈现方式，其风格、审美和文化内涵，无一不体现出时代的烙印。

任务导入

河南的何老师最近打算前往杭州，学习和了解“宋韵”文化，请你为老师设计一个能够体现杭州特色的“宋韵”茶席，既体现河南与杭州两宋文化的统一传承，又能凸显杭州的特色。

一、时代特征之“宋韵”茶席赏析

图 5-3-1 经典宋韵

（一）“宋韵”茶席设计思路剖析

1. 杭州的“宋韵”背景剖析

2020 年 9 月，原浙江省委书记袁家军在浙江文化研究工程实施 15 周年座谈会上明确提出“宋韵文化”；2021 年 8 月，浙江省委文化工作会议提出实施“宋韵文化传世工程”，强调“让千年宋韵在新时代‘流动’起来，‘传承’下去”。宋韵：特指两宋文化中优秀的文明元素、内在精神和传延至今的文化价值。呈现为思想、制度、经济、百姓生活、社会、文学、艺术、建筑、宗教、科技等多种形态。（陈野等《宋韵文化简读》）

2021 年 10 月 11 日《浙江省社会科学界联合会》发布的《从人的层面认识宋韵文化》中提到：“省委文化工作会议强调，宋韵文化是具有中国气派和浙江辨识度的重要文化标识，并提出实施‘宋韵文化传世工程’，打造以宋韵文化为代表的浙江历史文化金名片。这是全面贯彻习近平总书记关于文化工作的重要论述精神，加快打造新时代文化高地，找准抓实文化建设的重要抓手。”

2. 杭州“宋韵”的实施着眼点——生活中的小细节、小美好

电视剧《梦华录》的热播，在全社会层面掀起了一股“宋韵”浪潮，为我们提供了一个很好的参照，剧中的服化道、场景、细节处处体现出宋韵的特质，那就是“处处风雅，日常的、浸润在生活中的美学”。

不难发现，盼儿的茶铺都有鲜花点缀，也并不都是名贵的花草，平常的花草经过精心的打理，带给人们来自自然的清新之感。

精致的茶果子，是人们佐茶的必备品，也是随时节而生的养生佳品，这一点宋人十分讲究，既是她们待客的方式，也是她们生活的日常。聚焦我们自己，国潮兴起，中式茶点经过不断地改良，在传承的基础上不断创新，既好吃又好看，兼颜值与营养、养生与养心为一体。

宋人风雅，在日常生活与仪式感中经常用香。我们现代社会，香也正在被广泛地使用在茶、书、画、花等诸多文化活动中。随着人们生活水平的提升，越来越多的家庭也开始点香，来放松身心、贴近自然。宋韵还呈现在宋人生活的各个细节，服饰、妆发、空间布局等，色彩讲究淡雅、风格讲究极简。

图 5-3-2 风雅宋韵

图 5-3-3 创新宋韵

"宋韵"到底是什么呢？现代的我们如何呈现？不难发现，众多的专家学者给予了我们很多的答案。宋韵，可以是文人四艺——点茶、挂画、插花、焚香；也可以是旖旎唯美的宋词；是高雅的审美趣味和人文情怀，更是生活，也是艺术。总结起来，宋韵是什么？是浸润在生活里的美学，是处处风雅的日常。

关注和发现生活里的小美好，是我们"宋韵"系列茶席设计很好的切入点。

3. "宋韵"的饮茶方式

宋时有四雅：焚香，挂画，插花，点茶。独特的饮茶方式是宋韵文化中的一朵奇葩，许多文人墨客都纷纷着笔于"点茶"这一雅事。苏轼在其《宋南屏谦师》中提到"道人晓出南屏山，来试点茶三昧手"，将雅文化注入一盏茶汤之中，在沫饽上尽情发挥自我。因此，我们在进行茶席设计时，上述极富时代特征的要素，尤其是宋式的饮茶方式所要用到的器具，是我们呈现"宋韵"茶席的重要途径。

4. "宋韵"的创意切入点

宋韵，优雅精致，其本质是对生活的热爱，这与我们今天人民群众对美好生活的向往是一致的。不同时代各有其自身的时代特色，青年一代需要努力学习我们优秀的传统文化，同时也更要结合时代发展的特征，不断挖掘"宋韵"的深层次内涵，不断拓宽"新时代宋韵"的边界，将"宋韵"创新性地传承和发扬，是使命，也是责任。具体的切入点可以从充分发掘宋代点茶在健康、美学、经济、文化等多重领域的综合价值来入手；也可以聚焦新时代茶饮发展潮流，以创意思维为基本设计理念，开展点茶创新调饮，如从器具、色调、插花、饮品等入手进行多元的综合设计。

▶ **拓展讨论：以“宋韵”为核心，可以表达什么样的茶席主题?**

讨论要点：

1. 主题的落脚点。
2. 宋式茶品、宋式器具、宋韵色调、宋韵配件与插花的艺术组合。
3. 凸显茶席的“宋韵”。

（二）“宋韵”茶席设计实例赏析

1.《梦华录》赏析

《梦华录》茶席设计与解析

（1）茶席主题

梦华录——灵感来源于传统文化。

（2）茶席剖析

应用双茶人的茶席空间来强调宋韵的强大气场。

采用藏蓝色为基础铺，凸显低调沉稳的气质，衬以缎面不饱和绿色的茶席布，莫兰迪黄色茶席布和最上层纱的应用，赋予茶席明媚清亮的层次感与活泼感。

主茶器采用盖碗与壶的灵动搭配，用小盖碗形制品杯和磨砂质感品杯，来传递宋韵美学的精致与内敛；壶承、匀杯、茶则、盖置强调茶席整体基调的统一性；应用影青瓷质的执壶搭配玻璃质地的盖碗，玻璃质地的执壶搭配陶壶，凸显共性、强化个性；仿宋式样的执壶是本席的点睛之笔。

我们不能穿越时光走向千年前的宋韵，但是用心生活的我们、积极向上追求美好的我们，可以用我们的方式，让宋韵在我们的心中沉淀，在我们的眼前绽放。

（3）茶席解说

《梦华录》

宋人精致，生活处处风雅；
浸润在生活里的“宋韵”，氤氲了千年。
而今，典雅的“宋韵”
穿越历史的尘埃，
向我们，款款走来。
宋式执壶的水，温润着每一片茶叶；
这片神奇的叶子，几千年来一直滋养着华夏儿女；

由口入心的温润和感动，
被我们完美地演绎着、呈现着……
这是我们的“宋韵”
也是世界人民的生活美学。

2.《一盏千年》赏析

《一盏千年》茶席设计与解析

（1）茶席主题

一盏千年——灵感来源于传统文化。

（2）茶席剖析

采用双人茶席，突出宋韵的强大气场，采用藏蓝色为基础，展现出低调沉稳的气质。衬以棕褐色的茶席布，在最上层中间位置布置草绿色茶席布，体现大自然的生机盎然和蓬勃的生命力；主茶器采用兔毫建盏，兔毫盏作为宋时主要的茶器具，具有强烈的代表性和历史感；执壶、水盂、壶承、茶粉罐依次放在方便操作同时兼具美观的位置。

两人席面的中间放置盆景，既是分隔也是联结，强化了双人席各自的美感，又凸显了整体席面的一致性和统一性。

（3）茶席解说

《一盏千年》
宋人的生活，举手投足间都透露着风雅，
千年前如此，
千年后的我们，依然如此。
点茶的妙趣、沫饽的醇爽，
都在告诉我们，其实一直都是如此；
千年前，这盏细密绵稠的茶汤，抚慰了人们的身心；
千年后，这盏日常又风雅的沫饽带来的美感，依旧滋养着我们。

3.《西瓜传奇》赏析

《西瓜传奇》茶席设计与解析

（1）茶席主题

西瓜传奇——灵感来源于传统文化与现代新茶饮。

（2）茶席剖析

基于实际的操作层面考虑，我们应用双茶人的茶席空间来充分凸显传统与现代的融合。采用藏蓝色为基础铺，凸显低调沉稳的气质；上层茶席布的色调选用的是紫粉色和莫兰迪绿色。清新的莫兰迪绿色茶席布遮盖住大部分粉紫色，若隐若现的粉紫色细边增加了茶席整体的层次感与色彩鲜明度；大面积绿色系的应用，既衬托了深色的盏，也衬托了调制后呈现红色的茶汤。再衬以复古图案的织锦席，呼应点茶的历史感。

主茶器选用大号兔毫盏与敞口兔毫盏，容量适用调饮，彰显大气；品杯使用收口马天尼杯，来体现创新调饮的现代感；仿宋制的茶粉罐、茶筅与现代感的雪克壶、水盂、果盘依次放于适当的位置；应用影青瓷质的执壶和小号玻璃执壶，一古一今、一高一低，突出宋代与现代的融合与传承。

（3）茶席解说

《西瓜传奇》
"宋韵"风雅本是寻常，
虽隔着千年时光，依旧美得让人心驰神往，
和我一起，
跨越千年，携手共创，传承宋韵"国潮"，
过过宋代人的日常吧，
不妨来杯特调，
一千多年前的，西瓜味的，
一起来创造属于我们的"宋韵"。

任务导入

时代楷模张桂梅的事迹传遍了大江南北，听说她不久后要来杭州，请你为张老师设计一款表达敬意的茶席。

二、时代特征之"风云人物"茶席赏析

（一）"时代风云人物"茶席设计思路剖析

1. 风云人物的代表性物件（品）

在用茶席来表达时代风云人物的时候，需要选取人们耳熟能详的、能够物化的各种元素和符号。在选取时应注意物件（品）的典型性和象征性，能够引导产生共情的物件（品）是很好的选择，如诸葛亮的羽毛扇、画家的画作、文学家的小说等。同时，需要注意的是"在精不在多"，一般一件即可；如果选择两件，可以是一大一小或者是组合物件（品）。

2. 风云人物的典型事迹场景再现

通过茶席巧妙地再现典型事迹的场景，比如采用色调和象征物件来点睛，采用多场域、多层次组合形式的茶席结构，或者采用线条和方向性相结合的空间布局来呈现动态的故事等，都可以是我们茶席设计的思路。

（二）“时代风云人物”茶席设计实例赏析

《非凡的绽放》茶席设计与解析

1. 茶席主题

非凡的绽放——灵感来源于时代楷模张桂梅老师。

2. 茶席剖析

整个茶席应用了山水画的屏风和两个花儿，采用立体的结构来呈现。

选用黑色为基础铺，上铺白色茶席布，在白色茶席布上铺设橘红色的茶席布，最上面覆盖以纱质茶席布，并将纱质茶席布与几架相连；茶席的主色调以黑白红为主，平实、朴素，与张老师的清贫相对照。

选用柿红色竹子图案的盖碗作为主茶器，衬以锡质的壶承；品杯选用的是与盖碗配套的三个品杯，衬以锡质船形杯托；柿红色的成套器具在茶席的黑白基调中闪耀着格外强烈的生命力。公道杯选用了利于呈现茶汤的玻璃质地，其把手的色调与主茶器相一致；锡质茶叶罐的采用，保持了整个茶席质地与色调的统一性，同时强化了整个茶席的质感；水壶的整体色系也与整个茶席保持一致；茶匙与茶则选用了同样的深色系；茶巾与水盂的选择都保持与主茶器在色调上的统一。

茶席右侧的几架上放置仿古烛台，微弱但闪亮的烛火点亮了整个茶席，象征着点亮大山里女孩子们生命的张桂梅老师；在左侧的几架上放置着相对简朴的笔架，象征张老师的职业身份。

以一个平凡岗位上的普通教师所成就的不凡为出发点，通过茶席来表达对不平凡生命的赞美与敬意，来诠释茶所体现的生命的价值和意义，来致敬坚守平凡的每个普通岗位，致敬平凡中最美的生命。

3. 茶席解说

《非凡的绽放》

茶席的主人公是我们这个时代的风云人物“张桂梅老师”，她用平凡的身躯、微薄的力量感动了整个中国。

实在普通的张老师用一己之力开启了大山里女孩子们的读书之路，从此改变了她们被设定的灰暗命运，拥有了希望和美好，点亮了整个人生。

山野的晨露，朴实的老茧，执着的茶人，共同成就了这手中的香茗；普通的岗位，普通的张老师，坚守的灵魂，用平凡点燃希望，用热忱赋予光亮；原来平凡里热忱的坚守，也能滋养出最香醇的绽放。

实训任务

请以小组为单位，抽签完成以“宋韵”和“时代风云人物”其中之一为核心的茶席设计。

（一）实训指导要点

茶席主题的切入点、茶席色调的选择、茶席器具的搭配、茶席配件的选择、茶席插花的选择、茶席空间的构建等。

（二）评分标准

茶席设计评分标准见表 5-1-1。

思考与练习

一、简答题

1. 请同学们举例分析能够表达和传递“杭州宋韵”意象的自然和人文要素及其组合。

2. 请同学们举例分析我国不同历史阶段“风云人物”的典型相关性物件（品）或者相关事件的场景。

二、多项选择题

1. 下列能够代表“宋韵”意象的要素有（　　）。

A. 千里江山图　　B. 只此青绿　　C. 点茶　　D. 汝窑

2. 下列能够体现张桂梅老师特质的要素有（　　）。

A. 大喇叭　　B. 眼镜　　C. 丽江华坪女子高级中学　　D. 感动中国

三、判断题

1. “宋韵”讲究淡雅，多采用饱和度较低的色彩。（　　）

2. 以“创意宋韵”为核心的茶席中，只能用建盏作为主茶器。（　　）

项目五 · 任务三 · 参考答案

参考答案

任务四　日常生活类主题

任务导入

临近年关，小陈的工作十分繁忙，不免情绪有些烦躁，请你为他设计一个适合三五友人相约品茗谈天的茶席，帮助他舒缓一下紧张状态。

一、聚会茶席赏析

图 5-4-1 遇见

（一）聚会茶席设计思路剖析

现代社会，工作和生活的节奏都非常快，适当的舒缓和放松才能张弛有度，才能更有利于个人成长、家庭和谐，进而促进社会的稳定和发展。下班后、周末里，朋友间的小小聚会，大家互相谈天说地，古今中外、明月清风，无所不谈，烦恼在不知不觉间溜走了，温暖的笑意不经意间在心底袅袅升起。我们不难发现“聚会”主题的关键词：重逢、会集、交流、获得能量再出发，其本质，体现的是对人生的热爱。

1. 聚会的主体

首先，要明确主体，就是聚会的人。由此发散开来，明确什么人、基于什么样的原因、在什么时间地点以什么样的方式聚会；聚会的形式、内容和希望达到的效果是什么；参与聚会的人，对茶有哪些偏好等，都是我们需要考虑的因素，这些因素恰恰也是进行茶席设计的切入点。

2. 聚会的要素

我们在围绕“聚会”为主题进行茶席设计时，需要以“营造轻松、愉悦”的氛围为基本出发点，需要帮助人们呈现自在随性的一面。因此，在茶品类的选择上，范围越大越好。这就决定了，在人数较少时需要选择通用性强的器具；在人数较多时，器具的数量和种类需要呈现多样化。茶席的铺陈、插花、配件等其他元素的选择，需要建立在理解和领悟人们对”聚会“的精神需求的基础上，再进行针对性的选用，以达到外化和凸显“聚会”的目的。

图 5-4-2 聚会

▸ **拓展讨论：从“聚会”出发，我们可以用茶席来表达什么样的主题?**

讨论要点：

1. 主题的选择。
2. 茶品、色调、材质、器具、配件、插花的艺术组合。
3. 凸显在地特色或席主自身特质。
4. 实践应用性广泛，实用与美学兼顾。

（二）聚会茶席设计实例赏析

《小美好》茶席设计与解析

1. 茶席主题

小美好——灵感来源于周深的歌曲《小美满》。

2. 茶席剖析

聚会的人确定为单位的同事，时间为当下；基于聚会的人数较多，因此采用四张桌子并在一起的大空间，考虑到聚会时大家互相交流的便利，采用了长方形的茶空间结构，既有利于互相交流、又有足够的社交距离。

选用藏蓝色基础铺兼具实用与气质，上面铺设以灰色茶席布和灰色系纱席布，体现低调华丽的感觉。

为满足聚会人群的不同饮茶需求，分别呈现英式下午茶、传统清饮茶和现代调饮茶这三种饮品；以传统清饮茶为核心，所以传统清饮茶的器具放在长方形长桌最中心的位置。

聚会上的英式下午茶选用风格清雅的整套欧式茶器具；清饮的传统饮茶方式选用百搭的玻璃盖碗茶器和玻璃公道杯以及白色的品杯；调饮茶的泡茶器选用法压壶，品杯选用水晶复古鸡尾酒杯；整体的插花选用色调相对清雅的颜色。

从铺陈、器具到插花，全部强调和凸显聚会的优雅气质。

茶品的选择：英式下午茶，选用红茶鼻祖正山小种；清饮的茶，选用西湖龙井；调饮的茶，选用香高味浓的单丛为茶底。

相信，无论是准备这场聚会的人，还是参加这场聚会的人，都会在准备过程和参与过程中深刻地体会到“聚会”的深层次内涵。这片神奇的叶子，将所有人聚集在一起，主客双方更是通过“聚会”，拉近了距离，沟通了有无，交流了感情；多种思想的碰撞和交流，促使我们更加热爱思考和交流，更加热爱生活。

像这样大型的主题茶席设计对同学们的锻炼是多方面的。茶席元素的选取、色彩质地和茶器的搭配、插花或者植物或者其他装饰的取舍、空间感和氛围感的营造，都是很大的考验；同时，也能极大地提升同学们的理解能力和共情能力，修炼同学们的包容心。这些并不仅仅表现在对于茶席的设计上，更体现在对于茶、人、自然三者之间关系的理解和领悟上。

3. 茶席解说

《小美好》

工作太忙，生活太快；

喘口气，缓一缓

停下来，歇一歇

小狗在叫，树叶会笑，

头顶还有微风吹不走的云，卷散随意，

红绿灯，在提醒你感受微风。
没办法的难题，是提醒你跟朋友们分享和互动；
没保存的文件，是提醒你，其实可以做得更好；
心情铺得再满，也给自己留一扇窗吧，
龙井鲜爽，小种鲜甜；
下午茶优雅；
特调活泼浪漫；
这些，都是生活里的小美好！

任务导入

刚刚大学毕业的小杨上班非常忙碌，总是“5+2”“白加黑”，加上小杨不善于与人交际，上班3个月后，心情十分郁闷。一天下班后，小杨误打误撞地进了一家茶馆，茶馆老板娘察言观色，觉得小杨很像刚进社会的自己，想开导开导小杨，于是两人一边慢慢喝茶，老板娘一边给小杨讲起了“自己一个朋友的故事”。请你与同学们分角色演绎这个场景，想想看，讲个什么样的故事会比较好呢？

二、故事茶席赏析

通过以“故事”为主题的茶席设计，帮助提升学生对周边的人、事、物的敏感度，提升学生对人、事、物的同理心和共情能力。一方面，“我有茶，你有故事吗？”设一席茶，可以聆听别人的故事，通过学会倾听，获得同理心、共情的能力，增强学生人际交往和共情沟通能力；另一方面，能够通过设一席茶，学会舒缓情绪、释放压力，讲述自己的故事，借由茶席的艺术感染力和茶汤的能量，使得自身的“故事”得以讲述，并能够营造相应的氛围感，使得茶客能够“投入”，一起体验和经历“席主”的“故事”，进而使得双方都得到舒缓、释放和安抚。

图 5-4-3 徽州

（一）故事茶席设计思路剖析

1. 故事的要素

故事这个词包含的内容非常广泛，基本要素有：时间、地点、人物、事件、特定情感（亲情、友情、爱情等）；具体表现为古今中外的历史故事、现代故事、远方的故事、身边的故事、特定对象的故事、你我他的故事等，类型非常多。

2. 故事的主角

以“故事”为主题进行茶席设计，其本质在于寻找不同情感的表达和呈现，要求同学们理解情感的物化表达和传递方式，而“人”是情感的主体，尤其是“故事”这个主题，所以首先要明确“人”是该类茶席设计思路的关键。当“故事”的主角确定好之后，茶席的框架基本也就比较明确了。

3. 故事的茶席元素

故事的角色明确了之后，再来根据想表达的内容找到“故事”与茶的契合点。选择与相应的“故事”贴合的符号和元素，将精神层次的情感通过茶器、色彩、质地、植物、装饰等艺术化的组合来物化和外显，充分传递和表达故事的主题，完成茶席设计。

图 5-4-4 思念

▸ **拓展讨论：从“故事”出发，我们可以用茶席来表达什么样的主题？**

讨论要点：

1. 主题的选择。
2. 茶品、色调、材质、器具、配件、插花的艺术组合。
3. 凸显在地特色或席主自身特质。
4. 实践应用性广泛，实用与美学兼顾。

（二）故事茶席设计实例赏析

《女儿国》茶席解析

1. 茶席主题

女儿国——灵感来源于“她”力量的崛起与中国传统神话小说《西游记》。

2. 茶席剖析

看到这个具体的题目，大家肯定不陌生。没错！今天，我们通过茶席来讲述这样一个众所周知的爱情故事。柔情万种的女儿国国王，终究没能留住意志坚定的玄奘法师，这是一个流传至今的故事、一个遗憾的故事，却也是一个让人念念不忘的故事。

基于女王的特殊身份，茶席采用了浅色作为基础铺，同时选用了鲜艳的金黄色茶席布，最上面是棕红色的纱；茶器选用亚克力质感的壶承和茶则，还有整套白色的茶器。棕红色的纱应和了法师的僧衣和袈裟，金黄色的茶席代表的是女王尊贵的身份；白色主茶器和通透气质辅助茶器的应用，意在冲淡“求而不得”的沉重。树下美丽而坚定的背影，并不同于电视剧，而是基于法师的视角而呈现。

3. 茶席解说

《女儿国》
觉得累了吗？
来喝杯茶吧，讲个故事给你听。
讲个“她”的故事，
你熟悉，又不熟悉……
能成为女王必定拥有理智的头脑和坚毅的性格，
我们相信，在法师走后，
女王，纵然情深，念念不忘，
但也会终究意识到不完美的人生，才是真正的人生。
她会放下，会活在当下，
也一定会心怀天下，肩负重任，治理好自己的国家和人民。
我还有茶，你有故事吗？

实训任务

请以小组为单位，抽签完成以“聚会”“故事”其中之一为核心的茶席设计。

（一）实训指导要点

茶席主题的切入点、茶席色调的选择、茶席器具的搭配、茶席配件的选择、茶席花艺的选择、茶席空间的构建、茶席情感情绪的表达等。

（二）评分标准

茶席设计评分标准见表 5-1-1。

思考与练习

一、简答题

1. 请同学们举例分析能够表达和传递“日常生活”的茶席主题有哪些类型。

2. 请同学们选取一个好友喜爱的故事，并以此为核心，设计一方茶席，借助茶汤的力量帮助疗愈朋友的身心。

二、多项选择题

1. 下列能够传递生活日常的元素有（　　）。

A. 街角的小野花　　B. 上班路上的小猫

C. 菜场的蔬菜　　D. 早餐店的豆浆

2. 下列能够表达“薛涛的故事”的要素有（　　）。

A. 才女　　B. 薛涛笺　　C. 成都望江楼公园　　D. 女校书

项目五·任务四·参考答案

参考答案

任务五　神魔科幻类主题

还记得小时候寒暑假里，电视台播放最多的电视吗？《西游记》一定是其中之一。提起睡前故事，我们往往会想起《格林童话》《安徒生童话》；提起迪士尼梦工厂，我们一定会想起改编自童话的电影《沉睡魔咒》《绿野仙踪》《木偶奇遇记》《狮子王》等，这些承载着不同文化又充满想象力的作品，为我们打开了一个个奇妙的世界。长大以后，《魔戒》系列、《变形金刚》系列、《流浪地球》系列、《封神榜》系列等科幻、魔幻、神话类中西方文学和影视作品，构建了一个又一个未知的世界，那些神秘又强大的力量、未知又渴望的科技、奇特怪异的生物，极大地激发了人们的想象力和创造力。这些，同样可以在茶席上进行呈现。

图 5-5-1 沉睡魔咒

图 5-5-2 黑暗骑士

任务导入

期末考试结束了，五年级的糖糖想跟着妈妈学茶，最近看的动画片《神笔马良》她很喜欢，想请妈妈给她设计一个这样的茶席，请你思考一下，给出合适的建议。

一、神魔科幻类茶席设计思路剖析

（一）核心元素与价值观的提炼及物化呈现

通过观看、阅读或其他方式，透彻地学习和理解故事本身，是我们进行此类茶席设计的基础。故事的起源、经过、结果，故事的时间、地点、人物（主角），故事所传递的核心情感、情绪和价值观，故事发生发展的时间线、情感线、人物线，故事的呈现方式如书法、绘画、文学、影视等形式，故事的创作者及其生活的时代背景和价值观，都是我们必须学习和了解的。这些诸多的内容都可以成为我们进行茶席设计时的着眼点，从中选取一两个想要表达和体现的内容即可。

图 5-5-3 女娲补天

（二）用“茶”的方式来表达

明确了自己想表达的内容之后，将选取的故事用“茶”的方式和语言表达出来，是最难也是最关键的一步。其实，只要我们建立故事的某一点或某两点与茶的联结，并找到这两者之间的相同之处，就可以实现用物化的、有限的茶席空间来表达空灵、缥缈的神话和童话，也能够表达科技感满满的未来。

▸ **拓展讨论：从“神话”或“科幻”出发，我们可以用茶席来表达什么样的主题？**

讨论要点：

1. 主题的选择。
2. 茶品、色调、材质、器具、配件、插花的艺术组合。
3. 凸显在地特色或席主自身特质。
4. 实践应用性广泛，实用与美学兼顾。

二、神魔科幻类茶席设计实例赏析

（一）《九色鹿》赏析

《九色鹿》茶席设计与解析

1. 茶席主题

九色鹿——灵感来源于经典动画片《九色鹿》。

2. 茶席剖析与解说

选择了纯白色的基础铺，再铺以淡蓝色的纱，宛如神话故事中九色鹿所栖息的那片浩渺湖泊。湖面微光闪烁，又仿若无垠苍穹，澄澈空灵，从视觉上便将我们引入一个如梦如幻的境地，也象征了本茶席的主基调——纯洁与神圣。

茶席布选择了五个颜色：深蓝色、紫色、红色、黄色、水蓝色，这五种颜色与九色鹿身体上的颜色一一对应，隐喻九色鹿本身；品茗杯依次斜放，表现茶席的层次感；旁边置以青苔，寓意九色鹿生活的大森林。选取《九色鹿》最具代表性的颜色（五种）应用在茶席中，构建这个神话故事与茶席的共通点；选用 5 个品杯与九色鹿身上的五种颜色相呼应；以来自大自然的茶汤寓意九色鹿生活的大自然；茶汤强大的包容性与九色鹿强大的法力、拯救苍生的慈悲心相互应和。

主茶器选用了百搭的盖碗，将摆件小鹿和盖碗皆放置在茶席相对中间的区域，充分点题；白瓷盖碗质地细腻，通身素净，恰似九色鹿澄澈慈悲的本心。可以想见，冲泡时，茶叶在其中翻滚舒展，倾出的茶汤金黄透亮，仿若九色鹿所携的祥瑞之光。

动画片《九色鹿》改编自敦煌莫高窟 257 号洞窟中的《九色鹿》壁画，至今都是我国家喻户晓的经典动画片，片中九色鹿代表了善良、正义、慈悲和仁爱，同时也告诫我们做人要诚实守信，不可贪得无厌，古老的智慧至今都在指引和启迪着我们。借由这一方充满梦幻色彩的茶席，让我们一起跨越时空，走进“敦煌”，一起领悟古人卓绝的人生智慧。

（二）《女娲补天》赏析

《女娲补天》茶席设计与解析

1. 茶席主题

女娲补天——灵感来源于经典神话传说。

2. 茶席剖析与解说

《女娲补天》是我们耳熟能详的远古神话故事，如何通过茶席来表达呢？留存于天地苍茫间的神话，是那么虚无缥缈，如何应用物化的器物和空间组合来表达？其实，只要我们抓住故事的关键点，并且是能够物化呈现的关键点，就可以实现。在这个神话故事里那个关键点，就是用来补天的五彩石。现实中当然没有五彩石，但是可以将普通的石头赋能，使得它们成为故事中神奇的“五彩石”。

选用不同颜色的茶席布和假山摆件置于茶席之上，取茶席布的不同色彩赋能普通的小石头变身成为故事中的“五彩石”；取假山寓意炼取补天之石的仙山。选用五种色彩的品杯，与“五彩石”相呼应；选用透明玻璃作为茶席的底铺，取其倒映的功能，将不同的色彩从更立体的角度呈现。多种方法的综合应用与组合使得茶席整体呈现绚烂多彩的色调，进一步强化了这一神话故事的主题。

实训任务

请以小组为单位，完成以某一神话为核心的茶席设计。

（一）实训指导要点

茶席主题的切入点、茶席色调的选择、茶席器具的搭配、茶席配件的选择、茶席花艺的选择、茶席空间的构建、茶席情感情绪的表达等。

（二）评分标准

茶席设计评分标准见表 5-1-1。

思考与练习

一、简答题

请同学们互相分享自己喜爱的“神话”“童话”“魔幻”“科幻”类故事，并找到这些故事与茶的契合点。

二、多项选择题

1. 下列能够传递“未来”意象的元素有（　　）。

   A. 小机器狗　　B. 宇宙飞船款式的茶器具　　C. 小变形金刚　　D. 时空传送门

2. 下列能够表达“白蛇传说”故事的元素有（　　）。

   A. 断桥　　B. 三潭印月　　C. 药铺　　D. 小青蛇茶宠

项目五·任务五·参考答案

参考答案

任务六　文人情怀类主题

庄晚芳先生提出的中国茶德精神为“廉、美、和、敬”。这四个字与我们的传统文人精神十分契合。文人以茶为媒，或修养身心，或抒发胸臆，将墨香与茶香紧密交织，伴随历史的发展，共同成为中华文化宝库的重要组成。

“廉”，寓意清廉自守，淡泊名利。在物欲横流的世界里，历朝历代的文人们始终坚守内心的净土，与“茶”一样，淡泊名利，坚守内心的高洁，不为“五斗米折腰”。

“美”，体现在由茶品、茶器及整体品茗氛围构建的空间之美；由冲泡气韵、茶汤滋味、茶汤香气共同营造的由口入心的意境之美。文人总是拥有发现和欣赏的眼光，往往具有敏感的灵魂，更容易捕捉到物质的细节之美和精神的意境之美。

“和”，体现在茶的强大包容性，可以类比传统儒家的中庸思想。茶的饮用方式非常多样，且以此为核心，形成了东西方各具特色的茶文化，但核心都是“茶”。传统儒家思想，讲究凡事皆以“和”为贵，意味着求同存异，也代表着包容的态度和大气的胸怀。

“敬”，可以延伸为“尊敬”和“敬畏”。对茶人尊敬，对所有人尊敬，人与人之间的互相尊敬，所谓“客来敬茶”；对自然“敬畏”，充分尊重自然规律，尊重茶的生长规律、品饮的规律、呈现的规律等。

“谦谦君子，温润如玉”，传统的文人情怀是非常温润的。现今流传于世的大量诗词歌赋、书法绘画和文学作品给我们展开了一幅幅唯美的历史画卷，它们呈现了一代又一代的文人清雅、诗意的灵魂。在茶席创作的过程中，文人系列因其深厚的文化底蕴，多元的、细腻的情感表达，是同学们重点学习、领悟和呈现的内容。

任务导入

书法课程结课了，上初一的天天同学想给自己的书法老师（女）设计一个茶席，以表达对老师的感谢，请你给天天一些建议。

一、文人情怀类主题茶席设计思路剖析

（一）文人情怀类茶席的切入点

文人情怀类茶席的设计，一般而言可以从相关的文学作品或者书画作品入手，尤其是代表作入手，在充分理解作品的基础上，提炼作品的精神内涵，营造作品的艺术氛围。也可以从文人本身寻找茶席的着眼点，如作者的个人偏好、成长环境、

人生中的重要经历等来入手，或者我们也可以从作者的亲情、友情、爱情以及家国情怀等角度来入手进行茶席设计。如果能在茶席上选用合适质地和尺寸的代表作，那么更能凸显主题。

图 5-6-1 书

（二）文人情怀类茶席的要素

历朝历代的文人群体未必在物质上十分宽裕，但在精神上一定是极为富有的，所谓“腹有诗书气自华”。拥有铮铮风骨的他们总是散发出清冷高洁的、超凡脱俗的气质；为人处世，也一定有自己的原则与底线，“不为五斗米折腰”，不为世俗价值所扰。琴棋书画、梅兰竹菊、文房四宝、菖蒲文竹，还有那讲究“瘦、透、皱、漏”的太湖石等，无一不是文人气韵的生动诠释。因此，无论茶席落脚于哪个具体的主题，这些要素的选用都必不可少。

图 5-6-2 林深时见鹿

（三）文人情怀类茶席的意境

茶席是茶人的道场，深远意境的表达是茶席的本质属性，尤其对于文人情怀类茶席而言，能否通过茶席要素的艺术组合营造出意境感并传递出这一点十分重要。在设计时务必注意茶席在色彩、结构、空间上的留白；在色彩的选择上以清雅的色系为主，还可选用水墨的黑白、山水的青绿和大地的棕色系；在整体质地的选择上以藤编、草编、宣纸、竹子等较为得宜。

图 5-6-3 菜根谭

▸拓展讨论：从“文人情怀系列主题”出发，我们可以用茶席来表达什么样的主题？

讨论要点：

1. 主题的选择。
2. 茶品、色调、材质、器具、配件、插花的艺术组合。
3. 凸显在地特色或席主自身特质。
4. 实践应用性广泛，实用与美学兼顾。

二、文人情怀类茶席设计实例赏析

（一）《山居秋暝》赏析

《山居秋暝》茶席设计与解析

1. 茶席主题

山居秋暝——灵感来源于唐代大诗人王维的《山居秋暝》。

2. 茶席剖析与解说

《山居秋暝》这首诗描绘了秋雨初晴后，山村宁静的美景与淳朴的生活，寄托了诗人对真山真水的热爱和对隐居生活的向往，总体呈现平实而美好的审美风格。因此选用铺设在地面上的“地席”来表达。一方面，平铺于地面的大面积茶席布，为想象预留了足够的空间；另一方面，席地而坐的品茗方式，降低了高度与视线，能够帮助身心充分接“地气”，达到松弛的状态，更有利于思维的灵活和想象的生发。

选用有一定量感的、高大的枝条，营造“山林”的意象；选用假山置于席上，营造“空山”的意境；在茶席中央，选用净白的纱，营造蜿蜒流淌的清泉；一眼瞥见那位超凡脱俗的小和尚正乘着一叶扁舟，穿梭于清泉之上；氤氲的茶香里，这一切似梦似幻，帮助茶客暂且忘却尘世的烦扰，沉浸于纯净的山野之间。

选用白牡丹作为本席的茶品，清丽雅致，与诗人的内心十分契合。这里，我们不仅是品茶，更是在品人生，品那份超脱世俗、回归本真的生活态度。让我们一同沉浸在这份宁静与美好中，让心灵得到真正的释放与升华。

（二）《兰亭序》赏析

《兰亭序》茶席设计与解析

1. 茶席主题

兰亭序——源自历史典故。

2. 茶席剖析与解说

选用深色的茶席布配以淡雅的山水茶席布，帮助将人们的思绪从有限的空间引领至广阔无边的山水之间；选用通透的亚克力壶承，通透的质感弱化了壶承本身的体量，同时很好地凸显了两个主茶器；品杯的选择重在同色系和简约的器型，旨在与文人淡雅的气质相契合；菖蒲、文竹、太湖石的选择，更加强化了文人气韵。

这一方茶席的动线设计中，将代表古籍的册页横放，既增加了体量感，又强调了茶席的文人特质。茶席的高低层次设计和长桌尺寸的选择，帮助展开那场在户外举行的、曲水蜿蜒的、永载史册的文人聚会。

茶席的植物选用了极具文人风骨的菖蒲与文竹，菖蒲富有自然的野趣与生机，文竹则儒雅挺拔，有着谦谦君子之风。

茶席中间区域横放的册页恰似蜿蜒曲折的历史长河，带领我们穿越时空，来到东晋永和九年的那一天，大书法家王羲之与一众文人雅士在会稽山阴举行聚会的场景：在山环水绕的兰亭，有潺潺的曲水流觞，有袅袅的茶烟轻扬。

（三）《器载茶韵》赏析

《器载茶韵》茶席设计与解析

1. 茶席主题

器载茶韵——灵感来源于茶文化复兴的时代大背景。

2. 茶席剖析与解说

茶席的核心设计思路为：茶文化复兴、画中画、东方美学。

这是一个主体部分铺设在地面上的茶席。席面中用米色的茶席布作为主体，两端卷起，犹如一幅徐徐展开的巨大画卷。用斜对角摆放的山石草木来让视野聚焦。选用的同色系编制的草席，更加贴近自然。在左手边选用古籍册页“有美茶宴”，使用棕色的壶承，斜对角放置三个品茗杯，并以茶经为席布来衬托主器具。

在茶席空间的左上和右下分别放置枯木、绿植、青山来装饰，旨在将古人沉浸于山水之间喝茶的画面，生动形象地展示在我们面前。于是，一幅画中画便在我们面前徐徐展开，灵魂似乎也穿越到了千年前，好像看到了陆羽牵着一匹瘦马，不为名、不为利，在祖国的大好河山中寻找着一味又一味好茶。

整个茶席的立体空间部分，利用山水画的屏风和“廉美和敬”的字画作为背景，营造出文人与茶相互交织的氛围感。

茶席选用的茶品为醇厚馥郁的岩茶——肉桂，恰如我们优秀的传统文化，几千年来一直浓烈着、馥郁着，滋养着华夏儿女，引领着华夏子孙。

茶席设计的灵感来源于“器以载道，物以传情”的器物之美，集于器、和于物、融于心。茶器相和，是实用价值的追求，也是东方美学的体现，更是传统文化的传承。

设计之初一直在思考，那就是从古至今，有些东西失传了是不是因为在那一刻对我们的祖先来说，它已经不那么重要了，已经属于非主流了，然而在国外却能传承和发展得很好，原因是被重新赋予了新的价值和生命。因此，在新时代条件下，让茶文化去标签化，真正融入我们的生活，赋予茶文化新的价值和意义是很重要的，也唯有如此，才能将茶文化更好地继承和发扬下去，这也是新时代我们青年茶人的光荣使命和责任。

实训任务

请以小组为单位，抽签完成以“书画”“山水”“诗词”等为核心的文人系列主题茶席设计。

（一）实训指导要点

茶席主题的切入点、茶席色调的选择、茶席器具的搭配、茶席配件的选择、茶席花的选择、茶席空间的构建、茶席情感情绪的表达等。

（二）评分标准

茶席设计评分标准见表 5-1-1。

思考与练习

一、简答题

请同学们翻阅相关资料，从不同的角度解读《千里江山图》，并找到其与茶的契合点。

二、多项选择题

1. 下列与南宋爱国诗人陆游相关的元素有（　　）。

A. 钗头凤　　B. 矮纸斜行闲作草，晴窗细乳戏分茶

C. 点茶　　D. 零落成泥碾作尘，只有香如故

2. 下列与陶渊明相关的元素有（　　）。

A. 采菊东篱下，悠然见南山　　B. 田园派诗人

C.《桃花源记》　　D. 不为五斗米折腰

项目五·任务六·参考答案

参考答案

任务七　特色茶饮类主题

任务导入

元旦到了，但是只放一天假，寝室里的小王是客家人，放假时间太短回不去，寝室的同学们想为小王设计个擂茶的茶席，给小王制作她最爱的、家乡的擂茶，以抚慰小王的思乡之情，请你给大家一些建议。

一、民族茶饮类主题茶席赏析

图 5-7-1 擂茶茶席

（一）民族茶饮类主题茶席设计思路剖析

我国拥有 56 个民族，每个民族都有自己独特的饮茶文化，藏族的酥油茶、蒙古族的奶茶、回族的八宝茶、白族的三道茶、客家的擂茶等，纷繁复杂，极具民族特色。这些不同的饮茶方式，同时也是各个民族历史和文化的重要组成部分。我们在围绕民族茶饮这个主题进行茶席设计时，该如何入手呢？

图 5-7-2 白族三道茶茶席

图 5-7-3 蒙古族奶茶茶席

1. 充分了解和理解民族茶饮是进行茶席设计的第一步

不同民族在其深远的历史发展过程中逐渐形成了独具自身民族特色的饮茶风俗，这些饮茶风俗不仅仅是我国茶文化的重要组成部分，更是各民族风情的生动体现。茶文化不仅仅是各民族同胞的日常生活，更是具有仪式感的特殊存在，在维系各民族的社会关系、促进各民族的经济发展以及文化和艺术的构建等方面发挥着重要作用。因此，我们在进行民族茶饮类主题的茶席设计时，广泛而深入地了解该民族的饮茶习俗，是首先要做的第一步。

2. 构建得宜的民族茶席空间，选用恰当的民族茶席要素

少数民族在其历史发展过程中积累了大量丰富而独特的文化遗产，涉及生产、生活的各个方面。诸如传统民族服装及其装饰，如苗族的服饰及其银饰；传统的饮食风俗，如藏族的酥油、糌粑；具有象征意义的物品，如哈达、转经筒、马头琴等，这些不仅仅是民族精神的象征，也可以成为我们茶席设计时很好的切入点。同时，在设计背景时，要充分凸显茶席本身强调的民族性。如果表达的是蒙古族奶茶，那么选择平面或者立体的草原作为背景；如果表达的是苗族，那么选择平面或者立体的大山作为背景；如果表达的是海南黎族，那么选择平面或者立体的大海作为背景。尽可能具象化地营造茶席所表达的民族的生活环境和饮茶习俗，不仅是成功设计该主题茶席的重要方式，还能为观者提供一个深入了解和体验少数民族文化的平台，进而丰富茶席的文化内涵，升华茶席主题的表达。

▸ **拓展讨论：以“维吾尔族的茶医”为出发点，可以呈现什么样的茶席主题?**

讨论要点：

1. 茶席落脚点的选择。
2. 维吾尔族茶品、茶器与民族特色风情的物化要素选择与艺术组合。

（二）民族茶饮类主题茶席设计实例赏析

1.《爷爷泡的茶》赏析

《爷爷泡的茶》茶席设计与解析

（1）茶席主题

爷爷泡的茶——灵感来源于客家擂茶、传统茶文化的传承与发扬。

（2）茶席剖析与解说

擂茶又名“三生汤”，是将茶叶、花生、芝麻、黄豆、大米、盐、橘皮等一起放入擂钵中，用擂棒擂碎，倒入开水调匀，便可以饮用了。我国饮用擂茶的地域范围较为广泛，广东、湖南、福建、广西、台湾等地都有饮用擂茶的习俗，各地擂茶的制作方式各有不同，尤其是配料差别较大，按照地域和族群主要分为客家和非客家两大类。

制作擂茶时所用到的器具主要有：擂钵，我们可以理解为是特制的内壁刻有直条槽纹的陶质厚壁陶盆，当然现在也有比较小的擂钵，大小有点像我们吃面条的大碗；擂棒，就是用来擂茶的棍子，以及放置擂棒的架子；捞瓢，也就是用来舀汤的大勺子；配料小碟、喝茶汤的小碗、筷子、开水壶、水盂、茶盘、茶巾等。

从茶席设计的角度，我们需要注意的是，擂茶的茶席是具有民族地方特色的，其使用的器具也是相对固定的，器具在席面上放置的位置应该以利于操作为第一位。整体的席面，应该突出和强化擂茶的地方性和民族民俗特质。

选用具有民族民俗特色的茶席布为基底，或者也可以不铺。

将擂钵放置于席面的中心位置，擂棒、捞瓢和擂棒架放置于雷钵的右边；六个装有配料的小碟，上面用茶碗盖上，按照配料置于擂钵中的次序依次放置于茶盘中，将这个装有配料和茶碗的茶盘，放在擂钵的左手边；将水壶和水盂放置于茶盘旁边，在擂钵的右手边再放置一个茶盘用来盛放六碗茶汤。整个席面的插花选用山野气息的小野花来进行装饰。

值得注意的是，能够拥有原汁原味的器具是最佳的状态，如果没有，也可以选用具有质朴、自然、山野气韵的茶器具来表达和传递这样的主题。

2.《三道茶》赏析

《三道茶》茶席设计与解析

（1）茶席主题

三道茶——灵感来源于白族三道茶、传统茶文化的传承与发扬。

（2）茶席剖析与解说

“三道茶”是我国云南地区白族的饮茶风俗，以其“一苦二甜三回味”的独特风格闻名于世。白族主要分布在云南、贵州、湖南等省，其中以“风花雪月”闻名的大理是白族的主要聚居地。此外四川省、重庆市等地也有分布。

白族人家每逢佳节、生辰寿诞、男婚女嫁都要用“三道茶”来待客。2014年11月，“一苦二甜三回味”的“白族三道茶”经国务院批准列入第四批国家级非物质文化遗产代表性项目名录。第一道茶，称为“苦茶”，用小陶罐烤制而成，闻起来焦香扑鼻，喝下去滋味苦涩，故而谓之“苦茶”。此茶代表人生的苦境，意在告诫新人：创业之始，苦字当头，面对苦境，要学会忍耐，一个人要想有作为，首先要学会吃苦。第二道茶，称为“甜茶”。将核桃仁削成薄片，乳扇烤过后切成细丝，放入茶盅内，再加少许红糖，冲入滚烫的茶水，用筷子搅均匀。茶味甜而不腻，杯大如小碗，可痛快地喝个够。“甜茶”代表人生之福境，意在告诫新人：苦尽甘来，同时也祝福新婚夫妇生活如此茶般“甜甜蜜蜜，幸福美满”。第三道茶，称为“回味茶”。茶盅内的原料为适量蜂蜜，加少许花椒、生姜和桂皮。“回味茶”茶香蜜甜，姜辣椒麻，酸甜苦辣，各味俱全，喝后回味无穷，意在告诫新人：只有经历过酸、甜、苦、辣的人生才是完整的人生，才是值得回味的人生。

三道茶悠久的发展历史、考究的泡茶过程和独到的敬茶习俗展现出白族和谐和包容的美德。白族人充分发挥三道特色茶水的物质功用的同时，还融入了农耕智慧与生命教育，从而赋予了三道茶精神价值。

选用深色的竹编茶帘，传递质朴与自然的气息。

将整个茶席分为三大区域：右侧展示区、中间烤茶区、左侧原料区。

中间烤茶区，选用两个烤茶罐，一个用来烤茶，一个用来混匀茶汤，混匀茶汤的烤茶罐置于整个茶席最核心的位置；将炉子与烤茶罐垫放置于茶席右手边利于操作的位置。选用勺子和筷子来作为冲泡时的辅助器，放置于C位烤茶罐的右侧后方，利于使用。选用4×3个影青的小杯作为品杯，呈正方形放置于C位烤茶罐的侧前方，注意不能遮挡烤茶罐。

选用白色的瓷质小碟，呈长方形放置于整个茶席的左侧原料区，用于盛放各种配料。右侧展示区分别放置水壶、水盂和三个白色杯子。

白色的主色调象征着浪漫的白族，我们以自己理解的方式呈现这道“三道茶”，相信大家饮用了之后对于“一苦二甜三回味”的人生一定会有更深刻的理解和反思。

任务导入

快过年了，王阿姨的英国好友将会来中国拜访王阿姨，爱好喝茶的王阿姨想为这位英国好友设计一个国风下午茶的茶席，请你给王阿姨一些建议。

二、世界茶饮类茶席主题赏析——下午茶

（一）下午茶主题茶席设计思路剖析

1. 下午茶的基础知识

我们都知道中国是世界上最早发现和利用茶的国家，英国人喝茶的历史始于17

世纪中期，葡萄牙凯瑟琳公主嫁与英国查尔斯二世，公主随嫁妆带来了一小箱茶叶，并开始在宫廷中以茶待客，由于她的倡导和推动，饮茶之风在宫廷盛行起来，继而扩展到王公贵族及普通百姓。

英国人好饮红茶，特别崇尚汤浓味醇的牛奶红茶和柠檬红茶，但下午茶真正的“诞生”还是要归功于贝德福德第七公爵夫人安娜。18 世纪的英国人午餐较简便，而一般要在晚上 8 点后才用晚餐。早午餐后的漫长时间里往往使人有疲惫饥饿感，为此公爵夫人常常在下午四五点钟请大家饮茶用点心，后来英国的名媛贵妇们纷纷效仿，这种习惯便逐渐发展成了一种文化，并成为正统的“英国红茶文化”，也就是所谓的“维多利亚下午茶”。

图 5-7-4 下午茶

2. 下午茶的要素

英式下午茶中，最主要的三个要素，首先自然是茶。一般下午茶的专用茶为大吉岭、伯爵茶、锡兰红茶等传统口味。然而，我们是茶的故乡，下午茶的茶品，可选择的范围自然是更为广泛的。诸多城市，推出的下午茶系列集茗茶、美食、美景于一体，意义和功能已经超过了传统的英式下午茶。

其次，茶点也是下午茶的重要元素。英式下午茶的茶点中，最下面是三明治，中间是司康饼，上层是精致的各式小蛋糕与水果塔；吃的时候顺序是由下而上按照顺序取用，让味道由淡而重，由咸而甜。当然，我们中式的各样健康美味的茶点，使得下午茶的茶点享用更为惬意。

再次，茶器是下午茶的重要组成部分。传统英式下午茶选用三层银器质地的蛋糕架、骨瓷茶具和茶杯，具体使用的器具主要有：骨瓷茶壶、茶杯套组、茶匙（传统放法是与右手边的杯耳朵呈 45° 摆放）、糖罐；奶盅、点心盘、刀叉、鲜花、蕾丝桌巾等。

最后，参加下午茶的客人需着正装，茶匙在搅动的时候不可发出与杯子碰撞的声音，吃点心的时候直接用手取用等，英式下午茶同时也是英国饮茶方式礼仪规范的呈现。

图 5-7-5 午后

3. 体现携手共进的、大国风范的下午茶文化

中国是世界上最早发现和利用茶的国家，经过几千年的发展演绎，茶的品类越来越多，茶文化的范围越来越广，跨文化交流的频次日益频繁，早就跨越了“下午茶”的范畴。霸王茶姬、奈雪的茶、蜜雪冰城等诸多的新茶饮企业出海，使得我国茶的包容性越来越大，尤其表现在茶所承载的文化、情感和思想等方面。这也使得无论是传统的英式下午茶，还是我们现代的下午茶，所提供的不仅是一个品茗的场所和环境，更是一个促进文化交流、融通的平台。英式下午茶、美式的冰红茶、法式的水果茶、印度的马萨拉茶等，全球那么多不同风情的饮茶方式，所体现的都是这片叶子强大的包容属性：无论传播到哪里，都能跨越文化和种族的界限，与当地人民的生活找到完美的契合点，并形成独具特色的茶饮文化。这不仅是茶的包容，更是中华民族拥有博大的胸怀，与世界人民携手共进的大国风范的体现。在进行茶席设计时，我们可以从要素着手，也可以从更宏观的角度来着手，比如这种强大的包容性。

图 5-7-6 茶宴

▸ **拓展讨论：从“下午茶”出发，我们可以用茶席来表达什么样的主题？**

讨论要点：

1. 主题的选择。
2. 茶品、色调、材质、器具、配件、插花的艺术组合。
3. 凸显在地特色或席主自身特质。
4. 实践应用性广泛，实用与美学兼顾。

（二）下午茶主题茶席设计实例赏析

1.《我的下午茶》赏析

《我的下午茶》茶席设计与解析

（1）茶席主题

我的下午茶——灵感来源于中国茶文化、英式下午茶文化。

（2）茶席剖析与解说

选用亮蓝色的茶席布为基底，选用黄色的茶席布置于中间位置，蓝色与黄色形成撞色；在茶桌一侧位置铺设浅粉色的茶席布，与黄色茶席布形成十字交叉，撞色和交叉的线条都是为了凸显下午茶的活泼特质，同时呼应主题的“我的”个性特征。

选用简洁图案的下午茶器具作为主茶器，放置于相对中心位置；选用红酒杯和鸡尾酒杯分别放置于十字的线条两端，强化新式下午茶的创意感和包容性。插花选用西式花艺，茶点选用中式茶点。

欢迎大家和我们一起，体验可以品尝的优雅！

2.《宋韵雅集·东西辉映》赏析

《宋韵雅集·东西辉映》茶席设计与解析

（1）茶席主题

宋韵雅集·东西辉映——灵感来源于中国茶文化、英式下午茶文化。

（2）茶席剖析与解说

整个茶席是由两张桌子拼接而成的长桌，其开阔的尺寸不仅彰显了包容的气度，更为这场茶事增添了几分大气与庄重。茶席的左侧，精心布置的西式下午茶区以一把大型花卉茶壶为中心，载以亚克力材质的壶承，旁边有成套的三套下午茶茶具，包括糖罐和奶盅，共同营造出一种优雅而浪漫的氛围。一旁，一位时尚的女士正享受着这份悠闲，她的存在不仅增添了画面的活力，也象征着现代下午茶文化的流行与魅力。

茶席中央，一位身着传统服饰的女士正在专注地泡茶，身旁点缀着几朵淡雅的鲜花。娴静、优雅的她，像这片神奇的叶子一样，浑身散发着温柔和包容的气质，也展示了大气沉稳的东方气场。

茶席的右侧区域，选用了一套天青色的茶器，清新而悠远，极具“宋韵”特质，又与整体茶席的绿色调和白色调相呼应；选用的壶承为透明的亚克力材质，选用的茶则为通透的玻璃材质，共同衬托出主茶器的“宋式”审美格调。

选用的茶器具极富传统经典特质，因此采用较为跳脱的布局，彰显简洁流畅的线条，突出对比鲜明的色彩；尤其是茶席上的两位女士，虽然整体风格迥异，却因茶相聚，从不同的时空角度诠释着茶文化的独特的魅力。选用的茶品为英德红茶，汤色红艳明亮、香气浓郁，滋味醇滑甜爽、鲜香持久，正是这份独特的魅力，将不同种族、文化的人们紧紧地联系在了一起。

实训任务

请以小组为单位，抽签完成以“蒙古族奶茶”“藏族酥油茶”“下午茶”等之一为核心的系列主题茶席设计。

（一）实训指导要点

茶席主题的切入点、茶席色调的选择、茶席器具的搭配、茶席配件的选择、茶席花的选择、茶席空间的构建、茶席情感情绪的表达等。

（二）评分标准

茶席设计评分标准见表5-1-1。

思考与练习

一、简答题

1. 请同学们翻阅相关资料，简述白族三道茶的原料、使用的器物和制作流程。
2. 请同学们翻阅相关资料，简述客家擂茶的原料、使用的器物和制作流程。
3. 请同学们翻阅相关资料，简述传统藏族酥油茶的原料、使用的器物和制作流程。

二、多项选择题

1. 下列与下午茶文化相关的元素有（　　）。

A. 骨瓷茶具　B. 蕾丝桌巾　C. 牛奶　D. 祁门红茶

2. 下列与我国维吾尔族饮茶文化相关的元素有（　　）。

A. 茶医　B. 香茶　C. 喀什百年老茶馆　D. 药茶

项目五 · 任务七 · 参考答案

参考答案

项目六

席主的养成

思维导图

项目六 席主的养成

- 任务一 人文素质的养成
- 任务二 优雅礼仪的养成

学习目标

知识目标：

- 掌握茶人人文素质的养成通则；
- 掌握茶人优雅礼仪的养成通则。

能力目标：

- 能够根据不同类型茶事活动的需要设计形象；
- 能够灵活机动地开展礼仪接待。

素养目标：

- 在茶会活动中树立礼仪之邦的形象。

项目导读

茶文化作为中国传统文化的瑰宝，其传承与弘扬离不开茶人（茶席的席主、茶艺师）这一重要的角色。将深厚的传统文化和扎实的专业知识、专业技能融会贯通，通过恰当的形象设计，尽善尽美的礼仪风范，恰到好处的语言艺术，在茶文化活动中充分展现出专业水平与文化素养，是当代茶人的基本要求。

任务一　人文素质的养成

茶人作为茶席茶会的核心之一，其综合的人文素质及能力要求是多方面的，这些素质和能力不仅关乎席主的专业技能，更涉及其文化功底、审美观念、职业道德等多个层面。作为席主，她是茶文化传播的使者，要求不仅要有过硬的基础知识和专业技能，更要有丰富的人文内涵；同时能将茶文化与我国优秀的传统文化融会贯通，完美继承；又能充分理解和融入时代的发展，通过重新组织和架构，用多元化的思维方式和创新性的呈现视角有效推广和普及茶文化。

任务导入

小丽半年后就要参加茶艺大赛了，随着赛制的改革，需要学习和掌握的传统文化方面的知识越来越多了，小丽很焦虑，你作为她的好朋友，请你为她列一份备赛知识清单，帮助她一起努力。

茶人的养成

一、扎实的专业技能

（一）扎实的感官审评技能

席主应具备扎实的感官审评技能。感官审评是了解茶、懂得茶的基本途径，席主扎实的感官审评能力，能够帮助茶友们从干茶、香气、滋味、汤色、叶底这五方面来全方位地了解和解读茶，并据此为制作加工、拼配选购、科学品饮提供科学的参考意见，是当代茶人必备的核心技能之一。唯有如此，才能正确引导茶客感受茶叶的韵味和品质特征，帮助茶客体验茶的多维度感官享受。

（二）精湛的茶艺呈现技能

席主需要拥有精湛的茶艺技能，包括看茶泡茶的冲泡技能、能品会说的鉴茶技能、会选会搭的茶席(茶空间)设计技能、会拍会剪的新媒体运营技能;懂得茶器具的原料、制作加工工艺、审美特点,能够恰当选用和保养的技能;既能冲泡好一杯清饮的茶汤,也能制作出一杯创意的新茶饮,更能点好一盏穿越千年的仿宋点茶;既能泡好家乡特色的茶饮,也能泡好其他独具地域、民族特色的茶饮等。此外,作为茶艺师,席主还应具备一定的茶艺表演能力,能够通过编排的故事、优美的动作、诗意的解说和流畅的呈现,将茶的艺术魅力展现给观众。

(三)灵活的茶文化应用技能

我国是世界上最早发现和利用茶的国家,茶的制作加工和饮茶方式随着历史的变迁而不断变化,在这一过程中,这片神奇的叶子以其独特的魅力跨越了不同语言、不同文明、不同种族,得到了全世界人们的喜爱。我国历朝历代的文人们,为这片叶子留下了大量宝贵的文学书画作品,如卢仝的《七碗茶歌》、苏轼的《汲江煎茶》、元稹的《一字至七字诗·茶》;诸多与茶相关的逸闻趣事、传说故事,如“吓煞人香”的碧螺春、大红袍的传说、虎跑梦泉的传说;白族三道茶、客家擂茶、回族八宝茶独具地方和民族特色的饮茶风俗等,都是在进行茶文化普及和推广过程中必须考虑和灵活应用的。“中国茶·世界香”,随着茶的对外传播,世界各国人民也演绎出了独具本国特色的饮茶方式和饮茶习俗,在茶文化的对外宣传中,能够引经据典、生动有趣地将其应用和呈现,是体现我们大国风范、展现文化自信的重要途径。

(四)良好的沟通互动技能

席主应需要具备良好的表达能力和沟通能力,能够在服务过程中与茶客交流互动,主动与客人打招呼,安排客人入座、赏茶、品茶;主动介绍茶叶品种、产地、特点等信息,耐心回答客人的问题,形成沟通和互动;对于自己不懂或不便回答的问题,虚心听取客人的意见或建议,并对客人真诚道歉,不断提升服务水平。

(五)持续的学习能力

席主应具备持续学习的能力和意识,不断关注茶文化的最新动态和发展趋势,通过阅读书籍、参加培训、交流学习等各种方式不断提升自己的专业知识和技能水平。时代发展非常迅速,数字(智)化、人工智能的更新迭代非常快,席主们需要持续保持良好的学习能力,需要根据时代的发展及时有效地调整学习内容和学习方向,并且融会贯通,才能更好地担当起茶文化传承和发扬的历史使命。随着科技的飞速发展,特别是AR(增强现实)技术的广泛应用,传统文化的活化与传承正在焕发新的生机。故宫“茶画同源”数字展以及利用AR技术复原《韩熙载夜宴图》的茶席场景,为我们提供了宝贵的启示。

▶ **拓展阅读**

陆羽《茶经·一之源》

二、深厚的文化功底

（一）文史哲：探寻茶与文化的根源

茶文化的根基深植于中华文明的土壤中，其发展历程与中华民族几千年的历史变迁、哲学思想、文学艺术的发展紧密交织，对茶人的文化底蕴有着深远的影响。儒家思想中的“仁爱”“礼义”等核心价值，道家哲学中的“道法自然”“无为而治”等思想，以及佛家禅意中的“禅茶一味”等理念，一直以来都在深刻影响着茶人的道德品质与艺术修养。只有通过深入地学习，才能帮助茶人从博大的地理环境、纵深的历史角度和宏大的国家层面来理解“茶”和看待“茶”，从而增强对茶文化的历史认同感与文化自豪感；才能帮助茶人在茶文化实践中，自觉自愿地将这些文化底蕴与哲学思想融入其中，来增强茶文化的精神内涵，提升茶文化的精神高度，进一步扩大茶文化的社会影响力。

▶ **拓展阅读**

业界实践案例：庄晚芳的“茶改救国”实践

（二）琴棋书画：茶人艺术修养的摇篮

琴棋书画作为中国传统文化的瑰宝，对茶人的艺术修养与审美能力影响深远。学习古琴演奏技巧，领悟琴音与茶艺的内在联系，在茶艺呈现中融入琴音，能营造出高雅和谐的气氛。掌握围棋、象棋等棋类游戏的基本规则与策略，可以提升茶人的逻辑思维与决策能力。书法、国画的学习则可以让茶人深入了解中国传统艺术的意境与审美，将书画作品融入茶艺呈现，增强茶艺的文化内涵与艺术性。通过琴棋书画的学习与实践，茶人可以不断提升自身的艺术修养与审美能力，为茶艺呈现注入更多的文化内涵与艺术魅力。

（三）舞蹈音乐：茶人审美情趣的延展

舞蹈、音乐作为中国传统文化的重要组成部分，对茶人的审美情趣与创新能力有着积极的促进作用。学习中国传统舞蹈的基本动作与韵律，将舞蹈元素融入茶艺呈现，可以展现出茶艺动作的动态美和韵律美。而音乐的欣赏与创作，是茶人审美情趣拓展的重要途径，选用合适的音乐，可以营造气氛，烘托茶艺呈现的主题，帮助茶人深入了解音乐与茶艺之间内在的联系，从而促进整体效果的呈现。

三、积极的人生态度

（一）发现美、欣赏美

茶人应多关注生活中的美，自然美、人文美、艺术美等，通过美的观察和感悟，发现美、欣赏美，然后把美的元素融入茶艺的呈现中；茶人还要主动参与文化交流活动，了解不同国家和地区的茶文化及其审美特色，通过对比和借鉴，拓展自己的审美视野，丰富自己的茶艺呈现。

（二）良好的道德修养

茶人应具备良好的道德品质和职业操守。诚信为本，是茶人最基本的道德要求；耐心细致，是服务中必须具备的基本素质；一视同仁（尊重他人），是茶人贯彻和践行茶道精神的体现；创新实践，是当代茶人的使命和责任；坚守初心（淡泊名利），是确保茶文化的精神内涵得到正确传承的重要前提；交流合作，尤其是与不同国家和地区的茶文化爱好者积极开展交流合作，是推动我国茶文化的繁荣发展，提升中华茶文化国际影响力的重要途径。此外，作为茶人应重视人才的培养，敞开心胸将自己的经验和知识传授给下一代，并积极鼓励和支持年轻人参与到茶文化的传承中来，为茶文化注入新鲜血液。

▶ **拓展阅读**

茶学界泰斗：著名茶学家、制茶和审评专家张天福

实训任务

根据在地实际情况选定茶界名人，请学生进行访谈，并提交茶人养成的心得体会。

（一）实训指导要点

茶界人物访谈时，可以围绕多个方面设计问题，以深入挖掘受访者的经历、见解、成就以及对茶文化的贡献。以下是一些可能的访谈问题：

1. 个人背景与茶缘

您是如何与茶结缘的，有没有什么特别的故事、特别的经历呢？

在您的事业中，哪些关键时刻或决策让您对茶这个行业的关注程度更高？

茶对您的生活、工作乃至人生观有哪些影响？

2. 茶叶种植与制作

您能不能谈谈您对于种植茶叶的认识？在种植过程中，特别需要关注的关键环节有哪些？

茶叶制作技艺复杂多样，您最擅长或最欣赏的是哪一种，它的特点和制作过程您是否可以分享一下？

在保持传统制茶技艺的同时，您又是如何创新改良的呢？

3. 茶文化传播与品牌建设

您如何看待茶文化的传承与发展？作为茶界人物，您是如何在自己的工作中传播茶文化的？

在品牌建设方面，您有哪些成功的经验或心得可以分享？

您认为现代茶饮市场有哪些趋势或变化？您的品牌是如何适应这些变化的？

4. 综合的人文素养

您认为茶文化专业的学生还需深入学习哪些传统文化内容？（琴棋书画、诗词歌赋、地理历史等）

您认为茶文化专业的学生还需要了解哪些领域的知识？（建筑、舞蹈、音乐、绘画、摄影、视频编辑与剪辑、食品以及心理学、日常养生、广义的设计领域等）

5. 行业观察与未来展望

您对当前茶行业的整体状况怎么看，存在哪些挑战和机遇？

在您看来，未来茶产业会有哪些重要的发展方向或变化？

您对想要进入茶产业的年轻人有哪些忠告或寄语？

6. 个人成长与感悟

在您的茶生涯中，遇到过哪些困难和挑战，您是怎么克服的？

回顾您的茶界之路，有哪些时刻让您觉得特别骄傲或满足？

您对自己今后在茶界的作用和贡献有什么样的期待？

这些问题旨在引导受访者将自己的茶界经历、见解和感悟进行全面、深入的分享，同时也为听众或读者提供一个窗口，了解茶产业、感受茶文化的魅力。

（二）评分标准

表 6-1-1 人物访谈报告的评分标准

序号	项目	满分	要求和评分标准	配分	扣分	得分
1	访谈目标及准备	20 分	目标具有典型性	10 分		
			前期准备充分	10 分		
2	访谈过程	40 分	访谈方式恰当	10 分		
			访谈内容全面、有重点	10 分		
			访谈内容全面，包括人物关键信息、职业资讯、能力要求及发展趋势等方面	10 分		
			访谈记录详细、真实，能够准确反映访谈对象的观点和意见	10 分		
3	访谈结果与分析	30 分	访谈内容整理加工得当，条理清晰，便于阅读和理解	10 分		
			对照访谈结果和自我认知，分析自己的优劣势及面临的机会和挑战	10 分		
			提出针对性的个人发展规划和学业计划	10 分		
4	报告设计与呈现	10 分	内容完整，结构清晰，语言准确、流畅，无错别字和语法错误。版面设计大方美观，格式规范统一	10 分		
总分	100 分					

任务二　优雅礼仪的养成

茶人是中华茶文化的传播者和推广者，茶人不仅需要精通茶学，而且需要把茶学与其他学科相互融合，还要懂得礼仪和沟通，茶人要面带微笑，淡妆素抹，衣着得体，举止优雅，言谈得当，服务质量到位。

任务导入

缤纷多彩的春日里，村里来一个开展党建的 12 人团队，都是年轻人，请你根据专门为这个团队设计的“春色”茶会准备茶人服饰及妆容，并讲述礼仪要点。

续表

一、美好的形象养成

茶人形象是茶艺礼仪的重要组成部分，好的形象对于席主来说，不仅是其专业形象的展示，更是一种茶文化的诠释与传承，是茶艺礼仪中的重要组成部分。一款得体的形象设计，可以让茶人在泡茶过程中更加自信从容，展现专业的茶艺水准；同时，也可以让观者感受到茶文化的深厚底蕴和独特韵味。

茶人形象设计主要包括三个要素：服饰、发型、妆容。

（一）茶人的服饰

茶人是茶文化的传播者、实践者，茶人的服饰既不是为了美观，也不是为了去彰显某种身份、地位，而是为了能够通过服饰彰显茶文化的价值、茶艺师的素养。因此，茶人的服饰应当高雅、自然、朴素、传统、舒适、适宜，既体现专业性、规范化，又要与茶事活动的主题相契合。

1. 颜色

茶人服的色彩选择以深色调为主，如深蓝、深灰、深绿等颜色，这样能够给人以专业、稳重、高雅的氛围。另外，也可以选择一些浅色调的色彩，如米色、黄色、杏色等色彩，会给人们以清新、素雅的感觉。

图 6-2-1 现代茶服（女）

图 6-2-2 现代茶服（男）

2. 款式

上衣：茶人的上衣应修身合体，以舒适自然为主，款式多以中式元素的唐装为主，具体视情况而定。

裙子：茶人的裙子颜色要与服装颜色统一，以素雅为主，切忌太艳丽。以展现女性妩媚和文化底蕴的长裙、旗袍为常见款式。

裤装：应搭配宽松舒适的上装。

3. 面料

茶人的服装面料要具有透气性、舒适性、易清洗性，保证服装的舒适卫生要求。常用的面料有丝绒、桂花缎、绸缎、棉麻、雪纺等，质地轻柔、手感舒适、自然质朴。

4. 注意事项

（1）保持清洁

茶人在服务过程中要保持服装清洁，特别是衣襟、袖口、领口，并保持整个工作场所的卫生和整洁。

（2）合理搭配

茶人服饰要注意服装整体感与和谐度，如色彩、款式、量感等搭配要恰如其分，不要太过跳跃，不要拔尖，这样才能凸显茶文化的高雅。要与自然季节相协调、与在地文化相协调，不能单盲目追求美，不考虑与自然季节的适配性与在地文化的适配性；要注重配饰的搭配，不要佩戴过多首饰，要求整体协调。茶人的服饰还要符合茶人的气质。

（3）符合主题

茶人的服饰应与表演的主题、茶席（会）的主题、茶事活动的主题相符合，力求有效地衬托主题。例如，进行“唐代宫廷茶礼”表演时，表演者的服饰应该是仿唐代宫廷服饰；进行“白族三道茶”表演时，应着白族的民族特色服装；进行“禅茶”表演时，则以禅衣为宜，以此类推。

图 6-2-3 仿宋茶席

图 6-2-4 民族服饰

▸ **拓展讨论：你知道现在的茶服是经过多少次的演变才呈现出今天的样子吗？**

讨论要点：

古今茶人服饰的演变。

（二）茶人的发型

茶人的发型不仅是其个人形象的体现，更是展示其专业素养与文化气质的重要组成部分，整洁干净、符合个人脸型与气质、避免过分修饰与怪异发型、符合场合与环境是茶人在发型上的基本要求。男士发型要求：发不遮眼、发不掩耳、发不触领；女士发型要求：发不遮眼、发不掩耳、发不过肩；女士常见发型：束发、编发、盘发。

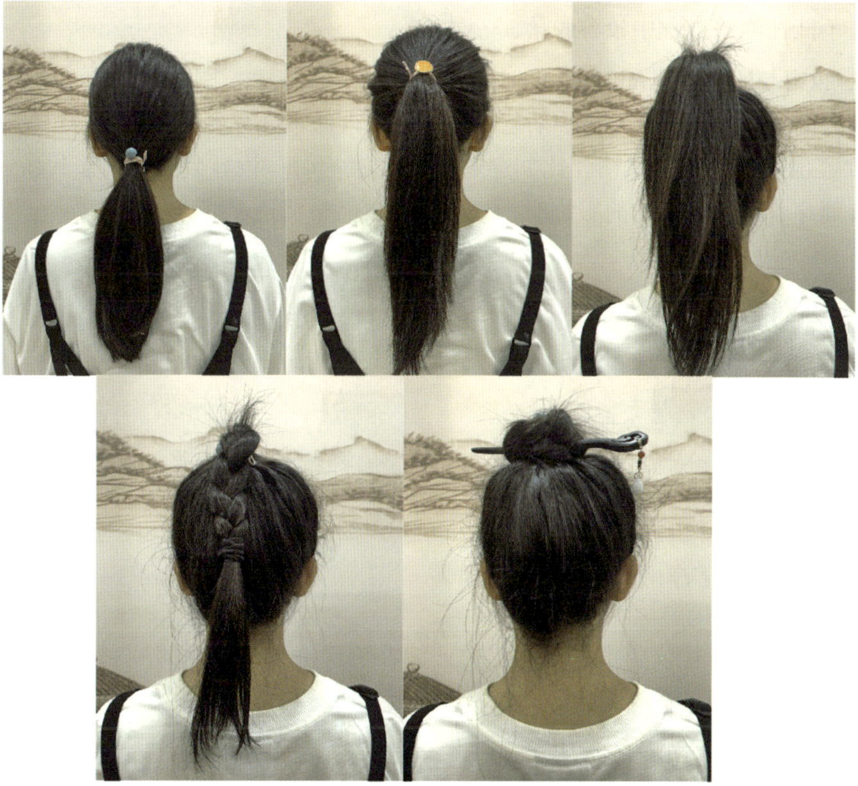

图 6-2-5 女士常见发型

▸ 拓展讨论：不同服饰场合对应的发型都有哪些？如何运用发饰？

讨论要点：

1. 依据主题、场合、服装、个人气质选择发型。
2. 依据主题、场合、服装、个人气质选择发饰。

（三）茶人的妆容

茶人的妆容须是自然、淡雅、协调的，有别于一般的女士化淡妆，茶人化妆是为了表现自身的专业素养和文化底蕴。从妆容的选择到搭配都要显示出一种特有的魅力和风姿。

1. 妆容的协调性

茶人妆容应做到协调，其色彩以自然色系为主，不能太艳丽和夸张，其妆容应保持自然、淡雅，不能过分修饰，不能太夸张。茶人在化妆时应保证其妆容持久、防水，不能在泡茶过程中妆容脱落。

2. 妆容与服饰的搭配

茶人的妆容与服饰要协调。茶艺表演中的茶人通常会穿着具有传统特色的服饰，因此妆容也应符合这种风格。比如穿着汉服或旗袍时，妆容会更偏向于传统、典雅一些；而穿着现代、简约的服饰时，妆容会更自然、清透一些。

▸ 拓展讨论：茶艺师要不要化舞台妆？

讨论要点：

1. 一般而言日常淡妆即可。
2. 特定主题、特定表演场合，如有明确的要求，根据需要可以化舞台妆。

二、优雅的礼仪养成

茶事接待中的礼仪要求是多方面的，旨在确保会议、活动的顺利进行，同时展现良好的专业形象，原则是尊重、专业与细致。

（一）签到礼仪

我们常说“良好的开端是成功的一半”，签到环节是绝大部分茶事的开始阶段，签到过程已经成为一个调整情绪、转换身份认知的特殊节点，是客人对于茶事活动建立良好第一印象的重要内容。因此，签到处的设置及签到人员的形象需更加注重仪式感、艺术感。一方面，通过设计毛笔签到、花（香）水净手、插花养眼、背景吸睛等来实现；另一方面，需要负责签到的茶人用微笑的表情、热情的语言、优雅的手势（表达“请进”“请跟我来”）和必要的工具，如遮阳伞、雨伞等多种元素综合应用，力争通过这一环节，得到良好的第一印象，并帮助茶客融入茶事活动的氛围中。

图 6-2-6 国际茶日签到处（供图：广西职业技术学院）

（二）席间礼仪

1. 基本姿态

（1）站姿

茶人待客及茶艺表演时，站姿应表现为：双脚并拢，身体挺直，头上顶而下颌微收，眼平视，双肩放松。女性可采用小丁字步，双手虎口交叉，置于腰际；男性则双脚呈外八字微分开，双手交叉自然下垂，手心向内，五指并拢。

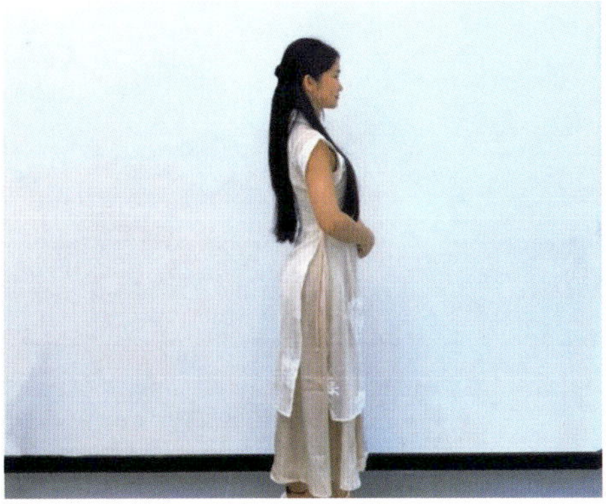

图 6-2-7 站姿

（2）坐姿

茶人坐在椅子上或凳子上时，必须端坐中央，使身体重心居中，双腿膝盖至脚踝并拢，上身挺直，双肩放松，头上顶而下颌微敛。女性双手搭放在双腿中间，男性双手可分搭于左右两腿侧上方。全身放松，眼神安定、集中，姿态自然、美观。

图 6-2-8 坐姿正面

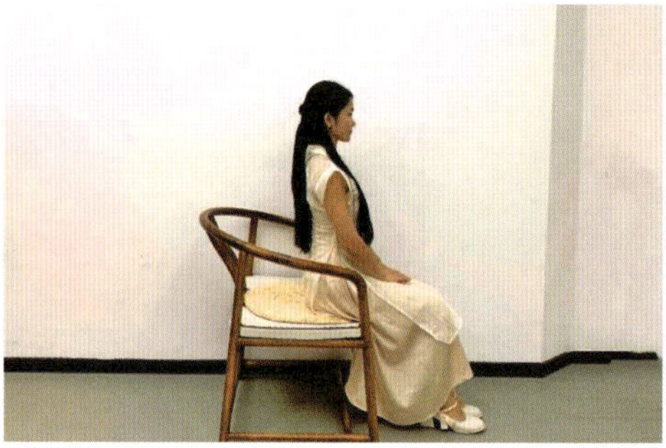

图 6-2-9 坐姿侧面

（3）走姿

茶人走路时应走直线，转弯时要自然。上身不可刻意扭动摇摆，保持平稳，双肩放松，头上顶而下颌微收，两眼平视。走路时速度均匀，给人以稳重大方的感觉。

（4）鞠躬礼

鞠躬礼通常是茶艺人员在迎宾、茶艺表演及送客的时候使用。行礼时，上半身由腰部起前倾，头、背与腿呈近 150° 的弓形略作停顿，表示对对方真诚的敬意，然后慢慢起身。

（5）伸掌礼

伸掌礼是茶事活动中常见的礼节，主要用于介绍茶具、茶叶、赏茶和请客人品饮或传递茶杯等。行伸掌礼时，手指要四指并拢，大拇指往内靠，右手由胸前自然向右前伸，手心向上，同时讲“请”“请观赏”“谢谢”等。

图 6-2-10 伸掌礼

2. 沏泡过程

（1）温杯烫盏

泡茶前，要当着客人的面温杯烫盏。将沸水倾入紫砂壶、公道杯、闻香杯、品茗杯中，有消毒净具之意，也有提温的作用，使泡出的茶汤更香。

（2）投茶与冲泡

将茶叶放入茶壶中（称为“乌龙入宫”），然后倒入沸水。冲泡时，可采用“凤凰三点头”的手法，即手提水壶高冲低斟反复三次，寓意是向客人三鞠躬表示欢迎。

（3）分茶与奉茶

将泡好的茶汤倒入公道杯中，再分别倒入客人的闻香杯或品茗杯中，就是分茶。分茶时，应“茶七酒八”，即七分满为宜，表示对客人的尊敬。奉茶时，要用双手将茶杯递到客人面前，并注意手指不要接触杯沿。

3. 品茶与交流

（1）品茶礼仪

客人接茶后，应先闻茶香，再慢慢啜饮。品茶时，可用三指取品茗杯，分三口轻啜慢饮，然后放下。在谈话交流期间，可以继续如此品茶，显示茶在交流中的地位和重要性。

（2）交流礼仪

在品茶过程中，可以适时与主人或客人交流对茶叶、泡茶技艺和茶具的感受、看法。交流时应保持礼貌和谦逊的态度，避免争论或批评。

4. 其他注意事项

（1）茶具摆放

茶具的摆放应整齐有序，图案面向客人，表示对客人的尊重。放置茶壶时，壶嘴不能正对客人，否则表示请客人离开。

（2）水温与冲泡时间

水温的选择和冲泡时间的控制对茶汤的品质有很大影响。应根据茶叶的种类和品质选择合适的水温和冲泡时间。

（3）续茶与换茶

与客人聊天时，要随时留意客人杯中的茶量。茶杯过半就要及时续茶。如果茶的滋味变淡，应及时换茶以示尊重。

（4）结束礼仪

品茶结束后，应对主人的茶叶、泡茶技艺和精美的茶具表示赞赏和感谢。在告辞时，要再一次对主人的热情款待表示感谢。

实训任务

请以小组为单位，抽签完成以仿古（唐、宋、明、清皆可）、现代、民族（白族、藏族、蒙古族）、异国（英国、韩国、摩洛哥等）四个为主题方向的茶人形象设计。

（一）实训指导要点

选择符合主题、季节、场合、在地文化等的服装、配饰、发型和妆容，进行综合设计。

（二）评分标准

表 6-2-1 茶人形象评分标准

序号	项目	满分	要求和评分标准	配分	扣分	得分
1	妆容	40 分	自然与淡雅	10 分		
			妆容整体干净，无浮粉、脱妆现象，与主题贴合	10 分		
			与自然和在地文化相协调	10 分		
			发型应自然大方，与服饰相协调	10 分		
2	服饰	40 分	款式简洁大方，符合茶人的身份、气质，颜色以淡雅为主，与主题、季节、在地文化相协调	15 分		
			材质透气性好、剪裁得宜	10 分		
			搭配合理，整体协调统一，细节处理到位	15 分		
3	综合	20 分	整体形象	10 分		
			整体与主题契合度	10 分		
总分	100 分					

思考与练习

一、简答题

1. 茶人在传承和发扬茶文化的过程中，如何处理传统与创新的关系？

2. 举例说明茶人形象设计的三大要素。

二、单项选择题

1. 茶艺师在服务过程中，下列（　　）选项的站姿最符合专业规范。

A. 双脚交叉站立，显得随性自然

B. 双脚并拢，双手自然下垂，背部挺直，面带微笑

C. 随意倚靠在茶桌旁，以显亲切

D. 单脚站立，另一只脚轻轻点地，以展现灵动

2. 茶艺师在泡茶过程中，关于发型与妆容的注意事项，以下（　　）描述最准确。

A. 发型可以随意变换，妆容也应跟随潮流不断变化

B. 发型应简洁大方，妆容应自然淡雅，避免过于浓重

C. 使用强烈的色彩和复杂的发型来突出个性

D. 发型和妆容无须特别讲究，重点是泡茶技巧

三、判断题

1. 在宾客到达之前，应确保所有茶具已清洗干净，并摆放整齐。（　　）

2. 茶人只要学好自己的专业就可以了，其他知识无关紧要。（　　）

项目六·任务二·参考答案

参考答案

项目七

茶会的策划与营销

思维导图

项目七 茶会的策划与营销

- 任务一 茶会的策划
- 任务二 茶会的营销

学习目标

知识目标：

· 掌握茶会策划方案的内容和技巧；

· 掌握茶会营销的基础知识和策划要点。

能力目标：

· 能够撰写雅集茶会、茶事活动的主题策划方案、项目策划方案；

· 能够策划茶会营销方案，尤其是海报、邀请函、推文、短视频。

素养目标：

· 培养精益求精的专业精神、耐心细致的职业品质、灵活机动的处事能力；

· 培养创新思维，提升审美意趣。

项目导读

围绕茶会策划与营销项目开展，学生掌握茶会策划方案及现场执行要点、技巧，了解茶会营销的概念、特点及方法，内容包含茶会概述、策划、执行、营销策划、数字化营销、阶段化营销、趣味化营销、多元化营销等方面，让学生撰写茶会主题策划方案及项目策划方案，完整实施活动接待与开展，具备现场把控能力，为茶会活动策划营销方案，如制作海报、邀请函、推文、短视频等。此外，还注重培养学生精益求精的专业精神、耐心细致的职业品质、灵活机动的处事能力、创新思维和审美意趣。

▶ 拓展阅读

《端午雅集·茶香四艺——茶文化四进系列活动》案例

任务一　茶会的策划

任务导入

小张是狮峰龙井的负责人，恰逢西湖龙井上市，北京有一批重要的客人前来参观访问，小张想设计一场以西湖龙井为核心的唯美茶会，给北京的客人留下美好的印象，不仅要先着手进行茶会策划方案的撰写，更要落实实施开展，工作量巨大，小张一筹莫展，请你帮帮她。

一、茶会的概述

现代茶会是指一种基于古代文人雅集的风雅理念，以茶为载体，融入了多种文化元素的集会。同时，茶会也是文人交流信息、探讨学问的场所。现代茶会的发展也分为不同的类型，可以按照组织形式、组织目的进行分类；按照组织形式的不同可以分为茶席式茶会、曲水式茶会、礼仪式茶会、环列式茶会；按照茶会组织目的的不同可以分为主题茶会、斗茶会、奉茶会、禅茶会等。

（一）按照组织形式分类

1. 茶席式茶会

茶席式茶会主要是在庭院或户外设置茶席，此类茶会以席入会，一席一桌；由一位茶艺师招待、安排入桌的饮者，茶艺师不离席奉茶。茶席式茶会又分为品格席茶会和流水席茶会。

（1）品格席茶会

品格席茶会使用方桌比较多，方桌比较方便布置茶席、奉茶和安排宾客。这样，茶会场面便形成了错落有致的格块状，茶人们在不同的方格里品茶，故以品格席茶会命名。

图 7-1-1 品格席式茶会

品格席茶会每席至少设一名茶艺师，宾客就座于茶艺师对面，入座后宾客基本不走动。

品格席茶会是一个主题茶会，一般都设舞台，主题内容就放在舞台上展现。若要有一段时间的表演，品格席茶会就会准备 2 ~ 3 种茶来招待客人，并配以不同的茶点，要保证每人都能完美地品尝到每一道茶。舞台上除主人说明主题外，大都会安排一些与茶文化气氛相近的艺术表现形式和艺术内容，如古典器乐、经典戏曲、吟诗泼墨、主题茶艺等表演。

（2）流水席茶会

流水席茶会的茶席是固定的，奉茶时茶艺师不离席，茶艺师本身就是茶席之美的构成。宾客是走动的，宾客在任何一个茶席前都可以品尝到茶艺师即时奉上的茶，宾客犹如一道流水绕行在各个茶席之间，故称为流水席茶会。

图 7-1-2 湖畔茶会

流水席茶会的举办有室外和室内两种类型，以室外的更为经典。室外的流水席茶会，一般选择在风景宜人的公园、广场、庭院等离市民的生活稍近一些的公共场所。地点的选择要符合以下两个因素：一是尽可能满足茶席设计对环境的要求，竹、树荫、远山、桥、廊等都可作为茶会环境元素；二是实现茶会能被大众关注和分享的目的，在交通较便利、人流较聚集的地方办茶会，可保证参与者的人数。

2. 曲水式茶会

曲水式茶会乃沿承古代“曲水流觞”的格局加以修改而成，受到唐代吕温的《三月三日茶宴序》一文之启发而将名称定为“曲水式茶会”。

曲水式茶会一般是在风景宜人的庭院、林园或山野，利用现有的水道，或引进一条坡度不大的曲水举行。茶会选在水流速度不急、水面与岸边的高度差距不大的地方。水道上下游有相对宽阔的平坦空间便于备茶。与会人员可以自由选择落座两岸任意地方，也可由主办单位事先备好标示，抽签决定座位。

与会茶友依次序到上游泡茶，将冲泡好的茶汤放于羽觞上，再放在水面由与会人员自行取茶品饮。与会茶友从羽觞上取茶盅倒茶，每次以一杯为度，还想再喝就等下一批到来。每一组的奉茶，应考虑让全体与会者都能喝到。如何节制地享用饮料、食品，处处为他人着想，是曲水式茶会的精神之所在。曲水式茶会是一种新颖的品茗形式，既有趣又风雅。

图 7-1-3 曲水式茶会

3. 礼仪式茶会

礼仪式茶会有较严谨的仪式，通常用来表达特定的意义，典型的代表有四序茶会和寺院茶会，下面介绍一下四序茶会。

四序茶会是用来表达四季运转自然规律与变化的茶会。它是由我国台湾地区的林易山先生于 1990 年创立的，用以推广茶道艺术与礼仪，是一种群体修行的茶会。在茶会的茶席上，表现大自然的韵律、秩序、生机，培养茶人敬天地、爱护大自然以及与大自然同在的决心。

四序茶会的会场内，挂有烘衬茶会主题精神的茶挂。茶席的布置为正四方形，茶桌和正中央的花香案铺以青、赤、白、黑、黄等五色桌巾，这象征着四序迁流、五行变易。青、赤、白、黑四个茶桌代表春、夏、秋、冬四个季节；正四方形茶桌后面设有 24 把座椅，象征着 24 个节气。

四序茶会设有司香、司茶等。四序茶会有着非常严谨的礼仪程序，茶会开始前司香、司茶于入口迎宾，随着缓缓的乐曲（演奏或播放乐曲），主人引茶友入席就座。司香入席，立于花香案前，行香礼，退席；司茶四人捧插花入席（四位司茶手捧的插花代表春、夏、秋、冬四季），就位，立于茶席后，行花礼，就座，沏茶；司茶奉第一道茶、第二道茶、第三道茶、第四道茶；司茶收回茶友茶杯、茶托；司香入席行香礼，退席；司茶入席行花礼，退席；司香、司茶列队恭送主人、茶友离席；乐止。人们在这样一个宁静、舒适的茶空间，通过茶艺、茶道、茶礼的熏陶，完全将自己融入大自然的韵律、秩序和生机之中，既品出了茶的真趣味，又彻底得到了放松。

4. 环列式茶会

环列式茶会是指大家围成一圈泡茶的茶会，环列式茶会的典型代表为无我茶会。

无我茶会组织的关键要素是围成一圈、人人泡茶、人人奉茶、人人喝茶；参加茶会者自备茶具、茶叶与泡茶用水，抽签决定座位，事先约定泡茶杯数、次数、奉茶方法，并排定茶会流程；参加茶会者依同一方向奉茶，席间止语。

（二）按组织目的分类

1. 主题茶会

主题茶会是围绕某个主题，由茶品、茶席、插花等构成的以文化传播为主要目的的茶会活动。

主题茶会，是围绕单个或一系列既定的主题举行的，向与会者提供茶艺展示、茶的品饮和文化交流活动。主题茶会十分注重内容和形式，往往通过一系列茶席设计作品来渲染现场气氛，并通过作品的动态演示，使人们投入其中，通过参与、观察和联想，融入所设定的文化氛围和艺术空间中，实现茶文化的交流和传播。

2. 斗茶会

历史上斗茶活动起源于唐代，在每年新茶进贡之前，名流大家对新茶进行斗新，上品作为贡茶，这是贡茶惯例。至宋代，斗茶活动十分盛行，并产生了许多与斗茶相关的热榜名词如茗战、茶百戏、水丹青、咬盏等。当时的宋人从文人雅士到普通百姓，对斗茶会的活动高度热衷，最大限度地赋予茶生命力，追求泡茶的技艺，提高茶汤的观赏价值，丰富社会娱乐活动，满足精神上的享受。

当代茶界斗茶的形式更加多样，有仿宋斗茶、斗沏泡茶能力、斗鉴别茶汤能力、斗茶品、斗茶汤对茶样等。如每年举办的武林斗茶大会，自 2011 年至今，已经成为国际斗茶盛会。斗茶活动可促进茶人之间的交流，提升茶人对优质茶品的认识，提升茶人茶叶品鉴的能力。

3. 奉茶会

奉茶会最典型的特征是茶艺师离席奉茶，是面向大众或特定人群的茶会。奉茶会分两种类型，一种是主题奉茶会，另一种是日常奉茶会。

主题奉茶会，如以敬老、敬师、感恩等为主题的奉茶活动，茶人因为某个活动主题而聚集到一起。参与泡茶的茶艺师和接受茶品的人员都是相对特定的人群，如浙江省茶叶学会数十年来每年都举办的敬老茶会，是非常有影响力的奉茶会。

日常奉茶会可以选择在宽敞的大厅、广场、校园等场所设立若干茶席，向市民奉上用心沏泡的茶汤，给人们的日常生活增添如茶汤般的温馨。日常奉茶会举办的场所一般比较宽敞，观众能从任何一个角度来观察茶席。因此，对茶席、茶艺也就有了特定的要求。首先，茶席要有美感，能让人关注到奉茶会之美，从而进入茶会的氛围；其次，茶艺技法要娴熟，让观众能欣然而踊跃地接受一杯完美的茶汤；最后，奉茶要恭敬，茶艺在某种程度上是一场礼法的教育，礼节在任何场合都是茶艺师极力去实践体现的。如由杭州市人民政府与中国茶叶学会、中国国际茶文化研究会等主办的全民饮茶日的奉茶活动，就是典型的日常奉茶会。

4. 禅茶会

禅茶会参与对象由法师、僧人、茶艺师、茶艺爱好者等构成，讲究主客之茶与禅的心灵互通，感悟平凡人生真谛，是以弘扬茶文化、和谐圆满为主要内容的茶会。

禅茶会是与佛教密切相关的茶会活动，是将茶与禅密切联系起来的茶会。首先，茶会的举办者和部分参与者是寺院僧人；其次，茶会的举办地点在寺庙。例如，杭州灵隐寺举办的云林茶会就是典型的禅茶会。云林茶会实际也是唐代兴起的文人雅集茶会的延续和发展。

二、茶会的策划

（一）茶会主题策划

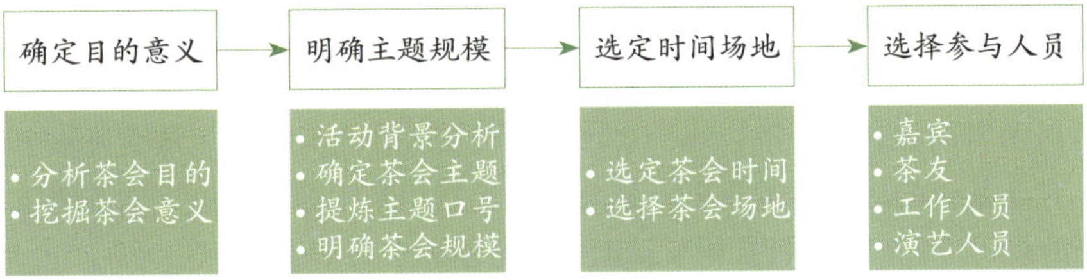

图 7-1-4 雅集茶会主题策划流程图

1. 确定目的意义

每一场茶会策划之前首先要明确策划方举办茶会的意图，是公益性质的茶文化推广、传统文化交流，还是具有商业目的的茶品品鉴交流。同时这一活动的举办对于受众有什么意义，如学习到更多的茶文化知识、感受到传统文化的魅力。

2. 明确主题规模

（1）活动背景分析

活动背景分析中首先是分析茶会活动当地的社会发展和经济水平，主要包括人们的文化素养、收入水平、消费偏好等，这一分析可以判断当地消费者的消费能力和消费喜好，同时这一分析也将影响到活动的质量和规模。

其次是分析当地资源亮点，对活动地的历史文化资源、自然资源、传统节日资源等进行分析，挖掘文化、历史、自然等资源的优势，并进行深入挖掘，寻找资源的亮点。

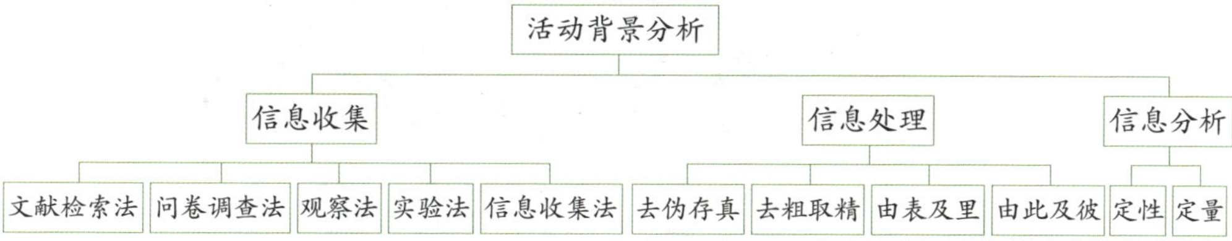

图 7-1-5 活动背景分析步骤

（2）确定茶会主题

通过分析当地社会发展、经济水平以及传统文化资源、历史资源，挖掘与茶会活动相匹配的文化要素，以确定相应的茶会活动主题，丰富活动项目等；通过分析传统节日，选择与茶会活动举办时间的节日，茶会活动举办的时间等；通过分析自然资源、气候发展等，选择茶会适用的茶品、茶点等。如需要在 4 月份举办茶会，可以选择和挖掘谷雨节气，与传统节气结合举办茶会；也有企业为了推广茶产品、茶文化，会选择在中国传统节日举办茶会，如中秋节、重阳节茶会等，茶与传统节日和活动结合，茶会活动的内涵容易挖掘和提炼。也有茶会和诗歌、艺术相结合。如图杭州上城区茶文化研究会举办的端午雅集茶会，主题就是端午雅集、茶香四艺。

图 7-1-6 杭州市上城区茶文化研究会端午茶会

（3）提炼主题口号

主题口号其实是对主题的概括性宣传语。主题与口号具有本质性的区别，活动主题是内涵且隐晦的，是把丰富的含义藏于字里行间，需要细细品味、仔细琢磨才能领会；而口号是口语化的、直接的、简单的、能够朗朗上口的、具有一定鼓动性的、贴近受众心理的宣传语，所以对于口号的要求会更高，不但要有内在含义，而且还要能够让人立刻意会，并且备受号召，愿意积极参与进来。如 2022 年杭州素业茶院无垠茶会的主题口号“一岁一礼，一寸欢喜”；又如 2021 年浙江旅游职业学院 2019 级现代学徒制班的结业茶会的主题口号“青衿之志・赓续初心”。主题口号的语言一般具有深刻、新颖、鲜明、刺激和简单等特点。

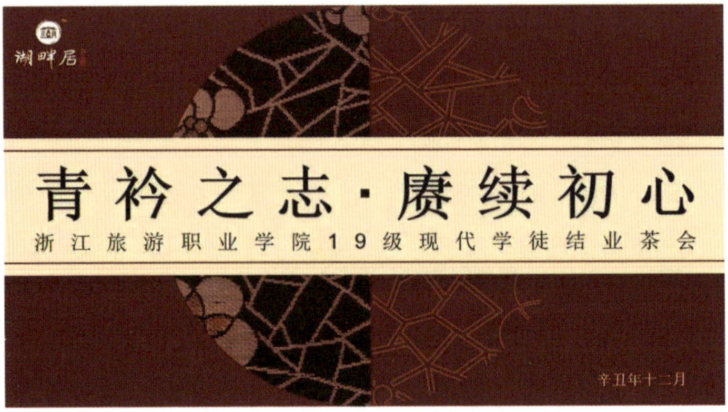

图 7-1-7 湖畔居现代学徒结业茶会

（4）商定茶会规模

茶会活动主题确定之后，可以根据茶会目的意义、资金预算、活动场地考虑茶会活动的规模，也就是邀请多少人来参加此次茶会。一般雅集茶会以 20 人左右为宜，人数过多会影响茶会的效果。

3. 选定时间场地

（1）选定茶会时间

活动时间是活动要素中极其重要的一部分，活动时间一般包括活动日期、时刻、时长和时限等。

首先，茶会日期的选择要考虑以下几个要素：人的因素、场地因素、事件因素和节假日因素。人的因素是茶会时间考虑关键嘉宾的时间安排；场地因素是指选择茶会的场地是否与其他活动相冲突，也就是选定的场地是否有时间来承办这个茶会；事件因素是指在活动举办的日期内是否与其他同类性质的活动或其他大型活动相重叠；节假日因素是指一般茶会活动会选择节假日举行，这样可以吸引更多的茶友有空闲时间加入。

其次，时长，指的是一次活动时长，一般雅集茶会是 2 ～ 4 个小时。

再次，时刻是活动开始的时间，例如 18:00 ～ 21:00。

最后，时限是指活动开始的倒计时，一般举办单位会用时限来管理活动的筹备进度，选定茶会时间也是要考虑的。

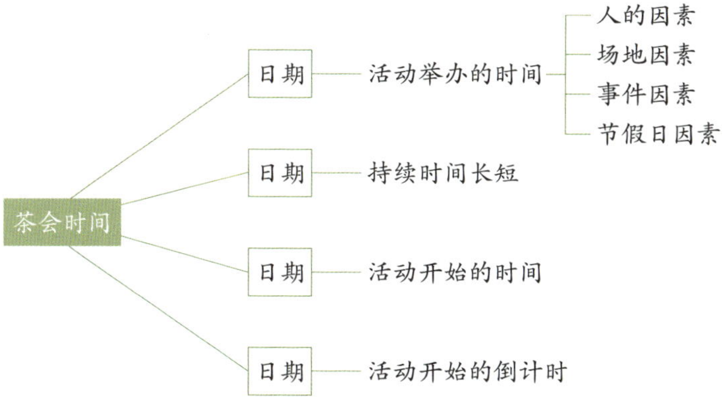

图 7-1-8 茶会时间的选择技巧

（2）选择茶会场地

根据活动目的、活动主题和活动主办方的意图等来选择活动的场地，以雅静的茶空间首选，如果资金到位，也可以在宽阔的空间内进行营造雅致的环境氛围。一般雅集茶会会选择在室内，也有一些会选择在室外幽静的场所，室外环境要求会比较高，一些配套的设施条件也要满足。

4. 选择参与人员

活动人员选择是指根据活动的主题和目的，确定活动的参加人员，参加活动的人员中有嘉宾、茶友、演艺人员、工作人员。

首先，嘉宾是活动中非常重要的人物，邀请嘉宾时一般会考虑彰显权威、形成名人效应和圈子联动。

其次是茶友，举办活动的关键目的就是为了给茶友传递信息和理念。当然，每一位茶友参加某次活动都需要花费一定的时间成本和经济成本，好的活动一定要保证活动中茶友得到的收益大于茶友花费的成本。要想吸引茶友参加茶会，一个“名正言顺”的活动主题是再好不过了。

演艺人员：茶会活动开展需要有一些茶趣活动的支撑，除了茶艺展演外，花艺、乐器、朗诵等人员表演丰富了茶会活动的内容，因此演艺人员的选择很关键。

工作人员：茶会活动的举办需要工作人员的支持，如果本单位工作人员不够，可以招募一些志愿者进行协助。

（二）茶会项目策划

雅集茶会主要以茶为载体，传播茶文化或传统文化为主要内容，茶会的形式不同，茶的种类和冲泡的也不一样。一般情况下雅集茶会一般会品鉴 3 ~ 5 款茶品，每款茶品都会配有茶点。为了让茶会活动内容更丰富也会在两款不同的茶品之间会穿插一些茶知识分享或传统文化的项目，可以称之为茶趣活动。茶会项目中根据内容分有茶叶品鉴、茶点品尝、茶趣体验，因此在活动项目策划时茶品的选择、茶点的搭配和茶趣设计很重要。

1. 茶品的设计

在茶会活动中，一般会根据茶会举办的时节、邀请的来宾、茶会的主题等要素选择合适的茶品，根据茶会时间的长短来选择不同茶品的数量。

（1）根据时节选择

在茶会茶品选择中，举办的时节不同，选择的方向也不同，如春天新茶上市时，以选择当年上市的新茶为主，绿茶或花茶等是当地时节茶会的首选。夏天，除了绿茶以外，新鲜的白茶也可以消暑；秋天可以选择季节性的茶，如桂花龙井，也可以饮乌龙茶，相对温热适中。冬天以黑茶、红茶、老白茶等为主，茶品甘温，可以生热抗寒。

（2）根据来宾选择

一般茶会根据不同的来宾选择不同的茶品，可以从来宾的性别、年龄、地域、专业程度等方面进行考虑。因为男性和女性喜欢的茶品不太一样，女性可以选择清淡、甜醇不同的茶品，如白茶、红茶等；男生可选乌龙或黑茶类的茶；根据客人的地域不同，如果来自产茶地之外的，肯定要选当地的名优茶奉给宾客。

（3）根据茶会主题选择

茶品的选择根据茶会的主题进行，不同主题的茶会茶品选择会不一样。比如以女性为主题的茶会，可以甜醇的茶为主。

（4）根据企业需要选择

企业为主承办的茶会往往会是茶新品的品鉴会，因此品鉴会选择用的茶品当然是以企业想要推广的茶为主了。

茶会中会根据茶会时间的长短选择不同数量的茶品，一般会选择 3 款或 5 款茶品。2 个小时左右的茶会一般会选择 3 款茶，2 个半小时到 3 小时的茶会可以选择 5 款耐泡的茶品。在上茶品顺序安排上，一般按照发酵程度由轻到重的茶，年份上新茶到老茶的顺序设计，这样品鉴时口感可以由淡到浓，宾客可以更好地感受不同茶品的香气和口感。

2. 茶点的设计

在茶会进行过程中，适当的茶点不仅可以缓解饥饿和醉茶的感觉，还可以增进茶会的情趣，特别是精致的茶点，更能衬托出茶味，需要注意的是，在选择茶点时，味道不能太重，过于刺激的茶点会影响品茶人的味觉。过甜、过咸、过油腻的点心、坚果、水果等不宜做茶点，辣、麻、酸、苦等刺激性强的食物也不宜做茶点，清淡适口，而低糖、低盐、低油、不影响茶味和茶香的健康食品是茶点的不二之选。五味调和，清新淡雅，适口的点心、水果、坚果都可以和茶搭配。

水果类的茶点一般以一口食的水果比较适宜，大块的水果可以切块食用。无需剥皮、吐渣、吐籽的水果优选。

坚果类的茶点可以选择枣、去皮核桃等无需剥壳的坚果优选。

点心类的茶点可以选择一般的糕、饼等不易掉屑的食品优选。

图 7-1-9 杭州素业茶院茶点

图 7-1-10 茶菓子（摄影：董颜）

图 7-1-11 山楂条（摄影：董颜）

3. 茶趣活动设计

茶趣活动项目在策划时需要遵循以下几个原则：符合主题、创新性、体验性、效益性、可操作性和丰富性。

茶趣活动设计，是围绕主办方活动目的、活动主题策划活动项目，并选择活动项目，完善活动项目的过程。活动项目设计一般有以下四个流程：创意风暴、创意筛选、创意完善、创意模拟。

（1）创意风暴

首先是创意风暴，是在活动主题、活动目的、活动背景等相关要素的指导下，策划小组成员将所有想到的创新点子集中起来，不断挖掘新的点子和激发新创意的过程。团队中需要有一人将所有点子进行记录，最后将大家的点子进行整理。创意风暴是一场完美活动的初始基础。

（2）创意筛选

创意风暴之后就是创意筛选，是指在经历了前面的发散性联想之后，对活动项目会形成一些初步的想法。充分结合主办方的活动目的、活动主题、活动资源或成本，综合去考量这些活动项目，筛选最符合活动的项目。

（3）创意完善

在创意筛选出活动项目之后，接下来就是完成活动项目的细节了。创意完善细节时需要将活动简介、活动形式、活动物料、活动人数、活动场地、活动时长进行思考和整理，如案例“卧底找找找”活动项目。

▶ 拓展阅读

茶会活动项目——卧底找找找

（4）创意模拟

创意模拟是活动项目策划到执行的过程，是活动细节设计好以后的完善阶段，通过将设计好的活动模拟展示一遍，来观察整个活动的环节设计、物料准备、展示方法和手段等还存在哪些问题，如果有问题及时完善和补充，争取达到最佳的效果。

4. 接待方式设计

茶会的接待可以给人以良好的第一感觉，因此独特和雅致的接待可以吸引客人的注意，并让客人很快地融入茶会氛围中。目前小型雅集茶会中接待主要有签到、净手、迎客茶三个环节。

首先是签到，签到方式目前比较流行的方式有用毛笔和宣纸或签到册签到，凸显书香氛围；也可以用签到笔进行签到；签到席的设计也很关键，可以简单也可以用插花、宣纸等进行氛围的营造。

图 7-1-12 2021 年素业茶院“吾为新年赋新能”茶会签到席

其次是净手，净手入席对于一个茶会来讲是庄重的仪式，通过签到进入净手，除了洗去手中的异味和除菌的目的外，还可以让人净心，从一个喧嚣的世界进入一个清幽安静的空间，让人安静下来，静心品茶、习茶。目前在净手的方式设计上有用菊花、金银花、茉莉花等煮水净手，净手的水中加入花瓣，不仅有仪式感，如有些花还会有除菌、消炎的功效。

图 7-1-13 “半盏清茶 一品龙坞”茶会净手席

迎客茶：小型茶会活动中一般会为客人准备一道迎客茶，客人一到茶会现场或入座时便奉上，一般迎客茶会用煮好的老白茶，这个相对比较方便准备。

5. 茶会流程设计

活动流程设计的主要目的是要观众对整个活动产生良好的记忆，最终达到茶文化传播的良好效果。为了吸引观众的注意力，强化记忆力，主办方在设计活动流程时应该考虑动静结合、观赏类与互动类结合、充分运用五感调动观众的注意力。

（1）茶会流程设计

动静结合：是相对安静的展现和有规律的律动节目相结合；如小型茶会中的插花、书法可以视为相对安静的活动项目，舞蹈、游戏等可以视为动的活动项目，通过动静结合来吸引观众的注意力。

观赏类与互动类结合：以演艺人员表演为主的观赏类活动和观众可以参与其中的互动类的茶趣活动项目结合，可以调动观众的情绪，增强观众对活动的记忆。

五感相结合：茶会活动项目开展时可以通过充分调动茶友的视觉、听觉、触觉、味觉和嗅觉五大信息通道增强茶友对活动的关注。视觉主要是通过活动场地氛围营造、茶艺师的展演来实现，听觉通过舒缓悠扬的音乐来实现，触觉可以通过触摸茶具等实现，味觉和嗅觉主要可以通过闻茶汤、品茶滋味等来实现，让参加茶会的茶友调动五大感官系统，留下良好的参与体验。

（2）茶会节目单设计

活动节目单是节目流程的安排，对于现场的嘉宾和工作人员具有指导意义。嘉宾茶友手中的节目单需要符合主题、雅致美观、简洁明了。

凸显活动主题：节目单在设计的时候需要符合茶会活动的主题，不论是节目单所选纸张的底色、背景、装饰等，都要选择与主题相关的元素，也可以与海报、邀请函等统一色调或呈系列出现。

设计雅致美观：嘉宾手中的节目单还需要经过设计，符合茶文化或传统文化的内涵，以雅致美观为主。排版可以是横版，也可以是竖版；字体方面如果可以，毛笔字等手写的比打印出来的更引人注意。

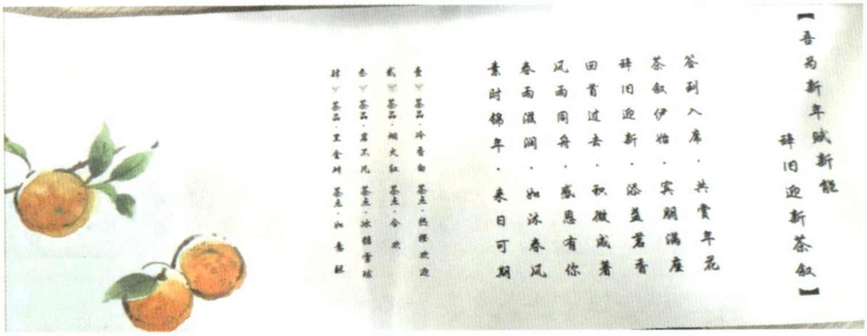

图 7-1-14 杭州素业茶院“吾为新年赋新能”节目单

内容简洁明了：嘉宾手中的节目单内容要简洁明了，主要是让嘉宾们了解活动的名称、开始时间、结束时间、茶会流程（节目）、主持人、节目演绎人员等。

6. 任务的分解与落实

全方位地把握茶会的任务，并能将任务进行梳理分解，进行工作的分配，并制订合理的时间管理计划。只有将具体的任务进行分解，落实到人、落实到岗，才能保证每一场茶会活动的顺利开展。

（1）分解工作步骤

每项茶会活动的内容各不相同，但整体的活动任务大致相同，活动任务分解时可以根据时间顺序，分为活动前期、活动中期、活动后期三个阶段进行。

活动前期是指活动执行过程之前，从策划、筹备到宣传的过程。主要任务有活动策划、活动营销推广、活动物料筹备、活动场地设计。

活动中期是指活动正式开始到结束这个阶段，主要包括活动接待、热水管控、活动执行（演艺）、宣传推广（新闻影像）、后勤保障。

活动后期是指活动结束后的总结、评估阶段，主要包括后期宣传推广、活动总结、资料归档等工作。

（2）分析工作内容

活动主题不同，工作内容不相同，但是工作内容框架大致相同，根据前期活动工作步骤的分解，分析每项工作的内容。

（3）关键工作专人负责

根据分析的工作内容，合理安排工作人员，确保每项工作都有专人负责。每一项关键工作都必须要专人负责，尽量避免把工作的责任给予多人组成的团队，否则可能会导致无人负责。

（4）明确时间进度

根据活动最终确定的时间，前推每项工作必须完成的时间，但是在制定工作时间进度时，要将工作完成时间提前，尤其需要确定关键工作的最后期限，以防突发事件发生或有些人工作拖延，以确保所有工作能在最后工作期限内完成。

（5）检查工作进度

工作计划制订好后，需要定期检查工作进度，以便在发现工作中的问题时，在保证活动正常进行的同时能及时调整工作内容。活动负责人需要定期向每项活动的负责人询问活动开展情况、活动进度、当前遇到的问题等，具体情况具体到人。这样做的目的一是督促工作的开展，二是发现问题，及时解决或调整工作的开展。

为了保证各项工作有序开展，可以在进度表中设计任务分工、岗位职责、工作人员、时间进度等事项，如表 7-1-1，通过设计工作任务进度表进行过程管理。

表 7-1-1 茶会工作任务进度表

<table>
<tr><th>阶段</th><th colspan="2">任务分工</th><th>岗位职责</th><th>工作人员</th><th>时间进度</th></tr>
<tr><td rowspan="11">前期</td><td colspan="2">筹备小组</td><td>成立筹备小组，明确负责人与策划、执行人员</td><td></td><td></td></tr>
<tr><td colspan="2">活动策划</td><td>策划总方案，分解活动任务分工，设计活动进度表、节目流程表</td><td></td><td></td></tr>
<tr><td colspan="2">宣传推广</td><td>活动预告、嘉宾邀请、媒体邀请</td><td></td><td></td></tr>
<tr><td rowspan="6">活动物料</td><td>接待</td><td>准备活动现场接待所需要物料，以及人员（迎宾人员、引领人员）安排</td><td></td><td></td></tr>
<tr><td>后勤</td><td>准备现场所需桌椅，协调搬运、音响、话筒等器材及泡茶器具</td><td></td><td></td></tr>
<tr><td>舞台</td><td>搜集背景音乐，协调音响、话筒，主持人等</td><td></td><td></td></tr>
<tr><td>表演</td><td>协调表演人员及其所需物品</td><td></td><td></td></tr>
<tr><td>嘉宾</td><td>嘉宾现场所需的桌椅、茶、台签、茶具、茶点</td><td></td><td></td></tr>
<tr><td>采购</td><td>统计现场物品，协调现场物品和采购活动现场缺少的物品</td><td></td><td></td></tr>
<tr><td colspan="2">场地设计</td><td>依据现场活动安排，设计场地布局图、氛围营造</td><td></td><td></td></tr>
<tr><td rowspan="6">活动中</td><td colspan="2">场地布局</td><td>器材搬运、场地布局</td><td></td><td></td></tr>
<tr><td colspan="2">活动接待</td><td>准备现场接待迎接、签到（工作人员）</td><td></td><td></td></tr>
<tr><td colspan="2">活动执行</td><td>按照节目流程表，协调节目进行（主持、后勤协助人员、音控人员）</td><td></td><td></td></tr>
<tr><td colspan="2">活动物料管理</td><td>活动所需要的器材（茶具、茶、服装等）管理</td><td></td><td></td></tr>
<tr><td colspan="2">活动茶水烧制</td><td>烧制茶水并为现场提供</td><td></td><td></td></tr>
<tr><td colspan="2">后勤保障</td><td>现场的器材、道具搬运与协调</td><td></td><td></td></tr>
</table>

续表

阶段	任务分工	岗位职责	工作人员	时间进度
活动后	后勤保障	整理活动现场、器材道具搬运		
	追踪报道	报道文稿准备与发布		
	总结评估	财务总结审核，活动总结评估		

7. 茶会物料的准备

列出茶会活动所需的所有物料，是保证茶会圆满举办的关键。在进行茶会策划时，活动物料工作人员需要协调其他各小组人员进行活动物料的统计，协调物料准备，包括列出详尽的物料清单，提出采购申请，联系相关店家租借等。一般情况下，活动物料准备中可以按照不同岗位工作人员准备活动物料，这样每小组需要的物料相对清晰，不会遗漏，见表 7-1-2。

表 7-1-2 活动物料准备表

序号	活动工作人员	物料准备
1	活动负责人	执行方案、活动进度表、节目流程表、任务分工表
2	宣传推广人员	活动营销方案、宣传板、宣传手册物料、邀请函
3	接待签到人员	签到台、签到名单、台签、纸笔、茶点、迎客茶准备
4	烧水控制人员	水、烧水壶、保暖水壶、接线板、电源、烧水茶桌
5	活动演艺人员	舞台、舞台背景、音响、话筒、电脑、背景音乐、主持人及串词、嘉宾致辞、主持人服装等；表演茶器具、道具、服装、音乐、茶、茶具、茶点
6	后勤保障人员	桌、椅、台签、茶席、节目单、活动宣传手册、茶点、茶器具等场景营造氛围物料
7	摄影人员	摄影摄像器材
8	物料管理人员	活动所需要的物料整理归档

三、茶会的执行

（一）合理布局茶会场地

1. 场地的合理分区

茶会活动场地选好以后需要对整个场地进行功能布局，一个茶会活动一般都要有以下几个区域：主舞台区、观众区、接待区、烧水控制区、物料区、音响区等。茶会活动组织与其他活动不一样，烧水控制区和物料区的设置十分重要，因此在活动筹备时，找到稳定电源的烧水区域十分关键。

根据活动的不同、活动场地的限制等，活动场地的布局各不一样，但是在布置之前，需要合理布局以上区域，这样便于活动有序地举行。

2. 场景的艺术设计

在选定的活动场所进行统一的整理和安排，并进行适当的装饰和氛围营造，我们称之为活动场景设计。茶会活动场景设计的主要关键点有以下：

（1）突出活动主题

活动场景设计中最重要的原则是突出主题，活动主题可以通过主背景营造、主题条幅、签到背景墙、活动导向系统中的指示系统、舞台设计等体现。

图 7-1-15 杭州上城区茶研会“端午雅集 茶香四艺”活动导向系统

（2）营造活动现场氛围

茶会活动现场氛围要突出茶文化和中国传统文化的特点——雅致，小型茶会活动现场氛围营造一般会通过精美的茶席、茶器具、插花、香道、挂画、古典音乐等来展现。

图 7-1-16 “仿宋点茶”活动（摄影：董颜）

（3）保障活动顺利进行的物料

活动场景设计中必须有保障活动顺利进行的物料，如茶器具、烧水备具等的器具等。

图 7-1-17 “仿宋点茶”活动物料器具准备

（4）宣传品牌形象

活动场景设计中必须包含可以宣传品牌形象的元素，如活动背景和海报等。

图 7-1-18 有美茶宴

（5）传达活动意图

活动场景设计中，传达活动意图是基本内容，所有的场景设计都需要围绕活动的目的和意义进行展开。

以上突出活动主题、营造活动氛围、保障活动顺利进行的物料、宣传品牌形象、传达活动意图等是一个活动场景设计的根本要求，五个方面全部具备则是一个完美的活动场景设计方案。

图 7-1-19 杭州素业茶院茶会活动现场场景设计

（二）茶会现场接待

雅集茶会中，每一位嘉宾和茶友都很重要，每一个环节都要给嘉宾和茶友留下深刻的印象。接待管理是善始善终的环节，因此十分关键。雅集茶会的接待管理包括迎接和送别，迎接中又可以细分为迎宾、签到、净手、引领入席、奉迎客茶。

1. 迎接

在迎接环节可以设计迎宾、签到、净手、入席奉茶几个环节。

（1）迎宾

雅集茶会在开始前半个小时要做好迎接准备，迎宾人员要在现场迎宾，不要让客人久候或自寻活动场地。迎宾人员需要热情相迎，主动上前打招呼、行礼、问候以示欢迎，礼貌地问清客人情况，不要接错人，要既保证迎宾顺利，又增加客人的自尊、自豪感，增进双方感情。

（2）签到

工作人员指引茶友嘉宾在相应的位置签到，并告诉对方活动注意的事项，同时可以指引客人下一环节净手。

（3）净手

净手采用的方式可以不同，可以用勺舀水冲洗，这样的话要准备好可以承接废水的大的盛水盂和干纸巾；也可以用湿纸巾在准备好的净手水中沾湿，用来擦手。

图 7-1-20 茶会活动净手环节
（摄影：董颜）

（4）入席奉茶

客人签到、净手完成后，可以根据现场的安排引领客人到休息区或者到茶会相应的位置入座，并送上迎客茶，并及时为客人添茶。

2. 送客

送客是接待工作的最后一环，是重要的一个环节，因此同样也需要重视，并提醒客人携带随身物品或活动物料等。

送客人至门口或安排的车辆处，挥手告别并道以关切牵挂的送别语，待客人离开后再返回。为表隆重，参加接待服务的工作人员可在活动场地列队欢送客人。

（三）茶会流程把控

1. 活动现场时间把控

活动现场时间把控最关键的要素就是准时和精确。

（1）准时

活动在策划筹备过程时都会制定完整的活动流程和时间推进表，因此要想活动顺利开展，一定要按照活动的时间推进表准时推进活动的进程，不能有一项准备环节和活动现场流程出现时间延迟的问题或现象，否则后面的活动就会有影响。尤其是活动开始的时间一定要做到准时，活动开始做到准时，活动在嘉宾和观众的认知中已经成功了一半。

（2）精确

活动流程表在制定的过程中，每个活动的环节都要环环相扣，除了做到准时外，还要做到时间精确。很多活动在现场执行中以分钟来管理的，如嘉宾入场 30 分钟，主持人开场 5 分钟，领导致辞 3 分钟。但是活动现场执行过程中要想做到时间差别不大，每个活动项目的时间把控最好是以秒来计算。如果以秒来计算，在执行中出现临时情况和变化最多也就导致分钟的变化，也就是可能会有几分钟的偏差，这是一个活动可以接受的结果；但如果用分钟来控制整场活动，最后可能会出现十几至几十分钟的偏差。

2. 活动流程立体管理

活动流程立体管理主要是针对活动流程的管理，每场活动都会制定严谨的活动流程表，这份流程表一定是要做到现场每个区块的工作人员人手一份，而且是时间节点一致的版本。在活动现场除了总指挥需要活动流程表外，活动主持人、音控、灯光师、舞台表演人员等都需要详细的、精确到秒的活动流程。只是每位工作人员手中的活动流程表往往会根据自己工作的不同而具体的工作节点会有所不同。活动流程的立体管理让活动执行中不用过多的语言沟通就可以默契、有序地配合完成各项工作。

3. 活动现场氛围控制

活动现场氛围也是活动执行管理中非常关键的一部分，如果没有现场的活动氛围，嘉宾就会缺乏热情，缺乏参与的程度。

首先，活动现场氛围中活动项目的设计和环节的设置非常关键，通过活动项目的设计调动观众的情绪，将观众从被动的注意转移到主动的关注。

其次，活动现场环境氛围的营造也是调动参与者积极性的重要方面，通过现场茶席、茶具、插花、香薰、灯光等可以给人最直接的形象感受。

最后，活动现场气氛点的设置也很关键。气氛点的设置在茶会活动中可以依靠背景音乐来调节，一般以悠扬、娴静的古典乐曲作为背景。同时在茶会中将音乐插入对话或环境中，更能够增强情感的表达，达到一种让观众身临其境的感受。

实训任务

请结合企业的实际情况或任选一个节气、节日撰写一场茶会活动的策划方案，有条件的情况下，建议执行。

（一）实训指导要点

综合选定茶会的主题，根据要求选定合适的茶品、茶点、设计得宜的趣味活动、安排兼具科学与特色的接待方式、合理设计茶会流程、合理进行任务分工、详细列出物料清单；整个策划方案逻辑清楚、内容完整、表达流畅。

（二）评分标准

表 7-1-3 茶会策划文案撰写评分标准

序号	项目	满分	要求和评分标准	扣分	得分
1	茶会主题	10分	符合要求，有美感		
2	茶品与茶点	20分	茶品与茶点选择得当，既能满足和凸显茶会主题，也具有广泛的适用性		
3	接待方式与活动环节	20分	具有趣味性、审美性； 具有广泛性，参与性强； 能凸显主题，能够顾全所有与会者		
4	茶会流程设计	20分	整个流程科学、合理，节奏把握较好，既不拖沓冗长，也不太过令人兴奋、刺激		
5	任务分工	10分	明确、详尽、合理，任务明确到岗、到人		
6	物料	10分	所有物料齐备，列好预算明细清单，提交采购申请，联系好租借等事宜		
7	文案	10分	内容完整、逻辑清晰、表达流畅		
总分	100分				

思考与练习

一、简答题

1. 请分析茶会流程设计的内容有哪些。

2. 请分析茶会活动任务分解的技巧有哪些。

二、多选题

1. 活动日期确定的影响因素有（　　）和节假日因素。

A. 人为因素　　B. 主题因素　　C. 事件因素

D. 场地因素　　E. 流程因素

2. 茶品的设计一般会根据（　　）和茶会的主题等要素选择合适的茶品。

A. 举办的场地　　B. 举办的时节　　C. 活动的时长

D. 邀请的来宾　　E. 活动的人数

三、判断题

1. 活动主题和活动主题口号完全一样。（　　）

2. 每一项关键工作都必须要专人负责，尽量避免把工作的责任给予多人组成的团队，这可能会导致无人负责。（　　）

参考答案

项目七 · 任务一 · 参考答案

任务二　茶会的营销

任务导入

2019 年 11 月 27 日第 74 届联合国大会宣布设立“国际茶日”，时间为每年的 5 月 21 日，以赞美茶叶对经济、社会和文化的价值，是以中国为主的产茶国家首次成功推动设立的农业领域国际性节日。随着“国际茶日”的设立和影响力的不断扩大，越来越多的人开始积极参与策划和举办各种形式的国际茶日茶会活动。请你为在校园内举办的国际茶日茶会活动策划线上营销传播方式，进一步推广和传播茶文化的魅力。

一、茶会营销概述

（一）茶会营销的概念

茶会营销，是以精心策划、实施的茶会活动为目的，通过快速提升企业及其品牌的知名度、美誉度和影响力，巧妙地将茶文化、茶产品与市场营销策略相融合，作为活动营销的一种独特形式。它不仅关注茶叶销售，更注重通过茶文化传播和茶会活动互动，加深人们对品牌的认知和喜爱，进而促进销售增长，建立品牌的长久忠诚度，从而吸引目标客户群，在轻松愉悦的氛围中，实现品牌的长期忠诚度的提升。简而言之，茶会营销围绕着茶会活动展开，以茶会为载体，旨在提升品牌形象，提升销量，通过茶文化的魅力与消费者建立起深厚的情感联系。

（二）茶会营销的特点

1. 文化性强

茶会营销深挖中国茶文化，借助茶艺表演、茶道讲解、茶史介绍等多种形式多角度地为消费者营造出具有文化底蕴的茶环境，使消费者不仅能在茶会中品出各式各样的茶汤，更能感受到茶文化的独特魅力，从而增加品牌认知和认同。

2. 体验性强

茶会营销更注重消费者的参与、体验，让消费者学习茶艺，如泡茶、品茶等，使消费者更直观地了解茶叶，了解产品的特色、品质、冲泡技巧；让消费者体验，使消费者喜欢产品，增加购买兴趣和满意度。

3. 互动性强

茶会营销常配合着茶艺交流、茶文化讲座、品茗品鉴等形式，增加了互动性，使顾客通过互动了解并学习茶文化，从而与品牌发生联系，为以后长期建立客户关系打下基础。

4. 情感共鸣

茶文化本身便是一种情感上的纽带，这种情感是能够轻易地让茶文化的消费者产生共鸣的。在茶会营销中，将茶叶背后的故事、制茶工艺、茶文化的内涵等讲给消费者听的过程中，会触动消费者的心弦，进而产生情感上的共鸣。而这种感情上的连接，比单纯的产品功能介绍，更容易让消费者产生一种对茶会品牌偏好或者忠诚的持久的情感。

（三）茶会营销的方式

茶会营销的要诀在于将营销自然地融入茶会的氛围中，当然也要有茶会的品味和文化底蕴。通常茶会营销有以下几种形式。

1. 品牌与产品的融入

茶会现场可设立品牌展示区，利用展板、视频、产品样本等将茶会理念、特色内容等完整地展现在参与者面前，并且给参与者品鉴品牌茶叶的机会，让他们能直接感受品牌的茶叶产品、品牌茶叶的优秀品质与独特口感，加深对品牌的了解与认知。

2. 茶文化普及与互动

茶会不单只是饮茶，更是茶文化的普及推广和互动交流的平台。可以在茶会前或过程中安排一场茶文化短讲座，向参与茶会的朋友们介绍茶的历史、泡茶技巧、茶道精神等。也可以设置茶文化知识问答，通过抢答、提问等方式调动茶会参与者的积极性。

3. 社交媒体实时互动

为了扩大茶会影响力，茶会营销时要充分用好直播平台，以抖音、小红书、微信公众号等直播平台进行直播，使不能到场的人也能参与茶会，感受茶会的氛围；在直播平台创建茶会相关的专题话题，鼓励参与者分享茶会体会，增加线上互动话题热度，提升茶会知名度和影响力。

4. 多渠道合作与联动

茶会营销过程中可以注重与其他品牌、机构联动，通过邀请茶相关行业的其他品牌或机构等共同参与茶会，使得茶会内容更为丰富，给消费者带来多元化的体验，同时可以针对品牌的会员、忠实客户等进行专属茶会的邀请和优惠，增加客户的归属感和忠诚度，使茶会成为品牌和消费者更紧密的纽带。

二、茶会营销策划

（一）数字化营销

数字化营销是企业发展的强大驱动力，它打破了时间与空间的限制，利用互联网、社交媒体、移动设备等数字化营销渠道，精准触达目标客户。数字化营销的手段很多，本书主要从海报、微信推文、邀请函、短视频这四类方式展开阐述。

1. 海报

（1）海报制作要点

明确主题和目标受众：策划茶会活动海报时，首先要确定活动主题，是茶艺表演，是茶文化交流，还是茶产品品鉴，要围绕主题做好活动的核心价值与特点，以此来吸引目标参与群体；其次明确目标受众群体，受众群体包括茶艺爱好者、追求品质生活的文化探索者，或是茶文化新手等；根据受众群体的偏好与审美倾向确定设计元素，以此来使海报触动受众群体的心弦。

色彩搭配艺术：色彩是视觉沟通的重要语言，在选择茶艺活动海报色彩时，要优先选择代表自然与生机的绿色、象征沉稳与历史的棕色等能够有效传达茶艺自然、健康、文化底蕴深厚的与茶艺文化密切相关的色彩，或者要选择具有鲜明个性的色彩。同时，注重色彩的反差与饱和度，在保证海报整体视觉感染力的同时，巧妙地运用了色彩间的和谐搭配，使信息传递更具亮点，更具震撼力。

文字排版创意与规范：文字是信息的直接载体，用创意、设计感的字体设计海报，能瞬间抓住观众的眼球，但是，创意与可读性要取舍，保证大小适中，对比鲜明，突出重点，不影响阅读。用文字排列的设计方式，通过行距、字距、对齐等方式，使海报具有层次感、立体感，吸引观众的眼球。

图片选择高质量：高质量的画面是提升海报视觉效果的关键，选用形态各异的茶叶、古朴典雅的茶具、幽静的茶室环境等与茶艺息息相关的画面，直观地呈现茶文化，排版时考虑到图片与文字内容的呼应，通过布局规划让图片和文字达到相辅相成的效果，营造出良好的视觉效果。

结构布局有策略：第一，布局结构既要有传统的美感又要有创新，可以选择用经典的四六形式的布局结构，或者根据茶会主题来布局，别出心裁的布局方式让人耳目一新。标题是整个海报的灵魂，要使用大号字体或者别出心裁的设计，放在最显眼的位置，做到一眼抓住观众的注意力，刺激观众的探索欲。

测试、打印与发布的流程严谨：设计完成后，检查文字是否正确，检查色彩和布局是否在所有媒介上都正常显示，效果是否达到预期要求，根据需要选择大小和材质进行专业打印。无论是纸质海报还是电子屏幕，都可以呈现最好的视觉效果，最后把海报发送到茶店、茶文化展会以及社交媒体上，通过不同渠道让更多人了解活动，把喜欢的人吸引来。

（2）海报案例解析

案例：2023 年浙江旅游职业学院国际茶日暨“一茗一盏——寻味浙里非遗茶会活动”海报

色彩搭配：海报以浅绿、白色为主色调，这种清新自然的色彩组合高度契合“自然与文化遗产”的主题，营造出一种宁静、淡雅的氛围，同时黑色的文字加入，使得整体色彩对比强烈，在突出重要信息的同时，又能保持整体和谐的美感。

排版布局：海报采用层次分明的结构，顶部清晰地标注了赛事名称和时间，让观众能够快速了解赛事基本信息，中间部分则详细列出了赛事地点、时间、入

图 7-2-1 “2023 年浙江旅游职业学院国际茶日暨‘一茗一盏——寻味浙里非遗’茶会活动”海报

场方式等具体细节，以列表的形式呈现，层次分明，方便观众查阅，同时也为赛事的举办提供了便利。右下角设置的二维码巧妙地引导观众通过扫描获取更多信息或在线互动，增强了海报的实用性和互动性，可谓一举多得。

图案设计：海报背景的图案似茶树叶子的形状，既与浙江茶乡的特色相契合，又与“文化遗产”的主题相呼应，图案本身非常简约，与整张海报的设计风格相统一，形成视觉上的协调感。

文字设计：海报所选用的字体非常具有现代感，与现代审美潮流相契合，也更容易理解所传递的信息，通过字体的大小、厚度的变化突出重点信息，使观众的阅读顺序更加合理。

2. 邀请函

（1）邀请函制作要点

内容清晰明了：一份优秀的茶会活动邀请函，核心在于内容的全面与清晰。首先，必须包含茶会活动的基本信息，如活动的正式名称，具体举办时间（日期、时间都需要详细），地点（包括详细地址和可能的交通指引），活动主要内容或亮点，主办方信息（包括名称，联系方式等）以及着装要求，参与方式或特殊嘉宾介绍等任何需要特别说明的事项。在表达这些信息时，要用礼貌诚恳的语言，既要把活动的核心价值准确地传达出来，又要把邀请的诚意表达出来，使被邀者感到被重视，感到被期待，这是一种非常必要的态度。

格式规范：邀请函的格式体现了邀请人的专业和细致，一般情况下邀请函分为正文和落款两大部分，正文是邀请函的主体，要按照逻辑顺序来编写，一般先提到时间，然后是地点，然后是活动内容的详细介绍，最后是主办方的资料和特别说明。正文语言要求简洁、清晰，同时又不失文雅，落款处写明请柬人，如有亲笔落款，则更多体现形式和恭敬，以示对请柬人的称谓。

设计精美：邀请函的设计要符合茶会活动的主题和特色，通过精心选择的色彩、图案、字体，打造别具一格的视觉风格。可考虑将茶叶、茶具、山水画卷或古典诗词等茶艺文化元素融入其中，增添文化底蕴，同时也增添了邀请函的人格魅力。设计时应注重色彩搭配的和谐，图案与文字的布局要协调，既要吸引人的眼球，又要保持整体的高雅与清新，使邀请函成为一件艺术品，激发受邀者的兴趣与期待。

注意细节：制作并发送邀请函是整个活动过程中必须要做的工作，由于邀请函准备的工作量很大，因此要保证有足够的时间用于校对、修改，并最终确认所有信息无误，同时还需注意排版，避免太拥挤或太空旷，保证阅读的舒适度，如果选择高质量的纸张及印刷技术，还会有更好的手感、色彩及整体的观感。最后，一定要保证邀请函准确及时地送到被邀请人手中，可以采用邮寄、电子邮件及亲自递交等多种方式，体现邀请的诚意。

（2）邀请函案例解析

案例：“2024年浙江旅游职业学院国际茶日暨‘因茶而聚·共享佳茗’全民饮茶活动”邀请函

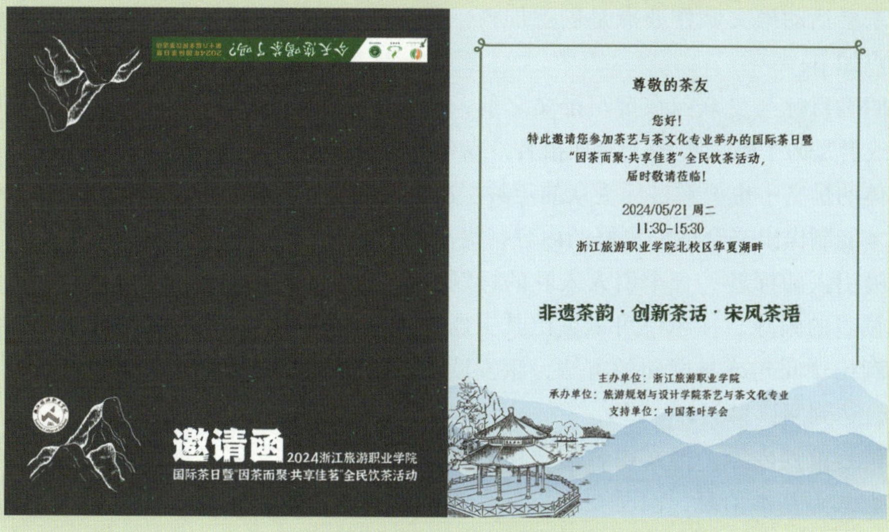

图 7-2-2 活动邀请函

封面设计

以深色为主调，营造出一种宁静、典雅的气氛，白色的山峰与点缀在左侧的茶杯花纹，既象征着源远流长的茶文化，又为高雅的艺术增添了一抹亮色。反面显示主题及日期，字体简洁，与整体设计风格相得益彰。活动与中国茶叶协会“2024 年国际茶日暨第十六届全民饮茶活动”相联动，突出了邀请函的正式与庄重。

内页设计

色彩搭配：邀请函以绿色和淡蓝色为主色调，绿色是茶的象征，也是自然的象征，符合本次茶会活动的主题；淡蓝色给人以宁静清新的感觉，与茶文化氛围相吻合；浅灰与黑色的配色，在增加层次感的同时，又保持了简洁的风格。

排版布局：邀请函分为上下两个部分，上为温馨的开篇，下为简要的介绍。如此编排，让信息的展示条理清晰，主次分明。

文字设计：字体简洁大方，黑色字体、淡蓝底色和淡绿底色形成强烈对比，既保证了文字的可读性，又美观大方。标题字号较大，如“尊敬的茶友”“您好！”等，突出重点，吸引眼球。正文采用简洁的排版，将活动的时间、地点、主题、内容一目了然地呈现出来，行距适中，阅读舒适。

3. 微信推文

（1）微信推文制作要点

茶会活动推文制作要点是创意加料，传达信息和视觉都包含在其中，其具体制作要点如下：

明确目标与受众：在撰写推文之前，要明确自己的目的，是宣传茶会的特色魅力，或者是为了吸引更多人参加报名，或者是为了提升自己或自己企业的品牌形象。在具体的推文中也要对目标受众的年龄层次、兴趣爱好、职业背景等有一定的了解，这样才能制作出符合他们喜好的内容，提高推文的吸引力和转化率。

吸引人的标题：一个引人入胜的标题是推文成功的关键，要简短有力，能迅速抓住读者的眼球。标题中可以突出其主题独特、邀请嘉宾、特色活动等茶会特色，或者利用疑问句或悬疑句的方法，激发读者的好奇心，促使读者在推文中不断点击阅读，达到阅读目的。

精心策划内容：推文内容需要精心策划，详细介绍茶会主题、时间、地点以及参与方式等基本信息，同时要突出茶会的特色亮点，如独具特色的茶品、精美的茶点、高雅的环境布置等。融入茶文化元素，介绍茶的历史、种类和冲泡技巧等，可以提升推文的文化内涵和深度；提及茶会中的互动环节，如茶艺表演、品茶交流等，可以增加参与者的期待感和兴趣。

视觉设计：视觉设计是推文必不可少的，画面要高清好看，用画面将茶会现场布置、茶品、茶点等都展现出来，画面整体配色尽量保持和谐统一，排版清晰易读。可以适当加入一些手绘插图、趣味表情包等创意元素，提升推文的品位。

精准推送与互动：要想推文精准地找到目标受众，就要选择符合受众时间和渠道的推送时间和渠道。同时在推文中加入互动环节，如提问、投票、抽奖等，鼓励受众参与并分享体验，然后及时回应受众的评论和反馈，建立良好的互动关系。

数据分析与优化：阅读量、点赞量、评论量是发推文后需要关注的数据指标，评估推文的传播效果，对已经获得的数据进行分析，总结推文的成功经验和不足之处，根据评估结果，进行推文的优化改进，进一步提升推文的传播效果和用户体验，对内容策略、视觉设计、互动方式等进行调整。

（2）茶会推文案例解析

案例：活动预告：2024年浙江旅游职业学院国际茶日暨“因茶而聚·共享佳茗”全民饮茶活动

推文链接：（略）

推文内容如下：

在2024年国际茶日来临之际，为提升我校茶文化学子茶文化推广意识，进一步向全校师生宣扬茶文化、普及茶知识，同时，提高学生茶会策划、组织、执行管理能力，茶艺与茶文化专业特组织茶文化学子举办国际茶日暨“因茶而聚·共享佳茗”全民饮茶活动。

本次活动旨在通过传统非遗茶、现代创新茶、宋韵雅集的展示、品饮、体验等形式，展现和弘扬中华茶文化特色与内涵。同时，也希望通过活动促进茶文化在现代社会的传承与发展，让更多的人了解茶、品味茶、爱上茶。

活动时间：2024年5月21日（周二）11:30—15:30

活动地点：浙江旅游职业学院北校区华夏湖畔

主办单位：浙江旅游职业学院

承办单位：旅游规划与设计学院茶艺与茶文化专业

支持单位：中国茶叶学会

活动对象：全体在校师生

活动签到与奖品兑换：签到处领取品杯，即可畅饮非遗茶与新式调饮；参与互动游戏集齐七枚章，还可至签到处兑换小礼品一份，数量有限，先到先得。

一、非遗茶韵

茶，作为中国传统文化的重要元素，承载着世代相传的韵味与技艺。本次将通过大红袍、祁门红茶、西湖龙井、寿眉、君山银针和六堡茶这六款非遗茶的冲泡与品饮，带大家静心领略非遗茶韵的独特魅力。

同时，为增加活动趣味性和互动性，在“非遗茶韵”板块中，特设置六款茶文化互动小游戏，通过这些小游戏，参与者不仅可以更深入地了解茶文化，还能在轻松愉快的氛围中增进友谊，享受茶文化带来的乐趣。参与游戏还可集章赢得兑换小礼物的机会。

01 茶园里面有什么

至少三人一组，工作人员提问“茶园里有什么”？参与者轮流回答，每人回答出三个及以上即可获得盖章。

02 寻茶之旅

桌上摆放正山小种、祁门红茶、滇红、九曲红梅、金骏眉干茶样供参与者观察，观察后参与者随机抽取一张干茶图片，匹配正确的干茶样即可获得盖章。

03 茶语飞花令

参与者随机抽取“绿、茶、西、湖、龙、井”中一字，答出含有指定字的相关诗句一句即可获得盖章。

04 千茶一茶

在规定时间内，从一张写满“茶”字和“荼”字的中纸找出“茶”字即可盖章。

05 探茶寻谜

参与者猜茶谜，回答正确即可获得盖章。

06 茶韵诗忆

参与者在规定时间内正确背诵出与茶有关的古诗一首即可盖章。

二、创新茶话

通过茶果、茶咖、茶奶、茶酒等形式，创新开发青瓜龙井、柚见、小梅好、乌龙醉酒、茉香抹茶、龙井牛乳六款新式调饮，呈现茶与其他食材的融合，并提供现场品饮，为参与者带来全新的茶文化体验。

三、宋风茶语

01 唐宋茶文化展示与讲解

展示唐代煎茶、宋代点茶所使用的各种茶具，如茶盏、茶筅、茶匙等。工作人员会详细介绍这些茶具的用途、制作工艺以及在煎茶或点茶过程中的作用，让参与者对唐宋茶文化有更深入的了解。

02 宋韵点茶教学与体验

参与者将在专业同学指导下，学习点茶的技巧和流程，并亲手体验点茶的乐趣。

03 香道及插花展示与讲解

宋代文人雅士在品茶的同时，也注重香道和插花的艺术。将展示各种香料和花卉，并讲解香道和插花的技巧与意境。

04 投壶游戏与集章

投壶是古代宴饮时的一种游戏，也是宋代茶文化中的一部分。投壶游戏让参与者在轻松愉快的氛围中体验古代生活趣味，参与后可获得盖章。

四、茶品展销

联合小罐茶、九宇、茶爽科技等品牌，共同为消费者带来一场丰富多彩的茶文化盛宴。更多产品资讯详见次条推文。

茶，是生活的艺术，是心灵的滋养。

国际茶日即将到来，

诚邀您共襄茶会，

一同品味千年茶文化，

感受香茗韵味，

共享和谐时光。

本次茶会活动预热推文在内容上信息丰富，详细提供了活动主题、时间地点、主办单位、支持单位、活动对象、具体日程安排等，使读者对活动有一个全方位的认识，从而对活动有一个比较全面的了解。同时，推文结构清晰，按照逻辑顺序组织信息，使整篇推文条理清晰，易于理解。此外，推文还通过加粗、换行等方式突出重要信息，方便读者快速获取关键信息。

图文方面：图片精美、高清美观，展示了活动现场布置、茶艺表演等，增强了视觉冲击力，吸引了读者的眼球，推文中将文字与图片有机结合，将活动信息以文字介绍，将活动现场以图片展示，使整个推文的形象更加鲜明，富有趣味性。同时，图文并茂，画面直观地为文字提供视觉支撑，提升推文说服力。

排版方面：布局合理，信息块之间有明显的分隔，使整篇推文看起来条理清晰，阅读起来得心应手；字体大小适中，保证了阅读的舒适性；色彩搭配和谐统一，以绿色、白色为主色调，给人清新自然之感，与茶文化主题相呼应。

4. 短视频

（1）短视频制作要点

内容策划：制作视频的首要步骤是确定视频的主题是品茗交流、茶艺表演还是茶文化介绍，这个主题是确定视频的风格、视频内容的主次核心。确定好了主题后，根据选定的主题，规划视频内容，比如开场介绍、活动亮点、互动环节、茶品展示、茶艺表演等，使视频内容丰富，条理清楚。

拍摄技巧：拍摄时，采用多角度（全景、中景、特写），把茶会的环境、气氛及其中的细节之处展现出来。使用三脚架或稳定器让画面稳定。在拍摄活动中，要善于发现一些精彩瞬间，如茶艺表演的技艺、嘉宾精彩点评或与来宾的互动，这些往往是吸引观众的亮点。

后期制作：后期制作阶段对素材进行剪辑，剪掉无关部分，只留下精华，注意保持视频节奏紧凑，故事连贯，同时注意加背景音乐和音效，增加视频感染力，但要注意版权，不要使用非法音乐，根据视频内容氛围进行调色和滤镜处理，让画面更美，更生动，必要时加字幕和旁白，帮助观众理解视频。

增强观看体验：在视频制作过程中，一定要保持茶会活动的真实，不能过度摆拍，表演不能夸张，要尽可能让观众真实地进入到茶文化之中。此外，茶具要摆放精致，茶叶要冲泡到位，这些都是茶文化体现中的精髓之处。

推广与传播：完成制作的短视频需通过合适的平台进行发布，如社交媒体、视频网站等，进行有效推广与传播，以吸引更多观众关注并深入了解茶文化，扩大茶文化的影响力与受众范围。

（2）短视频案例解析

2022 年浙江旅游职业学院全民饮茶日暨“茶约青春·茗香旅院”华夏湖茶会

▶ **拓展讨论：请评价这则茶会宣传推广的短视频，你是否有更好的建议？**

讨论要点：

1. 视频内容是否清晰明了。
2. 视频视觉吸引力是否足够。
3. 视频风格是否与受众群体相匹配。

（二）阶段化营销

活动营销并非简单地挂横幅、贴海报，而是要充分理解目标市场，知道活动潜在的参与者是谁、他们的居住地在哪里、如何引起他们的兴趣并吸引他们参与。知道他们如何做出参与决策（比如买票），如何引导他们参与决策（比如提供优惠折扣）。我们需要用多种渠道和手段来针对活动的卖点对准目标群体，将活动信息传递给目标群体，并且目标群体通过接收活动信息后能够做出参与活动的决策（买票）等。为了实现这个目标，我们还可以按照分阶段的营销传播计划来进行，包括：

1. 前期策划（预热启动阶段）

确定了活动的主题、时间、地点等要素后，这一阶段的工作重点是增加公众对活动的了解，提升公众对活动的期待感。

（1）目标：主要目的是通过信息披露进行活动预热。

（2）内容：宣传中的这些元素，如活动主题、时间、地点等。

（3）方法：大型活动通过新闻发布会、设计主题曲、吉祥物等，小型活动通过邀请函、海报等物料进行宣传。

（4）渠道：包括网络媒体、社交媒体、传统媒体等多种渠道进行推广。

2. 中期策划（爆破高潮阶段）

该阶段进行活动执行期间亮点的传播，以维持和提高活动关注度。

（1）目标：在广告的配合之下，让目标群体形成一定的印象，在活动当天达到关注的顶峰。

（2）内容：详细报道活动当日的各种信息，突出亮点。

（3）方法：利用直播、媒体报道等方式进行实时传播。

（4）渠道：涵盖直播平台、电视媒体以及各类网络媒体等。

3. 后期策划（延展持续阶段）

活动结束后，持续的报道和宣传对于延伸活动效果至关重要。

（1）目标：跟踪报道形式发布活动成果，建立品牌忠诚度。

（2）内容：聚焦活动成效、亮点、公众评价。

（3）方法：采用新闻稿、社交媒体推文、对话框等格式。

（4）渠道：包括电视媒体、网络媒体、纸质媒体等。

值得注意的是，整个茶会活动营销工作当中，新闻稿的撰写相当重要，要尽量做到读者阅读后有吸引力，简洁明了，尽可能具体准确地把活动信息传达出去，这样才有可能达到最大限度地宣传与吸引公众眼球的效果。

（三）趣味化营销

增加茶会的趣味性和参与度是一个活动能否顺利开展的重要条件。在原有活动的基础上，结合方法，并且根据活动特点、活动内容、活动目标等进行调整、创新，就可以提高活动的趣味性和参与度，为活动增光添彩，使参与者收获更多。

1. 互动游戏与竞赛

设计与活动主题相关、具有趣味性的游戏（比如知识竞答、寻宝游戏或团队挑战赛等），同时设立奖品或奖励，以鼓励活动参与者积极参与游戏与竞赛，提高活动的互动性和竞争性。

2. 创新创意体验区

设立VR体验区、手工艺制作区、美食试吃区等体验区，让参与者亲临现场，亲身体验，通过这些体验区，让参与者身临其境，体验茶文化，增加活动的趣味性和吸引力。

3. 沉浸式DIY环节

提供DIY材料，让参与者亲手制作活动相关的手工艺品、面具、扇面等，带走亲手制作的纪念品，增加活动纪念价值。通过DIY环节的创意、动手体验让参与者学会动脑、动手。

4. 互动墙与拍照区

设置一面互动墙，或者留言墙，让参与者留下自己的足迹、自己的经历，或者自己的愿望；设置一个创意拍照区，提供一些有趣的道具和背景板，让参与者拍出一张有趣的照片，将照片分享到微博或者朋友圈上，提高活动影响力。

5. 社交媒体互动

利用社交媒体平台进行现场直播，并鼓励线上观众参与互动，如提问、投票等；设立特定的社交媒体标签，让参与者分享自己的活动体验，进一步扩大活动的影响力和传播范围。

（四）多元化营销

如今数字时代的到来，让茶会营销更适应当今数字化环境，更有利于吸引目标受众，同时也能让数字营销与传统营销相结合，优势互补，将传统营销的优点与数字营销的多元性相结合，有效提高茶会活动的知名度与参与度，促进茶叶销售与品牌传播。

1. 传统营销

（1）线下活动与体验营销

举办茶艺表演、茶文化讲座等线下活动，邀请消费者亲身体验茶文化的魅力。在茶馆或文化园区等具有文化氛围的场地举办茶会，营造优雅宁静的环境，让消费者在品茶的同时享受文化的熏陶。

（2）传统媒体营销

利用报纸、杂志等传统媒体发布茶会活动信息，覆盖更广泛的受众群体。在电视台或广播电台投放广告，提高活动的知名度。

（3）口碑营销

提供优质的服务和产品，让消费者满意并愿意向亲朋好友推荐，形成良好的口碑传播。

2. 数字营销

（1）数据驱动与精准定位

通过大数据分析，活动营销可以更加精准地定位目标受众，了解他们的喜好、消费习惯等。利用用户数据，可以定制更符合目标群体需求的活动内容，提高活动的吸引力和转化率。

（2）个性化体验

互联网时代的活动营销更加注重提供个性化的用户体验，通过定制化的内容推送和交互设计，满足消费者的独特需求。个性化体验能够增强消费者的参与感和归属感，从而提升品牌忠诚度。

（3）多媒体与富媒体应用

互联网技术使得活动营销可以充分利用文字、图像、声音、视频等多种媒体形式，丰富活动的表现力和吸引力。富媒体内容能够更好地传达品牌信息，提升用户的感知和记忆。

（4）交互式参与

互联网增加了活动营销的参与方式，通过投票、评论、社交分享等，通过制作精美的活动页面、微信小程序等，提供在线预约、报名、使用功能，设置活动中的在线互动环节，如茶文化知识竞答、茶艺视频教程等。通过这些方式让消费者参与活动并关注活动，利用交互式参与调动积极性，增进品牌与消费者的互动和联系。

（5）社交媒体整合

社交媒体成为活动营销的重要渠道，通过整合和社交的媒介平台，可以扩大活动的影响力，吸引更多潜在受众，用户在社交媒体上生成的内容（UGC）也可以为活动营销增加真实感和可信度。同时，利用微信、微博等社交媒体平台发布茶会活动信息，通过分享、点赞等方式扩大影响力，与意见领袖（KOL）合作，邀请其参与茶会并分享体验，借助其粉丝效应提升曝光度。

▸ **拓展讨论：如果由你举办一场校园全民饮茶日茶会活动，你如何将传统营销方式与数字营销方式结合起来以达到良好的营销效果？**

讨论要点：

1. 合适的传统营销方式。
2. 合适的数字营销方式。
3. 实践应用性广泛，线上与线下营销方式共同推进茶会的宣传。

实训任务

请以小组为单位，为本年度校园国际茶日茶会活动制作一份营销方案，并且完成茶会营销前期阶段的海报和邀请函设计。

（一）实训指导要点

茶会营销方案的完整性、创新性；海报及邀请函的信息、色彩、风格、排版设计的趣味性、审美性等。

（二）评分标准

表 7-2-1 茶会营销文案撰写评分标准

序号	项目	满分	要求和评分标准	扣分	得分
1	茶会营销方案	30 分	营销方案内容完整； 表述清晰、准确； 富有创意性和趣味性		
2	海报设计	45 分	明确主题和目标受众，确保信息的准确传达 色彩搭配要具有艺术性，能够吸引受众的注意力 文字排版需兼具创意与规范，确保信息的清晰可读 图片选择应与主题紧密相关，具有视觉冲击力 结构布局要合理，能够引导受众的视线流动		
3	邀请函设计	25 分	内容需清晰明了，能够准确传达活动信息 格式要规范，符合正式邀请的礼仪要求 设计应精美大方，体现活动的品位和档次 注意细节处理，如字体、颜色、排版等，确保整体质感		
总分	100 分				

思考与练习

一、简答题

1. 茶会营销的特点有哪些？

2. 分阶段的营销传播规划具体包括哪些内容？

二、多选题（单选题）

1. 常见的茶会营销方式有（　　）。

A. 品牌与产品的融入　　B. 茶文化普及与活动

C. 社交媒体实时互动　　D. 口碑营销　　E. 合作与联动

2. 邀请函的制作要点包括（　　）。

A. 内容清晰明了　　B. 格式规范　　C. 设计精美

D. 注意细节　　　　　　　　　　E. 明确目标与受众

三、判断题

1. 茶文化作为一种深厚的情感枢纽，能够轻易引发消费者情感共鸣。（　　）

2. 在策划茶会活动海报时，首要任务是明确活动的核心主题。（　　）

3. 茶会不仅是一场品茗的活动，更是一次茶文化的普及推广与互动体验。（　　）

项目七·任务二·参考答案

参考答案

项目八

无我茶会

思维导图

项目八　无我茶会

- 任务一　无我茶会的认知
- 任务二　无我茶会的实践

学习目标

知识目标：

· 掌握无我茶会的发展历程、规则、流程与七大精神；

· 掌握无我茶会实践的完整内容。

能力目标：

· 能够撰写无我茶会的策划方案；

· 能够组织实施无我茶会。

素养目标：

· 在实践中培养“无我”精神与团队合作精神；

· 在实践中培养审美情趣与人文素养。

项目导读

无我茶会的名称带有“无我”二字，佛教语提倡“无我”即要消灭一切妄想，达到清净的境界。那无我茶会是宗教茶会吗？不是。无我茶会是一种人人自备茶叶、茶具，人人泡茶、人人奉茶、人人品茶的茶会形式。无我茶会源自日本茶道吗？也不是。这一茶会形式起源于20世纪80年代的中国台湾，于1989年在台北创立，并于1990年5月26日在台北陆羽茶艺中心正式提出。该茶会形式历经三十余年推广实践，已跨越中国、韩国、日本、马来西亚、美国、新加坡、法国、英国、意大利等多个国家和地区，举办场次逾万，参会者人数超过50万。茶会的实际操作细节近200项，操作规范记录于《无我茶会180条》。无我茶会的呈现融茶道技术与艺术于一体，成为会聚全球茶人的茶界平台，展现出强大的文化影响力。

任务导入

春天到了，小张是学校茶道社团负责人，她想面向新招进社团的大一新生组织一场无我茶会，把大家聚在一起，互相认识，增加团队凝聚力和向心力。请你帮她撰写一份无我茶会的策划方案。

任务一　无我茶会的认知

一、无我茶会的基本形式和要求

无我茶会的基本形式和要求有六条规定：一是围成闭合的圈，人人泡茶，人人奉茶，人人喝茶（因场地限制一圈不够可围两圈）；二是现场抽签决定座位；三是依同一方向奉茶（向左邻或向右邻茶友奉茶）；四是自备茶具、茶叶与泡茶用水（自己布置泡茶席）；五是事先约定泡茶杯数、泡茶次数、奉茶方法，并排定会程（通过公告事项约定各项）；六是席间不语（专注于把茶泡好）。

无我茶会的会旗以“彩虹”为标志，设计以“彩虹”图案作为核心设计元素，七彩并列，围成一个椭圆形，中间留出空白。无我茶会所说的“无”就是中间的空白，那是七彩虹融合后的无，而不是圈外空无一物的无。这个椭圆形是七彩椭圆体倾斜30°，似自体旋转，并依照一定的轨道运行，似宇宙的自然规律，体现出变化与规律相济的道理。

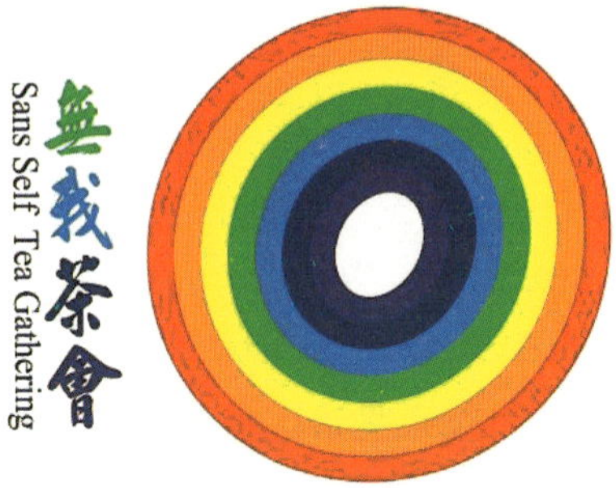

图 8-1-1 无我茶会会旗

无我茶会会旗解读：彩虹的七彩正如来自世界各地的茶人，带有不同的茶品，不同的茶具，不同的茶道思想，大家聚在一起汇成了和谐的无色。

无我茶会采用大家自备茶叶茶具，人人泡茶、人人奉茶、人人喝茶的形式进行。自20世纪90年代诞生以来，“国际无我茶会”每隔1～2年在世界各地轮流召开一次，“国际无我茶会”作为世界性茶文化活动，其规模和影响力较为显著，已成为深受世界各地茶人喜爱的国际性茶文化活动。曾经举办地与时间如下：第一届1990年12月中国台湾十方禅林，第二届1991年10月武夷山幔亭峰，第三届1992年11月日本金阁寺、天桥立等，第四届1993年10月韩国景福宫广场，第五届1995年10月中国武夷山，第六届1997年11月中国台湾，第七届1999年10月中国杭州、新昌、天台，第八届2001年10月日本爱知县、静冈、引左町，第九届2004年8月新加坡，第十届2005年11月中国福建武夷山度假区、武夷山市体育馆，第十一届2007年10月韩国益山圆光大学、首尔昌庆宫，第十二届2009年10月美国旧金山，第十三届2011年5月中国台湾台北中正文化中心、日月潭畔、阿里山弥陀禅寺，第十四届2013年10月韩国，第十五届2015年中国杭州，第十六届中国台湾，第十七届2019年安溪茶学院、清水岩，第十八届2023年6月首尔，第十九届2025年4月河北廊坊市。历经十九届的国际无我茶会，参与人数众多，从数百人到上千人，来自世界各地的茶人自备茶叶茶具集聚一堂，分享茶品，切磋泡茶技艺，交流茶道思想，体验茶文化的魅力。

▶ **拓展阅读**

无我茶会：“国际茶日”里的文化盛会

二、无我茶会七大精神

《无我茶会 180 条》以及《无我茶会》中对无我茶会的特殊做法及“七大精神”做了具体阐述，其茶会的七大精神包括无尊卑之分；无求报偿之念；无好恶之心；求精进之心；尊重公共约定；培养默契，体现团体律动之美；无流派与地域之分，即通过茶会形式倡导积极向上的茶道思想。无我茶会的七大精神在茶会中扮演着核心的角色，它们不仅规范了茶会的行为准则，更深刻体现了茶文化的精髓与人文精神。结合教学实践对七大精神做法的理解，现整理如下：

（一）抽签决定座位

茶道思想：无尊卑之分。执行解读：茶会正式报到前，工作人员到会场布置座位，并标明座位序号。参会者抵达后，通过抽签的方式入座。座次安排事先未知，此举体现无尊卑之分的平等精神。省却担心位置好坏的麻烦，正如人的出生，无法选择父母，一切皆随缘而定。亲子主题的茶会，抽座签后，小朋友奉茶给别家的父母，父母奉茶给别家的孩子，此番景象，恰似孔子大同世界观“老吾老以及人之老，幼吾幼以及人之幼”的缩影。精神内涵：平等与尊重。通过抽签决定座位，体现无尊卑之分。这一精神打破了传统茶会中的身份等级观念。参会时通过抽签的方式决定座位，使得每位参会者都能以平等的身份参与茶会，促进人与人之间关系的和谐。

（二）依同一方向奉茶

茶道思想：无求报偿之念。执行解读：“依同一方向奉茶”是按约定按照同一方向依次奉茶。如果公告约定泡三道，每道泡四杯茶，其中三杯奉给左邻的三位茶友，最后一杯留给自己。第一道茶是用奉茶盘端杯子奉给左邻三位茶友，第二道则是端公道杯奉茶，将泡好的茶汤用公道杯倒入第一道奉出的杯中。单方向奉茶，不仅是茶会的重要环节，也是彰显茶道精神的一种方式。依同一方向奉茶是我奉茶给你，你奉茶给他，这是无我茶会想要传达的“放淡求回报之念”的精神。精神内涵：无私与奉献精神。依同一个方向奉茶，无求回报之心。在茶会中，参会者奉茶都按照单一方向，没有相互奉茶，这一做法体现了倡导无私与奉献精神。倡导在奉茶时不带有任何功利心，纯粹地享受泡茶、奉茶的过程，可以培养人们的奉献精神和无私品格。

（三）接纳、欣赏各种茶

茶道思想：无好恶之心。执行解读：无我茶会倡导众人应淡化好恶之心。无我茶会是自己带茶叶去参会的，在公告事项上会约定“茶叶自备，茶类不拘”。因此，每位参会者喝到的茶，各具特色，不尽相同。茶会倡导接受欣赏各种风格的茶，切忌心怀过重的喜好。因为好恶之心影响客观评价，可能导致诸多佳茗被无端排斥在外。茶友携至茶会的茶，必为其心头所好，而你的不喜，可能并非茶叶品质差，或许是你接触此类茶尚浅了解未深。精神内涵：拓宽视野与包容性。无我茶会鼓励参会者接纳并欣赏各种茶叶，不带个人的喜好与偏见。这种倡导有助于拓宽人们的视野，增强对不同地域与流派茶品、茶法、茶文化的理解和包容，促进文化的交流与融合。

（四）努力把茶泡好

茶道思想：求精进之心。执行解读："泡好茶"实乃茶道精神之核心所在，若连茶都未能泡好，又何谈其他高深之道理？在茶会之中，每人所品的数杯茶饮，其冲泡品质并非皆能尽如人意。或许会偶遇一杯苦涩难当，又或淡而无味之茶。面对此情此景，人们或有两种情绪油然而生：一是"谁泡的？竟如此难喝"；二是"有人泡坏了，我不能泡坏了"。无我茶会更为推崇后者之态度。泡好茶是学习茶道的基本要求，学习音乐，若连琴都未能弹奏娴熟，又何谈以音乐抒发情感、表达意境？又如研习美术，若连画笔都运用不灵，又何谈以线条、色彩展现艺术之魅力？因此，无我茶会在泡茶阶段，特设静默之规，以便众人能专心致志地将茶冲泡至最佳状态。奉茶时，每人皆会为自己留一杯，以便审视自己的泡茶技艺。如发现不足，可及时补救。精神内涵：追求精进与卓越。能泡好茶是对茶艺从业人员的基本要求。对于茶叶爱好者参加无我茶会，希望参会者在泡茶时能尽最大的努力，不断追求将茶泡得精进与卓越。这种精神激发人们的上进心和求知欲，推动了泡茶技艺水平的不断提升。

（五）无须指挥与司仪

茶道思想：尊重公共约定。执行解读：无我茶会遵循事先规划好的程序与约定的做法有序进行，整个会场无需专人指挥。例如，约定八时半开始布置会场，那么负责摆放座位号码牌的工作人员便会准时到场开展工作；约定九点报到，负责抽签的人员则需提前将号码签准备妥当，以供与会茶友抽取。抽签完毕后，茶友们依据所抽号码依次就座，随后或设置泡茶席，或摆放出茶具，接着便可进入"茶具观摩联谊"环节，与同伴们交流赏鉴，参观他人的茶席与茶具。约定九点半泡茶环节正式开启，大家会提前几分钟自觉回到各自座位，负责报到、抽签等工作的茶友也悉数归队。泡好第一道后，众人依照约定的方式依次奉茶，待自己面前的数杯茶悉数到齐后，便可开始品茗。待所有人一致品完第一道茶后，便着手冲泡第二道，再次依约奉出第二道茶，通常使用茶盅或公道杯进行奉茶，随后继续品饮第二道茶……如此循环，直至喝完最后一道茶。约定十点钟为品茗后活动，安排有音乐欣赏等活动，则需静坐原地，静心聆听，回味方才的茶会情景，没有完成品茶的也可继续品。活动结束后，茶友用茶巾或纸巾将用过的杯子擦拭干净，然后手持奉茶盘外出收回自己的茶杯，将自己的茶具收拾妥当，至此，茶会圆满结束。茶渣留在茶具内带回清理。

整个过程中，无需任何人指挥，大家均依照事先的约定或计划有条不紊地进行着每一个程序。精神内涵：强调自律与规则。无需指挥与司仪，遵守公共约定。在无我茶会中，没有安排主持人或指挥调度，一切的茶会程序都依赖于参会者的自律和遵守公共约定就能够有序、和谐地进行。这种精神培养了茶人的自律能力和规则意识。

（六）席间不语

茶道思想：培养默契，体现团体律动之美。执行解读：席间不语指泡茶、奉茶、品茶的环节，专注于泡茶，奉茶时也只需行礼就好，静静体会。当泡茶环节按约定时间开启，会场内不再有人说话。在这段等待茶叶慢慢浸泡的时间里，每位参会者都沉浸在茶世界里，感受与大地、与周围环境的紧密融合，仿佛自己已经成为这广阔天地中的一部分。奉茶之际，整个会场是一种宁静而庄重的氛围。茶友之间，不用过多的言语交流，只是默默地遵循约定，你奉茶给我，我奉茶给他，这一系列的动作如同无形的丝带，将大家紧紧相连，展现出一种和谐的律动之美。无声的茶会像宇宙的运转和季节的更替一样，顺理成章，和谐美好。精神内涵：培养默契与团结。通过席间不语的要求，培养默契，可体现团体律动之美。通过参会前的学习规则和室内程序的练习，参会的茶友明确在茶会的泡茶、奉茶、品茶阶段需保持沉默，通过非言语的方式交流。这种方式有助于培养参会者之间的默契和团体协作能力。同时，它也能体现团体律动之美，即每个人在茶会中的行动和节奏都能与整个团体保持一致。

（七）泡茶方式不拘

茶道思想：无流派与地域之分。执行解读：泡茶的方式不受任何既定框架之限。因为地域和流派的差异，带来的茶具有多样性，茶叶种类有丰富性。茶具常见侧把壶、三才盖碗，也有点茶碗、横把壶等各式器具；茶叶既可是散茶、紧压茶，也可见细腻研磨的粉末茶。泡茶之方法，更可根据茶叶品种和特性灵活调整，毫无拘泥。各流派和地域的茶友，对于茶道思想的诠释各有千秋，比如“和静清寂”“廉美和敬”“和静怡真”等。在无我茶会这一平台上，茶道精神得以通过茶席的精心布置、茶具的巧妙选择、泡茶方式的独特演绎以及茶会中奉茶的细致环节得以更加淋漓尽致地展现与传承。精神内涵：鼓励创新与多样性。对泡茶方法无限制与要求，可以不拘一格，也无流派与地域的限制。无我茶会鼓励参会者采用多样的茶法，不用受流派和地域的限制。这种思想促进茶艺的创新和多样性发展，使得茶会成为充满活力和创造力的平台。

三、无我茶会的案例分享

第十七届国际无我茶会暨“一带一路”安溪铁观音发展高峰论坛，以“安溪茶·和天下”为主题于2019年10月16日开幕，地点在福建省安溪县，主要会场设在福建农林大学安溪茶学院。来自全球 30 多个国家和地区的近千名爱茶人士共聚一堂，以茶为媒，交流茶道思想，感悟人生之味。

第十七届国际无我茶会，活动期间将举办两场无我茶会，分别在福建农林大学安溪茶学院和安溪清水岩举行。根据实际应用情况整理后，无我茶会的程序为：参会报名报到→会前准备→现场签到→抽座位签→核对时间→核对座位→入场入座→布席→茶具观摩与联谊→泡茶、奉茶、品茶→品茗后活动→收杯→收具→结束。

表 8-1-1 第十七届国际无我茶会分享

程序	程序说明	图片
1 参会 报名 报到	第十七届国际无我茶会报名后，根据主办方公布的时间地点按时报到。若从未参加过无我茶会的茶友可先提前参加无我茶会培训。 不同的无我茶会根据经费的情况会提供不同的纪念品。大型的无我茶会常会有企业、茶商赞助，比如将企业的茶叶装罐制作成号码牌放在场地座位，茶会结束后茶友可将茶带走。	 图 8-1-2 第十七届国际无我茶会纪念地衣
2 会前 准备	通知与回复：参会者通常在几周前就会收到茶会的通知，包括时间、地点、签到方式、费用等信息。参会者需要及时回复确认自己能否参加，并按要求准备相关物品。 物品准备：参会者需要自备茶具、茶叶、坐垫等泡茶所需物品，并可能需要根据茶会要求准备特定的签到卡或凭证，比如无我茶会护照。	 图 8-1-3 第十七届国际无我茶会会场安溪茶学院

续表

<table>
<tr><th>程序</th><th>程序说明</th><th>图片</th></tr>
<tr><td>3
现场
签到</td><td colspan="2">参会者按照约定的时间到达茶会现场，寻找签到区域。
（1）手写签到：在一些茶会中，参会者可能会在签到墙上手写自己的名字或特定的词句，以表达参与的心情或茶会的主题。
（2）凭证签到：约定某种物品作为凭证签到，这种方式既增加了趣味性，又体现了茶文化的魅力。比如带无我茶会的护照盖纪念章，又比如 2023 年 11 月的信阳农林学院第八届茶文化节的无我茶会，参会者通过挑选心仪的茶诗句作为签到和抽签排序的凭证。
（3）电子签到：随着科技的发展，一些茶会也开始采用电子签到方式，如扫码签到等，以提高签到效率和准确性。</td></tr>
<tr><td colspan="3">
图 8-1-4 第十七届国际无我茶会签到现场</td></tr>
<tr><td>4
抽座
位签</td><td>座位安排：完成签到后，参会者可通过抽签方式确定自己的座位。无我茶会强调无尊卑之分，座位安排通常也是通过抽签的方式随机产生的。</td><td>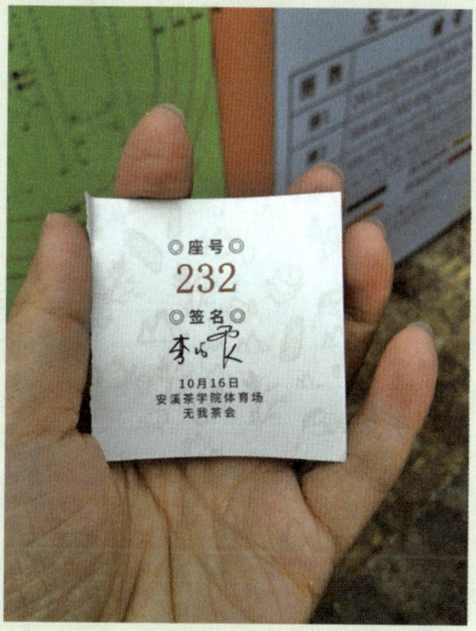
图 8-1-5 第十七届国际无我茶会签条</td></tr>
</table>

续表

程序	程序说明	图片
5 核对 时间	国际性茶会，参会者可能来自不同的时区，存在时间不一致的现象。通过在签到入场时核对或活动开始前集中核对时间的方式，可以确保所有参会者对茶会的时间安排有清晰的认识，并共同维护茶会的秩序和纪律。 若泡茶开始时间因突发状况有所调整，在报到抽签处会可增加时间调整的标识并人工提醒。	 图 8-1-6 第十七届国际无我茶会对时处
6 核对 座位	无我茶会的座位分布图并不是一种固定的图形，而是根据参与人数和场地条件灵活安排的。参加大型无我茶会的参会者需要对照座位分布图核对座位所在区域，以便快速寻找座位。常见圆环形或方阵排列：座位通常是连接成闭合的圈，可以围成圆圈或方阵。这种闭合圈环的座位排列方式有助于实现单方向奉茶不求回报之心的茶会精神。 第十七届国际无我茶会设有 850 席位编号，内部座席围成“和”字，该区域安排有 240 席位。外围有四圈，第一圈 123 席位，第二圈 144 席位，第三圈 165 席位，第四圈 186 席位。	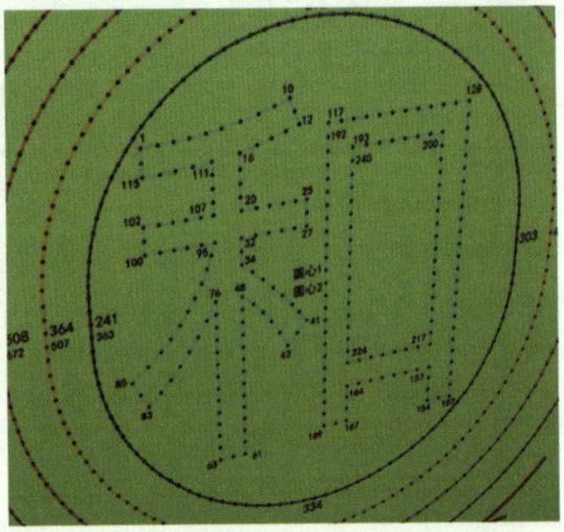 图 8-1-7 第十七届国际无我茶会座位分布图局布
7 入场 入座	无我茶会中会在茶会场地地面上使用某种标记物（如贴纸、茶罐、石子等）来标识座位位置。需要根据实际场地条件进行调整，贴纸在某些场地（如草地、沙地）上可能不易实现。 第十七届国际无我茶会根据区域不同采用不同颜色的贴纸标识加上茶罐作为座位号标识。	 图 8-1-8 第十七届国际无我茶会座位标识

续表

程序	程序说明	图片
8 布置茶席	参会者根据抽签号找到座位号后，可以按茶会要求结合自己的喜好布置茶席。茶席的布置也是茶会文化展示的一部分，能够体现参会者的茶道审美和茶道思想。 无我茶会倡导茶具携带以“精简”为原则，请找出右图中你认为可以精减的物品与器具。	 图 8-1-9　第十七届国际无我茶会茶席
9 茶具观摩与联谊	当茶席布置完成后，通常离正式泡茶还有一段时间，称为观摩与联谊时间。这段时间，参会者可到布置好的茶席进行茶具观摩与欣赏茶具。联谊的环节通常也与茶具观摩环节相结合进行。通常在观摩茶具时茶友间会进行友好的交谈和互动，例如介绍自己茶具的获得经历，分享彼此的茶事经验或感悟。这种通过茶具观摩而联谊形式既轻松又自然，有助于营造和谐融洽的茶会氛围。	
 图 8-1-10　茶人联谊	 图 8-1-11　茶具观摩	
10 泡茶	无我茶会开始泡茶的环节，是整场茶会的重要开端，临近约定的正式泡茶时间，茶友们会陆续回到座位开始泡茶准备。第十七届国际无我茶会约定奉三道茶，如果是泡茶法，放一次茶连续冲泡三道，如果用茶末点茶，需要放三次茶粉，点三次茶。	 图 8-1-12　点茶法茶席
11 奉茶	无我茶会奉茶为单方向奉茶，体现不求报偿之心。第十七届国际无我茶会依约定向左边的三位茶友奉茶。第一道以茶杯奉茶，第二道和第三道持公道杯或茶盅向杯子里加茶汤。如果有约定对外奉茶给观众，一般是最外圈的茶友负责，而且在报到时抽到最外圈的茶友会领到一次性杯子用于对外奉茶。	 图 8-1-13　茶友奉第一次茶

续表

程序	程序说明	图片
12 品茶	四杯茶到齐后，就可以开始喝茶：哪一杯先喝随意。右图四杯茶汤已经到齐，观察杯位，从左到右分别是右边相邻三位茶友奉来的茶，最右边是自己的杯子。请问图片上的茶友是“我”右边的第几位茶友？	 图 8-1-14 四杯茶到齐
13 泡 第二道	看大家都喝完第一道茶，开始泡第二道。从泡第一道茶开始至茶会结束为止，是不可以说话的。这种“席间不语”帮助大家安静下来专心泡茶，也可藉此体会一下与“大地”结合所产生的和谐、自在的美感。	 图 8-1-15 第二道茶汤用公汤杯奉茶
14 奉茶	第二道茶泡妥后，持茶盅奉茶：将茶倒于自己前次奉出去的杯子内，回座后也为自己斟上一杯。“持盅奉茶”的礼节与“端杯奉茶”的礼节是相同的，就是：奉完茶，若对方在座，自己半蹲与他相互鞠躬行礼，不必说请喝茶、谢谢，微笑即可。如对方已站立，那自己就以站姿与他行礼。茶席无人则免礼。如对方刚奉完茶走回来，于茶席旁与自己相遇，自己也应与他行礼。	 图 8-1-16 茶友奉第二道茶
15 泡茶 奉茶	泡第三道茶、奉茶、品茶，按约定事项进行，若选择的场地围观的人较多，可以约定泡四道，第二道和第四道奉给观众，第二道用一次性杯子奉茶，第四道持公道杯添茶。	 图 8-1-17 泡茶
16 品茗 后活动	大家喝完约定的泡数，进行品茗后活动，这段时间，无我茶会称为“空白之美”的应用。可安排 3 ~ 5 分钟音乐欣赏，也可安排静坐。音乐演奏结束时不必鼓掌，因为它被视作品茗的一部分。 静坐时，应放松心情，不要东张西望操心别人怎么了，可低头闭目享受一下片刻宁静的世界：回味一下茶味及茶会进行的情景。	 图 8-1-18 品茗后活动——音乐欣赏

续表

程序	程序说明	图片
17 收杯收具	品茗后活动结束，先检查一下茶盅内的茶汤是否倒干？如未倒干则倒出喝完，否则收入品茗袋容易流出，造成困扰。再将自己用过的杯子擦拭一下，作初步清理，免得留有茶汤或口红。至于茶壶内的茶渣，回去后与茶杯等用具一起清理。杯子擦拭完后，就可出去收回自己的杯子。收杯时，如大家刚好挤在一块，就要很有默契地相互礼让、调整快慢或跳过到下一位茶友处收杯，这是无我茶会培养默契的做法。	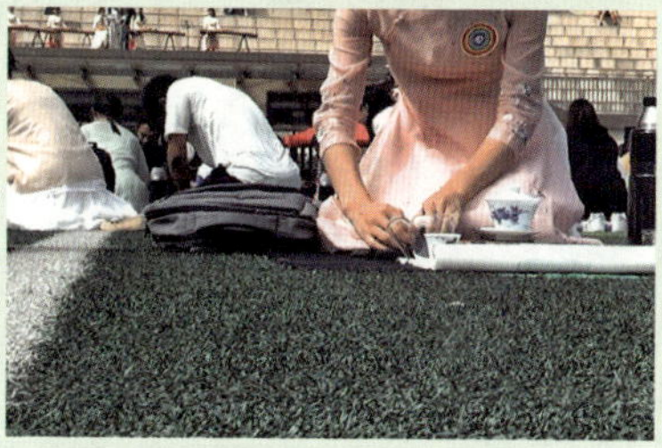 图 8-1-19 清理品茗杯
18 结束	大型茶会通常会安排合影留念，小型茶会如无合影项目，则可三三两两离开。离开前，若会场有纸屑或忘记的号码牌，要顺手捡起，邻座茶友如未收拾好茶具，也要陪同一下，免得留下他孤单一人。	
注：表中图片由李丽霞拍摄提供		

实训任务

请班长负责，参照模板结合本班实际撰写本班级无我茶会策划方案。

（一）实训指导要点

茶会的主题、时间地点选择、物资准备、场地布置、宣传与解说、茶会流程、工作人员安排等，需要清晰、明确。

××无我茶会策划方案模板

一、茶会背景与目的

××学校的茶苑协会，为了茶文化的推广与传播，弘扬中华茶文化，增进协会成员间的交流，特策划以无茶茶会的形式举办一场茶会。通过无我茶会的举办，旨在让协会成员增长泡茶技艺和茶叶知识，加深对茶文化的理解与热爱。同时在忙碌地学习之余，协会成员通过参与茶会享受一份学业外的宁静与和谐。通过本次“××无我茶会”的策划与实施，协会期待能够为大家提供一个放松身心、增进友谊的平台，让茶文化的魅力在协会成员们心中生根发芽。

二、茶会主题

××无我茶会

比如：“茶香溢满园，无我共品茗”，香满园无我茶会

“岁末钟声远，新元喜气盈”，迎新元无我茶会

三、茶会时间

××年××月××日×点至×点

四、茶会地点

学校具体地点，如：图书馆草坪、教学楼休息区等（需提前申请并布置）

地点：×× 下雨地点：××

五、参与人员

×× 协会成员及指导老师，嘉宾（如有可能）

六、活动准备

1. 后勤物资组，负责人：×××

表 8-1-2 无我茶会物资表

物资	要求
茶叶	每位同学自备一款茶叶，种类不限，鼓励多样化
茶具	每人自备一套茶具，包括主泡器（壶或盖碗、公道杯）、品茗杯、奉茶盘等
便携保温壶	500 ~ 800 毫升，由班级统一准备或自行携带
茶席布置	每位同学可根据个人喜好准备茶席，如坐垫等
其他	座位牌、音响、海报板等

2. 场地布置组，负责人：×××

负责提前选定场地，进行场地布置，根据场地实际情况围成方形、圆形或不规则的闭环，确保环境整洁、美观。安排茶席席位，保持间距适中，便于交流与奉茶。通常相邻间距 1.2 ~ 1.4 米，多圈的圈距 3 ~ 4 米。

3. 宣传讲解组，负责人：×××

（1）通过协会群、海报等形式进行活动宣传，动员大家积极参与，制作宣传海报。

（2）讲解无我茶会的基本规则和精神内涵，确保每位同学都能理解并遵守。

（3）对外解说，确保茶会进行中围观的朋友能了解无我茶会

4. 报到抽签组：负责人：×××

设置签到区，准备签条和座位号码牌。

七、活动流程

1. 报到与抽签（× 点 ×× 分—× 点 ×× 分，×× 分钟）：

同学们在报到签到区签到并抽取座位号码牌。

按照座位号码牌找到对应位置，布置个人茶席。

2. 对外解说（× 点 ×× 分—× 点 ×× 分，×× 分）：

由对外解说不定时介绍茶会目的、茶会流程及注意事项。

3. 茶具观摩与联谊（× 点 ×× 分—× 点 ×× 分，×× 分钟）：

在茶席布置完毕至开始泡茶前，可以相互参观茶席，欣赏彼此的布置与茶具，

与茶友交流联谊。

4. 泡茶与奉茶（× 点 ×× 分至泡茶奉茶结束，约 ×× 分钟）：

每位同学按约定时间开始泡茶，并按照无我茶会的规则，将泡好的茶水奉给左边（或右边）的茶友。同时，自己品尝右边（或左边）茶友奉来的茶水，重复此过程三轮。

对外奉茶：泡的第二道茶汤奉给围观的朋友，若场地为两圈，抽到外圈的同学奉茶。

5. 品茗后活动（× 点 ×× 分—× 点 ×× 分，3 ~ 5 分钟）：

茶会进行到后段时，安排有品茗后活动，可以邀请有才艺的同学进行演唱或音乐演奏。

建议才艺展示的内容与茶会主题一致。

6. 结束与收拾（品茗后活动结束至茶席收拾完毕，约 ×× 分钟）：

同学们自行收拾好茶具和垃圾，保持场地整洁。

7. 会后活动：（× 点 ×× 分—× 点 XX 分，约 ×× 分钟）

会后合影，合影留念后有序离开。

八、会后总结

通过协会的群分享活动照片和心得，加深彼此间的联系。

对活动进行总结反思，为下次活动提供参考和改进意见。

九、注意事项

1. 请参会者务必遵守无我茶会的规则与约定，理解茶会的精神内涵。

2. 参会时注意不携带贵重物品和茶具，避免发生意外损坏或物品丢失。

3. 参会期间需爱护公共环境，请保持场地的整洁，若产生垃圾，散会时自行带离。

（二）评分标准

表 8-1-3 茶会策划文案撰写评分标准

序号	项目	满分	要求和评分标准	扣分	得分
1	茶会主题	10 分	符合要求，有美感		
2	茶会时间地点	10 分	时间与地点选择得宜，凸显主题，与时令、周边自然和人文环境相适应		
3	茶会准备	30 分	物料准备齐全； 场地设计合理、美观； 工作岗位清晰、明确		
4	茶会流程	30 分	整个流程科学、合理，节奏把握较好，既不拖沓冗长，也不太过令人兴奋，感到刺激		

续表

序号	项目	满分	要求和评分标准	扣分	得分
5	总结	10分	言之有物，明确经验和不足，对下次活动的举办具有参考意义		
6	文案	10分	内容完整、逻辑清晰、表达流畅		
总分	100分				

思考与练习

一、简答题

1. 简述无我茶会的基本形式与要求。

2. 简述无我茶会的七大精神与具体做法。

二、多项选择题

1. 无我茶会常选用的茶品包括（　　）。

A. 红茶　B. 绿茶　C. 乌龙茶　D. 花茶　E. 菊花茶

2. 下列属于无我茶会为体现七大精神的特殊做法的有（　　）。

A. 抽签决定座位　B. 依同一方向奉茶　C. 努力把茶泡好

D. 泡茶方式不拘　E. 席间不语

三、判断题

1. 举办无我茶会可以是单位组织，也可以是家庭和个人。（　　）

2. 无我茶会是源于日本茶道的一种茶会形式。（　　）

项目八 · 任务一 · 参考答案

参考答案

任务二　无我茶会的实践

任务导入

学校招收了一批老挝留学生，有一定的中文基础，选修过《中国茶文化》。下周省里组织了一场无我茶会，希望他们去参加，小王作为无我茶会指导的小老师，要带他们先演练一下，那么在无我茶会的实践中需要注意些什么呢？请你帮她思考一下。

一、室内无我茶会实践

（一）前期准备

无我茶会主器具的选择与准备

无我茶会泡茶辅器具的准备

无我茶会茶叶的准备

1. 茶与器具准备

（1）茶叶：每人自行携带，种类不拘，实践练习可准备自己不擅长冲泡的茶叶，课堂教学也可以事先准备练习茶样。建议茶叶事先称好放入干燥的壶内，不另备茶罐。

（2）茶具：自备泡茶器具，如茶壶、茶杯、茶盅、茶盘、茶巾、热水瓶等。无我茶会中热水瓶或保温杯的容量选择应根据个人需求、茶会规模和便携性等因素综合考虑，常用容量为 500 ~ 800 毫升。茶具与泡法皆不受拘束，但应具有简便性，以便有足够的心情与时间享受茶会的意境。

（3）品茗袋：主要用于收纳所有参与茶会时所需的用具。初学者可以选用背包或提篮等替代，但要注意易碎茶具的包裹。

品茗袋内部通常设计有多个隔层或口袋，以便分类存放茶具（如茶壶、茶杯、公道杯等）、茶巾、保温杯等物品。这样，在茶会期间可以轻松地携带和取用所需物品，避免遗漏或混乱。

（4）座席布：又称地衣，是茶友们在户外泡茶、奉茶时的临时“桌面”。多选择防水、易干、耐磨的材质，应避免过于鲜艳或复杂的图案。尺寸与常用单人瑜伽垫大小相近即可，也可根据茶会场地和个人需求选择合适的尺寸，确保能够容纳茶具和茶友的身体。

（5）坐垫：材质应选用柔软舒适的材质，轻薄可折叠便携带的为佳。坐垫能够减轻地面（无论是草地、石板还是木质地板）对身体的直接压力，使茶友们在长时间的坐式品茗过程中保持身体的舒适与放松。

2. 服装准备

最好能穿中式服装或民族服装，为便于跪坐，下装以中长裤或长裙为宜，鞋子要易脱易穿，脱穿时不需要手辅助。

3. 场地布置

根据茶会人数和室内空间进行布置，确保每位参会者有足够的空间进行泡茶和奉茶。茶艺教室桌椅较多的可直接将桌子围成可以进出的圈，在桌上放座号，泡茶时不需要跪坐。个人物品准备方面也可省去座席布和坐垫，适合无我茶会初学者、国际友人。

准备两套签条，一套用于抽签，一套作为座位号。

图 8-2-1 室内无我茶会场地

图 8-2-2 室内无我茶会茶席

（二）入场与布席

1. 抽签入场

在会场入口设置抽签点，与会者先抽签，对号入座，不得任意选座。

2. 布席

取出座席布或地衣，将席布前缘的中心与座席号码标志对齐。取出坐垫铺在座席布后缘前。双膝齐放于坐垫前部，再脚背着地，坐于脚跟上。

3. 布具

在座席布上依次放置茶具、茶巾、热水瓶等物品，确保摆放整齐、有序。

常用步骤：将奉茶盘放在座席布上方，取出茶盅、茶杯等，放置在茶盘内。取出茶壶，将茶壶放在茶盘与坐垫正中间，作为泡茶用。放好茶巾、热水瓶等泡茶所需物品。若取出的杯子内有异物，可用无香的纸巾或茶巾轻轻擦拭。准备阶段茶杯应扣于奉茶盘，以防观摩走动时将污染物带入茶具。

4. 茶具观摩与联谊

茶具观摩与联谊：自己的茶席布置完毕，可离席参观茶友的茶具，也可相互交流。根据不同茶会的具体情况，茶具观摩与联谊的时间长短可能有所不同。百人以上的大型茶会通常安排半个小时以上的时间，这个时间段足够参会者充分欣赏茶具、交流心得，与茶友建立初步的友谊。室内教学练习时学生们都相互了解，若茶具也相互观摩过，这个时间尽量缩短，1 ~ 2 分钟即可。

（三）泡茶与奉茶

1. 泡茶

泡茶开始后，席间不语，培养团体默契，体现团体律动之美。

茶席由静态到动态的操作，首先将奉茶盘内的茶杯翻正。根据茶叶种类和泡茶方法，进行冲泡。无我茶会器具不准备废水盂，泡茶程序不需要温壶烫杯。

2. 奉茶

用双手端起茶盘站起，从右侧方走至座席前，向左边奉茶给三位茶友（也可根据规定调整）。

奉茶时，走到每位茶友座席前面，左脚踏前一步，随即蹲下，左手持茶盘于左膝右前方。

右手拿右上角一杯，放在第一位茶友的左一位置。起身后将奉茶盘左上一杯移到中间，呈“品”字形排放。取上方中间一杯放在第二位茶友的左二位置；将余下两杯再移至茶盘中间成一横线，取左边一杯放在第三位茶友左三位置。将余下一杯放茶盘中间，端回后茶盘放在原位，茶杯放在自己的最右边。第二、第三道茶用茶盅奉茶。奉茶时不要说请喝茶，被奉茶者也不要说谢谢，但鞠躬感谢的心依然需要。

（四）品茶与收具

1. 品茶

每泡完一道需奉完规定的杯数后回座，等四杯到齐后开始品尝茶汤。泡完规定的道数（如规定泡三道或四道）。室内练习时没有围观的茶友，可根据练习需要安排围观茶友。

2. 品茗后活动

无我茶会称之为空白之美，常安排聆听一段音乐演奏，也可安排静坐。因茶法与流派不拘，茶友所带的茶叶与器具也不相同，每位茶友泡茶的时间有快有慢。泡茶慢一些的茶友可在品茗后活动的时间继续完成自己的泡茶奉茶。

3. 收具

品茗后活动结束，将自己用过的杯子用纸巾或茶巾擦拭。端起奉茶盘，收回自己奉茶的杯子。喝完自己泡的剩余茶，将茶具收拾停当，清理好自己座位的场地。

学习完以上四个阶段后，入场至收具的步骤可反复练习，泡茶奉茶也需要反复练习掌握，为后续室外的无我茶会实际应用打好基础。在整个过程中，参会者需要专心泡茶、细心奉茶、

图 8-2-3 室内泡茶练习

静心品茶，深刻体会无我茶会七大精神之意境。

（五）无我茶会对外解说

无我茶会正式进行间是不设指挥与主持人的，但若在公共场所举办，为让来宾知道这是什么活动，也达到推广的目的，可安排一位解说员从旁说明茶会进行的方式及其意义。

课堂练时，教师按照程序指导学生练习，可采用对外解说的方式。正式举办时茶会进行中没有指挥和司仪，大家是依事先安排好的程序进行。

表 8-2-1 无我茶会解说内容

程序	解说要领	主要解说内容
1 排座号	队形美	1. 茶会正式拉开帷幕前，场地组工作人员需依据场地情况，规划座位编号，将座位排列成圆形、方形或不规则形状。原则上，座位的首尾应相互衔接，队形需与周围环境相协调。 2. 若参与人数多，则可考虑将座位安排为两圈或三圈，以确保活动顺利进行。
2 抽签	无尊卑之分	1. 参会人员抵达后会有序排队进行抽签：泡茶座位是由抽签决定，所以谁会坐在谁旁边、谁会奉茶给谁喝都随机产生，事先都不知道。 2. 免去安排座位的困扰，没有贵宾席，不分地位高低。这是无我茶会“无尊卑之分”的倡导平等与尊重精神的体现。
3 布具	收号码牌	1. 抽妥签后，就按号码就座，将茶具摆出来：先取出基本配备、坐垫，将坐垫前缘中心点对齐号码牌，然后收掉号码牌。这样会场会显得比较整洁（例外：如属纪念品号码牌，为尊重赞助商，暂时摆在适当位子，茶会结束时再带走）。 2. 无我茶会基本配备，以教师示范为例，需配备奉茶盘、一壶、一公道杯、四杯、茶巾、品茗杯袋、壶袋、计时器（亦可用手表、手机代替）、保温杯（500 毫升以上）、坐垫及背包。 3. 茶具以精简为原则，不宜携带珍贵的茶具与多余摆饰，如此才能心无牵挂，有足够空闲去欣赏周围的事物，享受泡茶、喝茶的乐趣。
4 茶具观摩与联谊	依约定行事	1. 无我茶会的进行不设定主持人。参照事先发的“公告事项”行动。公告事项已详细列明会程安排，参照去做即可。无我茶会倡导“遵守公共约定”，就如同春去夏来、夏去秋来的季节变换，没有指挥也能做得很顺畅。 2. 当茶具摆妥后，就可以起来观赏别人的茶具。观赏时，茶友可相互交谈，也可拍照留念，但要注意，除非茶具主人主动表示，否则不可以随意拿起或触摸别人茶具。这段时间称为“茶具观摩与联谊时间”。
5 泡第一道茶	茶具与泡法不拘	1. 泡茶时间前 1 ~ 2 分钟，大家就自动回到自己的座位开始准备泡茶。茶叶、热水是出门前装妥，带什么茶具及泡什么茶都自己定。 2. 无我茶会这种“茶具与泡法不拘”的做法，呈现出一幅“无流派地域之分”的大同景象：大家不分国籍、种族、老少，围坐在一起泡茶，和平共享一场美好的茶会。

续表

程序	解说要领	主要解说内容
6 端杯奉茶	单边奉茶	1. 茶泡妥后，端杯奉茶：如“公告事项”约定“泡四杯，三杯奉给左邻三位茶友、一杯留给自己”，那就依此约定做，按杯位放法奉茶。无我茶会讲求“我奉茶给你喝、你奉茶给他喝”的单边式奉茶，提醒大家放淡“求回报之心”。 2. 奉茶时杯位如何放呢？从左边走出去，将茶友泡茶巾前端当作“奉茶区”，划分为四个位子。第一杯放在左邻第一位茶友第一个位子、第二杯放在左邻第二位茶友第二个位子（以奉茶时面对茶友方向，由右往左算）……依此类推，剩下一杯回座位坐妥后，放在自己泡茶巾从左到右最末的位子。
7 喝茶	无好恶之心、求精进之心	1. 四杯茶到齐后，就可开始喝茶：哪一杯先喝随意， 但茶叶是每人自备，所以喝到的茶可能都不一样。不能因某种茶平常不喝而排斥它，请以接纳、欣赏的心情来品饮，存有太重的好恶之心，会把许多“福气”都排除在外，无我茶会是要大家放淡，“无好恶之心”的。 2. 如果喝到一杯又苦又涩的茶，怎么办呢？正好提醒自己平日要勤练泡茶技艺，否则泡得难以下咽，不但对不起别人，对不起自己，也对不起茶，这是无我茶会“求精进之心”的精神。
8 泡第二道茶	与大地结合、禁语	1. 看大家都喝完第一道茶，开始泡第二道：从泡第一道茶开始至茶会结束为止，是不可以说话的。这种“席间不语”帮助大家安静下来专心泡茶，也可借此体会一下与“大地”结合所产生的和谐、自在的美感。 2. 泡最后一道茶，汤量要适当控制，以免公道杯中剩余过多茶汤不好处理。倒最后一壶茶入公道杯时，茶汤要完全滴干，免得收拾时不慎流出，弄湿壶袋或背包。
9 持公道杯奉茶	奉茶礼节、进度大约一致	1. 第二道茶泡妥后，持茶公道杯奉茶：将茶倒于自己前次奉出去的杯子内，回座后也为自己斟上一杯。 2.“持公道杯奉茶”的礼节与“端杯奉茶”的礼节是相同的（刚才介绍“端杯奉茶”时未提礼节，现在一并谈）， 就是：奉完茶，若对方在座，自己半蹲与他相互鞠躬行礼，不必说“请喝茶”“谢谢”，微笑即可。如对方已站立，那就以站姿与他行礼。茶席无人则免礼。如对方刚奉完茶走回来，于茶席旁与自己相遇，自己也应与他行礼。 3. 动作慢的，快一点，动作快的，稍等一下（泡茶也是一样）。场地窄小时，部分先行奉茶、部分稍后，自我调整就能求得进度大约一致。
10 空白之美	品茗后活动	1. 大家喝完约定的泡数，进行“品茗后活动”：这段时间，无我茶会称为“空白之美”的应用。可安排3～5分钟音乐欣赏，也可安排静坐。 2. 如果是静坐，应放松心情，不要东张西望操心别人怎么了，可低头闭目享受一下片刻宁静的世界：回味一下茶味及茶会进行的情景。 3. 如果是音乐演奏，结束时不必鼓掌，因为它被视作品茗的一部分。
11 拭杯	茶汤倒干否、初步清理	1.“品茗后活动”结束，先检查一下：公道杯里的茶汤是否倒干？如未倒干则倒出喝完，否则收入包壶袋容易流出，造成困扰。 2. 再将自己用过的杯子擦拭一下，作初步清理，免得留有茶汤或口红。至于茶壶内的茶渣，回家后再与茶杯等用具一起进行清理。

续表

程序	解说要领	主要解说内容
12 收杯	群体律动之美	1. 杯子擦拭完后，就可出去收回自己的杯子：收杯时，如大家刚好挤在一块，就要很有默契地相互礼让、调整快慢或跳过到下一位茶友去收杯，这是无我茶会“培养默契”的做法。 2. 大家一个动作接一个动作静静进行，是一幅很美的画面：大家就像有无形的丝带牵引着，展现一波又一波的律动，也像一首无言的诗散发着绵延的美感。这是无我茶会的团体律动之美。
13 收具	茶具功能、包装要求	1. 收回杯子，接着收拾茶具：这时就可体会茶具功能的重要性了。因为，如断水不良的壶、公道杯，会弄得到处湿答答，收拾时就会增加困扰。所以，携带茶具一定要选用功能良好的。 2. 茶具如何包装、取放、收拾，并无硬性规定（示范所作方法，仅系教学方便之规划），只要安全、有秩序地处理即可。但太简陋的做法，如用报纸塑料袋草草包装或手忙脚乱、杂乱无章地取放也是不适宜的。
14 结束	有序离开	茶具收拾妥当，就结束茶会：大型茶会通常会安排合影留念，小型茶会如无合影项目，则可陆续离开。离开前，若会场有纸屑或忘记的号码牌，要顺手捡起，邻座茶友如未收拾好茶具，也要陪同一下，免得留下他孤单一人。
备注：以上的解说稿包括无我茶会的重要内容、解说要项以及程序等，可以参考这样的形式。		

二、户外无我茶会实践

室内无我茶会的实践活动主要面向初次参与此类茶会的茶友，并为其提供必要的培训与指导。至于正式举办的无我茶会，其通常倾向于在户外环境进行，仅在遭遇雨天等不宜户外活动的天气条件下，才会选择大型室内场所作为备用与替代场所。若要策划组织并举办一场正式的户外无我茶会，首要步骤在于明确各项任务的分工与安排，其次在于无我茶会公告的发布。

（一）任务分工

1. 场地组

任务概述：负责活动场地的选择、布置、清理及安全管理工作。

具体任务：

（1）考察备选场地并确定茶会举办场地，确保其符合茶会规模所需容纳的人数。

（2）设计并布置场地，包括茶会队形布局、座号安排、装饰要符合茶会主题氛围等。

（3）考虑下雨时的应变备用场地，准备必要的场地设施，如遮阳伞、照明设备、音响系统等。

（4）活动结束后，组织清理场地卫生，恢复原状。

2. 报到组

任务概述：负责参会者的签到、资料发放及引导工作。

具体任务：

（1）设置签到点或签到台，准备签到表、号码牌等物资。

（2）接待参会者，完成报到手续，发放活动手册、纪念品等。

（3）解答参会者关于活动的疑问，大型茶会可引导其至指定区域。

3. 抽签组

任务概述：负责茶会中的抽签环节，确保茶席分配的公平性和随机性。

具体任务：

（1）准备抽签箱、签条、对外奉茶杯子等物资。

（2）组织参会者进行抽签，确保参会者能公平地获得茶席位置。回收抽签回执条。中小型茶会的报到和抽签组可以合并。

4. 联谊组

任务概述：促进参会者之间的交流与合作，营造和谐氛围。

具体任务：

（1）负责与会人员相互认识，可设计会前与会后茶文化交流活动等，增进参会者之间的了解。

（2）鼓励参会者分享自己的习茶心得、茶故事等，促进茶知识共享。

（3）留意参会者之间的互动情况，适时给予引导和支持。

5. 生活组

任务概述：若茶会要进行多场，需要一天或多天，负责活动期间的餐饮供应及后勤保障工作。

具体任务：

（1）准备并供应符合茶会主题与氛围的餐饮等物资。

（2）关注参会者的饮食偏好和特殊需求，提供必要的服务。

6. 宣传记录组

任务概述：负责活动的宣传策划、摄影摄像及后期资料整理工作。

具体任务：

（1）制定宣传方案，通过自媒体、社交媒体、海报等渠道进行活动宣传。

（2）活动现场进行摄影摄像，记录精彩瞬间和人物画面。

（3）整理活动照片、视频等资料，撰写活动报道或新闻稿，进行后续宣传和推广。

7. 活动演艺组

任务概述：负责茶会中的品茗后活动或会后活动的文艺表演环节，增添茶会活动趣味性。

具体任务：

（1）策划并组织茶艺表演、古筝演奏、诗词朗诵等文艺节目作为品茗后活动或会后活动。

（2）邀请演艺人员或从茶友中推选才艺人员，进行节目排练和彩排。

（3）活动当天负责节目的现场调度和演出安排，确保顺利进行。

（4）根据茶会规模的大小与实际的需求，各组的工作任务适当调整。茶会召集人或策划人通过安排各工作小组的紧密协作，保障无我茶会的顺利进行，让参会者在茶会中体会茶文化之美。

（二）无我茶会公告事项

无我茶会的公告事项是茶会举办前提前向参会者公告约定的事项。公告事项是向无我茶会参会者传达茶会相关信息的重要途径，确保参会者能够全面了解茶会的各项安排和要求。公告事项能够引导参会者遵守茶会的各项规定，公告事项中提供的自备物品清单和茶会流程等信息，有助于参会者提前做好准备，提升参与茶会的体验感和满意度。公告事项内容通常包含以下几个关键内容：

1. 时间与地点

明确茶会的具体日期、开始时间以及举办地点，确保参会者能够准时参加。

2. 参与方式

说明参会者的报名方式、座位安排（如抽签决定）以及是否需要自备茶具、茶叶等。

3. 茶会流程

详细介绍茶会的具体流程，包括茶具观摩、合影留念、泡茶时间、品茗后活动和会后活动安排等环节。

4. 会前说明会与泡茶练习

举办大型茶会常有第一次参加无我茶会的茶友，安排会前说明会与泡茶练习就很必要。会前说明会可对茶会的具体要求如行为规范和自备物品进行说明。

5. 行为规范

参会者需遵守公共约定，如茶会准时开始、席间无语（保持静默）、衣着端庄、妥善处理废弃物等，以维护茶会的秩序和氛围。

6. 自备物品清单

列出参会者需要自备的物品，如茶具、茶席、服装、茶食等，以便参会者提前准备。

7. 泡茶练习

对有泡茶经验的茶友只需要介绍流程与奉茶方式，但未参加过无我茶会又鲜少泡茶的茶友，则需要对泡茶和奉茶的方式进行练习。

表 8-2-2　无我茶会公告事项

<table>
<tr><td>茶会名称</td><td colspan="5"></td></tr>
<tr><td>时间</td><td colspan="5"></td></tr>
<tr><td>地点</td><td colspan="5"></td></tr>
<tr><td>雨天地点</td><td colspan="5"></td></tr>
<tr><td>人数</td><td colspan="2"></td><td colspan="2">泡几种茶</td><td></td></tr>
<tr><td>泡几杯</td><td colspan="2"></td><td colspan="2">每种茶泡几道</td><td></td></tr>
<tr><td>奉茶方法</td><td colspan="5">向 X 方 X 位相邻茶友奉茶，第一道向茶友奉茶，一杯留给自己；第二道持盅奉茶，一杯留给自己；第三道跟第二道奉茶方式一样。</td></tr>
<tr><td>其他约定</td><td colspan="5">自备茶叶和茶具，对外奉茶</td></tr>
<tr><td>品茗后活动</td><td colspan="2"></td><td colspan="2">会后活动</td><td></td></tr>
<tr><td colspan="3">茶会程序</td><td colspan="3">工作分配</td></tr>
<tr><td>时间：</td><td colspan="2">工作人员开始布置会场</td><td colspan="2">主办单位</td><td></td></tr>
<tr><td>时间：</td><td colspan="2">与会人员开始报到、入席</td><td colspan="2">召集人</td><td></td></tr>
<tr><td>随后</td><td colspan="2">开始“茶具观摩”与“联谊”</td><td colspan="2">场地组</td><td></td></tr>
<tr><td>时间：</td><td colspan="2">开始泡茶</td><td colspan="2">报到组</td><td></td></tr>
<tr><td>喝完最后一道茶</td><td colspan="2">“品茗后活动”开始</td><td colspan="2">抽签组</td><td></td></tr>
<tr><td>随后</td><td colspan="2">收拾茶具</td><td colspan="2">联谊组</td><td></td></tr>
<tr><td>随后</td><td colspan="2">合影</td><td colspan="2">生活组</td><td></td></tr>
<tr><td>时间：</td><td colspan="2">“会后活动”开始</td><td colspan="2">宣传记录组</td><td></td></tr>
<tr><td>时间：</td><td colspan="2">“会后活动”结束</td><td colspan="2">品茗后活动内容</td><td></td></tr>
<tr><td></td><td colspan="2"></td><td colspan="2">会后活动内容</td><td></td></tr>
<tr><td colspan="6">“会前说明会与泡茶练习”日期、时间、地点、指导老师</td></tr>
<tr><td></td><td colspan="2"></td><td colspan="2"></td><td></td></tr>
<tr><td></td><td colspan="2"></td><td colspan="2"></td><td></td></tr>
<tr><td colspan="6"></td></tr>
<tr><td>联络人</td><td></td><td>电话</td><td></td><td>邮箱</td><td></td></tr>
</table>

图 8-2-4 户外无我茶会

三、茶会总结与评估

无我茶会作为一种独特的茶会活动形式，旨在通过人人泡茶、人人奉茶、人人品茶的形式传播中华优秀茶文化，促进参会者的心灵沟通与文化交流。茶会经策划与实施举办后需要进行总结与评估，为进一步做好无我茶会积累经验。茶会活动评估的内容因评估主体的不同，评估重点存在差异，总体而言包括效果评估、时间评估、成本评估及影响力评估四个方面。

（一）效果评估

1. 参会者反馈

茶会进行过程中或结束后及时收集并分析参会者的现场反馈，也可手机问卷调查，了解他们对茶会的整体满意度、场地布置、会场氛围、茶会程序、茶友互动环节等方面的评价。重点关注是否达到了预期的文化交流与文化体验目标。

2. 交流深度与广度

评估茶会中参会者之间的交流与互动情况，包括是否促进了不同背景人群之间的理解和尊重，是否激发了新的思考与灵感。

3. 个人感悟与成长

通过参会者分享的心得体会，评估茶会对个人心灵成长、情绪调节、文化认知等方面的积极影响。

4. 目标达成度

回顾茶会设定的具体目标（如增进友谊、传承茶文化、促进心灵平静等），评估实际达成情况。

（二）时间评估

1. 筹备时间效率

分析从策划到执行的整个过程中，各阶段所需时间的合理性与效率。识别哪些环节可以进一步优化以缩短筹备周期。

2. 活动时长控制

评估茶会实际持续时间是否符合预期，是否既保证了活动的完整性，又没有造成参会者的疲劳或时间浪费。

3. 时间节点安排

检查活动流程中各时间节点的安排是否顺畅，是否有足够的缓冲时间应对意外情况以及是否充分考虑了参会者的体验感受。

（三）成本评估

1. 直接成本

包括茶叶、茶具、场地租赁、装饰布置、宣传材料等直接支出的统计与分析。评估这些成本是否合理，是否存在节约空间。

2. 间接成本

考虑人力成本（如志愿者招募与培训）、时间成本、机会成本（放弃其他活动或投资的机会）等间接因素。

3. 成本效益分析

将总成本与茶会带来的社会效益、文化价值、个人成长等综合效益进行对比，评估活动的性价比。

（四）影响力评估

1. 社会传播

评估茶会通过网络媒体、社交媒体、口碑传播等方式产生的社会影响力，包括报道数量、转发量、评论内容等。

2. 文化推广

分析茶会对于茶文化的传播与普及作用，是否激发了更多人对茶文化的兴趣与关注。

3. 持续效应

考察茶会结束后，参会者之间是否建立了长期联系，茶会精神是否在日常生活中得到延续以及是否激发了新的茶文化活动或项目。

4. 品牌与形象提升

对于主办方而言，评估茶会对其品牌形象与公众认知度的提升作用是否明显。

实训任务

围绕前期执行的无我茶会活动，进行总结与评估，形成评估文本。

（一）实训指导要点

提交的评估文本内容应包括茶会的名称或主题、茶会的效果评估、茶会的时间评估、茶会的成本评估、茶会的影响力评估和经验教训；要求言简意赅，表达清晰、准确，并能针对存在的问题提出解决方案。

（二）评分标准

表 8-2-3 无我茶会评估文本评分标准

序号	项目	满分	要求和评分标准	扣分	得分
1	茶会主题	10 分	符合要求，有美感		
2	效果评估	15 分	表述清晰，评估依据科学，结论具有参考价值		
3	时间评估	10 分	表述清晰，评估依据科学，结论具有参考价值		
4	成本评估	20 分	表述清晰，评估依据科学，结论具有参考价值		
5	影响力评估	15 分	表述清晰，评估依据科学，结论具有参考价值		
6	经验、问题与解决	30 分	经验和问题总结到位，能指出具体的问题和普遍的问题；能总结出具有广泛性的经验，并能针对存在的问题提出针对性的解决办法		
总分	100 分				

思考与练习

一、简答题

1. 请简要回答无我茶会评估的内容有哪些方面。

2. 简述无我茶会实践的完整流程。

二、多项选择题

1. 茶会活动评估的内容因评估主体的不同而使评估重点存在差异，总体而言包括哪些方面？（　　）

A. 效果评估　　B. 时间评估

C. 成本评估　　D. 影响力评估　　E. 费用评估

2. 无我茶会的影响力评估可以从哪些方面进行？（　　）

A. 社会传播　　B. 文化推广　　C. 持续效应

D. 品牌与形象提升　　E. 筹备时长

三、判断题

1. 无我茶会公告事项是茶会举办前提前向参会者公告的事项，公告事项是向参会者传达茶会相关信息的重要途径，确保参会者能够全面了解茶会的各项安排和要求。（　　）

2. 无我茶会对外解说就是无我茶会的主持人与指挥。（　　）

参考答案

项目八·任务二·参考答案

项目九

茶会案例解析

思维导图

项目九　茶会案例解析

- 任务一　商务型茶会
- 任务二　品鉴型茶会
- 任务三　主题型茶会
- 任务四　政务型茶会

学习目标

知识目标：

- 掌握不同茶会类型的流程设计；
- 掌握不同茶会类型的注意要点。

能力目标：

- 能够策划、实施不同类型的茶会；
- 能够分析不同类型茶会的关键点。

素养目标：

- 培养灵活机动的处事能力、创新思维，提升审美意趣。

项目导读

立足于社会生活中“茶＋”和“＋茶”的跨领域、多维度的综合实践，本项目将茶会类型归纳为商务型茶会（商务＋茶）、品鉴型茶会（茶＋其他）、主题型茶会（主题＋茶）、政务型茶会（政务＋茶）这四大类，并结合四种对应的茶会案例进行深入剖析，以帮助学生理解这四种不同类型茶会的特点，掌握这四种不同类型茶会的执行要点。

任务一　商务型茶会

任务导入

兴业银行为拓展业务，决定在周末为VIP客户举办一个大型茶会，小陈负责这件事情，她联系到了在茶空间工作的好朋友小丽，两人充分交流沟通了一番，小丽觉得要办好这个茶会压力还比较大，请你为她们出出主意吧。

一、商务型茶会的认知

商务型茶会是以茶会为载体，把商务和社交活动融合起来的一种茶会形式。在这种茶会里，嘉宾一般来自商业领域如企业家、商务高管、律师、会计师等专业人士及潜在的商业伙伴等。与传统商务会议不同，商务型茶会更着重于借助茶会，让人在轻松愉悦的社交氛围下开展商务交流。

在茶会当中，主办方会精心挑选并准备茶品，茶艺师现场冲泡或者引导品鉴，这不但给茶会增添了文化韵味，还为嘉宾提供了共同关注和交流的话题。借着一杯茶，人们在品茶的时候进行商务话题探讨，这种比较轻松愉悦的品茶氛围有助于消除商务交流中的僵硬感，使得嘉宾能够更自然、更深入地进行交流。

二、商务型茶会的特点

（一）注重产品与服务推广

茶会给企业提供了展示产品和服务的平台，通过现场展示、讲解和演示，企业能向潜在客户与合作伙伴详细介绍产品特点、功能和优势，让他们更直观地知晓产品价值。参加茶会的来宾通常有特定商业属性和消费需求，企业可依据茶会主题和来宾名单，筛选出更契合自身目标客户特征的人群。就像汽车企业举办茶会，邀请来宾试乘汽车，现场播放视频介绍汽车性能测试、智能驾驶、内饰设计、品牌文化传承等，能更好地推广新车型。茶会营造的氛围不同于传统4S店模式，在轻松氛围里解答客户关于汽车性能、价格、售后服务等方面的疑惑，更有助于企业和潜在客户深入交流，进而推动品牌销售与服务。

（二）着力品牌建设与传播

茶会的环境氛围和活动内容需精心设计，这样能体现品牌价值观和文化内涵，进而提升品牌在嘉宾心中的形象与认知度。在商务茶会中，企业通常邀请行业内的专业人士、意见领袖和媒体参加茶会，就能借助他们的影响力和传播渠道，把企业自身信息传播给更多的客户，扩大品牌影响力和知名度。珠宝企业可以在茶会展示珠宝与茶融合的美，以塑造高端精致品牌形象，例如将珠宝和茶艺表演相结合，茶艺师优雅泡茶时，身上佩戴的珠宝首饰在灯光下闪烁，展现珠宝与传统文化的完美结合，让嘉宾感受到品牌的高雅品位，高端客户群体往往有着广泛的社交网络，他们会把在茶会看到的珠宝品牌传播给更多潜在消费者，提高品牌知名度和美誉度。

（三）聚焦客户关系拓展与维护

茶会为企业与客户、合作伙伴之间提供了一个面对面交流的机会，通过茶会，企业可以结识新的潜在客户和合作伙伴，拓展业务领域和市场范围，为企业的发展创造更多的机会，同时有助于增强客户对企业的好感度，从而维系与客户的长期合作关系。如银行可以借由茶会的契机和平台为大客户提供专属的金融规划服务、赠送高端茶礼等，来维护与现有大客户的关系，巩固与大客户的合作。同时，茶会也有助于银行拓展新客户，如邀请中小企业主、高净值个人等参加茶会，推广金融产品和服务，吸引新客户与银行建立业务关系。

（四）着眼市场调研与信息收集

茶会也是收集行业信息和竞争对手动态的好机会，企业能通过与行业内专业人士交流获取最新行业趋势、市场动态和竞争对手信息，为企业决策提供参考。如高级定制服装企业在茶会中既能很直观地了解客户对服饰款式、面料、价格、潮流趋势等的需求，也能侧面收集竞争对手服饰产品信息，像色彩、风格、辅料等，这样就能优化自身产品和服务。

三、商务型茶会案例分析：昆明招行& HUAWEI Mate XT 尊享品鉴会

（一）茶会流程设计

表 9-1-1 昆明“开合间 - 见非凡” HUAWEI Mate XT 尊享品鉴会流程

活动环节	时间	具体内容
活动签到&自由体验	14:00—14:20	在活动入口设置签到处，安排工作人员引导嘉宾签到，发放活动资料（包含华为 Mate XT 手机资料、活动流程说明等）。 在活动场地内设置展示区域，展示华为 Mate XT 手机及其他科技产品，嘉宾可自由体验、查看产品外观、初步操作手机功能等。
讲座：茶艺冲泡技巧	14:20—14:50	由专业茶艺师举办讲座，介绍茶艺文化背景、不同茶叶特点，重点讲解普洱茶和烤茶，包括水温控制、茶叶用量、冲泡手法等。茶艺师现场进行简单的冲泡演示。
华为手机新产品介绍、华为科技产品体验互动、欢乐赢奖品	14:50—15:20	华为产品经理上台介绍 Mate XT 手机新产品，包括其设计理念像 ULTIMATE DESIGN、创新功能、性能提升等方面，详细讲述手机独特之处。 开放体验互动区域，嘉宾能亲身体验 Mate XT 手机和其他华为科技产品，工作人员在旁帮忙解答疑问、指导操作。 设立欢乐赢奖品环节，设置一些和华为产品知识或功能相关小问答、小任务，让嘉宾参与赢取奖品，如华为手机周边产品等。
普洱茶、烤茶茶品鉴赏	15:20—15:40	工作人员为嘉宾提供泡好的普洱茶和烤茶。 嘉宾品尝茶品的同时，茶艺师在旁介绍两款茶品的口感特点、香气、韵味等品鉴要点。 提供一些小点心搭配茶品，营造轻松的品鉴氛围。
合影留念、产品交付、赠送伴手礼	15:20—16:00	组织嘉宾与华为 Mate XT 手机及其他展示产品进行合影留念，可安排专门的摄影区域，提供一些有趣的拍照道具。 对于已预订 Mate XT 手机的嘉宾，进行产品交付仪式，工作人员将手机包装精美后交付给嘉宾。 向每位嘉宾赠送精心准备的伴手礼。

资料来源：招商银行（昆明小康大道支行）& 昆明七彩佳园文化

（二）茶会执行关键

1. 签到与自由体验（开场环节）

活动签到是对嘉宾有序管理，能记录参与人员信息，方便后续活动跟进与客户关系管理。自由体验环节让嘉宾一入场就可自由探索华为科技产品和即将品鉴的茶品，这种开放性的开场状态能快速吸引嘉宾兴趣，营造轻松活动氛围，为整个茶会奠定良好开场基调。

2. 茶艺冲泡技巧讲座（茶文化融入）

茶艺是中国传统文化的重要部分，其冲泡技巧讲座能给活动增添浓厚文化氛围。一方面，它能让嘉宾在繁忙现代生活里感受传统文化魅力，起到放松身心的作用；

另一方面，把茶艺文化融入华为产品品鉴会中，使活动具有独特性，有别于普通产品发布会，提升活动格调。

图 9–1–1 茶艺师泡茶（摄影：丁诗弋）

3. 华为手机新产品的介绍与嘉宾互动体验（核心推广环节）

新产品介绍是茶会活动的核心内容之一，直接把华为 Mate XT 的创新设计、强大性能等卖点传达给目标客户。体验互动环节让嘉宾亲自体验产品，增加对产品的感性认识，这种亲身参与感比单纯口头介绍更有说服力。欢乐赢奖品环节提升了活动的趣味性和吸引力，激发嘉宾积极性，提高他们对活动的满意度。嘉宾在后续茶品鉴赏环节会不自觉地联想到产品的便利性、创新性等特点，就像华为手机拍照功能，在茶品鉴赏时可用于拍照留念，进而加深对产品功能的记忆。

图 9–1–2 产品体验（摄影：丁诗弋）

4. 普洱茶、烤茶茶品鉴赏（文化延续与氛围调节）

品茶环节和茶艺冲泡技巧讲座紧密相关。嘉宾了解冲泡技巧后，能更好地鉴赏普洱茶和烤茶，提升整个茶品鉴赏环节的体验感。而且，这种文化氛围的营造给华为手机新产品介绍提供了别样的环境，让科技产品和传统文化既形成鲜明对比又相互融合，并且，这一环节更有助于调节活动节奏，避免活动过于紧凑和商业化，使活动更具人文关怀和生活情趣。轻松的品茶氛围也有助于嘉宾对华为产品产生更积极的情感，这样更利于产品交付环节的进行。

5. 合影留念、产品交付、赠送伴手礼（活动收尾）

合影留念是对活动的纪念性总结，让嘉宾能够留下与华为产品和活动相关的美好瞬间，这有助于增强嘉宾对活动的记忆和好感。产品交付满足了部分有购买需求的嘉宾，实现了销售目的。赠送伴手礼可以作为品牌的延伸，在活动结束后继续为品牌起到宣传作用。

活动结束后，嘉宾可能会因为美好的活动回忆、满意的产品体验和实用的伴手礼而继续关注华为产品，向他人推荐华为产品，从而对华为品牌的长期发展产生积极影响。

实训任务

实训任务一：某地中国银行私人银行计划邀请存款 1000 万元以上的客户来参加“春季客户答谢会”茶会活动，请以小组为单位，设计此次茶会活动方案。

（一）实训指导要点

高端商务茶会活动的策划和执行；茶会关键点的凸显和把握；活动中融入金融产品与服务推广的意识。

（二）评分标准

表 9-1-2 实训任务一评分标准

评价指标	优秀（85 ~ 100 分）	良好（70 ~ 84 分）	合格（60 ~ 69 分）	不合格（0 ~ 59 分）
茶会流程设计	茶会流程完整、合理且极具创新性，能很好地满足客户需求	茶会流程基本完整、合理，有一定创新性，能够满足客户需求	茶会流程基本完整，但存在一些不合理之处，缺乏创新性，基本满足客户需求	茶会流程不完整也不合理，无法满足客户需求
场地与物料规划	场地布局精心设计，物料选择高端且贴合主题，规划理由充分	场地布局合理，物料选择较合适，规划理由较充分	场地布局和物料选择存在一些问题，规划理由不够充分	场地布局和物料选择不合理，规划无理由或理由不成立

续表

评价指标	优秀（85 ~ 100 分）	良好（70 ~ 84 分）	合格（60 ~ 69 分）	不合格（0 ~ 59 分）
人员安排与职责	人员配备充足，职责明确，能保障茶会高效完成	人员配备和职责基本合理，能保证茶会进行	人员配备和职责存在一些问题与疏漏，可能影响茶会进行	人员配备和职责明显不合理，无法保证活动正常开展
预算编制	预算精准合理，分配符合活动重点，有详细的成本控制策略	预算基本合理，分配基本符合需求	预算存在一些误差，分配合理性一般	预算不合理，无法保障茶会顺利完成
PPT 展示	内容呈现全面、重点突出，视觉效果佳，能够有效吸引观众	内容较全面，视觉效果较好	内容基本完整，视觉效果一般	内容不完整，视觉效果差
团队协作	团队分工明确，协作高效，成员积极参与	团队分工较明确，协作较顺畅，成员基本参与	团队分工存在问题，协作有障碍，部分成员参与度低	团队无分工，协作混乱，部分成员参与度极低

实训任务二：以奔驰 G 级汽车为主题，设计一个户外茶会方案，展现 G 级汽车独特魅力的同时营造舒适优雅的茶会氛围。茶会主题必须紧密关联汽车的力量、越野性能、豪华等特点，茶会风格应把户外的自然野性和茶会的精致优雅有机融合起来。

（一）实训指导要点

汽车主题商务茶会活动的策划和执行；茶会关键点的凸显和把握（户外、汽车）；活动中融入汽车产品与服务推广的意识。

针对户外的特殊场域，引导学生预见活动过程中可能出现的问题，并提前制定应对策略，如人员不足、天气变化等情况的应对措施。

（二）评分标准

表 9-1-3 实训任务二评分标准

评价指标	优秀（85 ~ 100 分）	良好（70 ~ 84 分）	合格（60 ~ 69 分）	不合格（0 ~ 59 分）
主题与风格	主题非常契合，风格完美协调，有独特的创意	主题较契合，风格较协调，有一定创意	主题基本契合，风格基本协调，创意不足	主题不契合，风格不协调
场地选择与布置	场地选择极佳，布置非常有创意，能全方位突出主题	场地选择较合适，布置有创意，能较好地突出主题	场地选择基本可行，布置较普通，能体现部分主题	场地选择不合理，布置差，无法体现主题
茶会流程	流程完整、合理且吸引人，环节衔接紧密且逻辑清晰	流程较完整，基本合理，比较吸引人，环节衔接较好	流程基本完整，存在一些不合理之处，环节衔接一般	流程不完整、不合理，环节衔接混乱

续表

评价指标	优秀（85 ~ 100分）	良好（70 ~ 84分）	合格（60 ~ 69分）	不合格（0 ~ 59分）
物料准备	物料完整、合理，选择理由充分且有独到之处	物料较完整、基本合理，理由较充分	物料基本完整，合理性一般，理由不够充分	物料不完整，不合理，无理由或理由不成立
人员安排	人员配备齐全、合理，职责明确且详细，能高效确保活动进行	人员配备和职责基本合理，能保证活动进行但存在小漏洞	人员配备和职责有一些明显问题，可能影响活动进行	人员配备和职责不合理，无法保证活动正常开展
预算编制	预算准确、合理，分配符合活动重点，成本控制优秀	预算较准确，基本合理，分配基本符合需求，有一定成本控制意识	预算存在一些误差，合理性一般，成本控制意识较弱	预算不准确、不合理，无法满足活动需求

思考与练习

一、简答题

1. 请同学们简述商务型茶会的特点。

2. 请同学们简述如何将九曲红梅融入高定旗袍的发布会中。

二、判断题

1. 商务型茶会侧重于产品发布和商务社交，所以茶品的品质无关紧要。（　　）

2. 在设计户外产品茶会时，相对而言，选择较为方便携带的、适宜户外使用的茶器具会比较好。（　　）

项目九・任务一・参考答案

参考答案

任务二　品鉴型茶会

任务导入

春茶上市了，小张想拓宽今年春茶的销售渠道，她自己动手做了8款不同地区的龙井茶，想办个龙井茶品鉴会，请你帮她策划一下。

岩茶品鉴会

一、品鉴型茶会的认知

品鉴型茶会主要包括茶品推介和茶类品鉴这两大类。茶品推介往往以某一种、某一大类或某一产地的茶产品为核心，抓住茶产品的卖点进行大力推介，如，2023年、2024年连续两年分别在杭州、北京、上海等地举行的“西施石笕茶”推介会，大力推介产于浙江诸暨的西施石笕茶“贡芽”“玉芽”“秀芽”；又如，2025年3月8日，由贵州省人民政府驻广州办事处联合粤黔两省相关单位主办，在广州举行的贵州茶品推介会，面向广州市民倾情推介产自贵州的多品类“干净茶”“品质茶”。此外，茶产品与其他品类的产品、文化一起进行综合推介的，也属于茶品推介会的范畴，如文旅推介会上的茶品推介、农产品推介会上的茶品推介、非遗文化推介会中的茶品推介等。相较于茶品推介往往针对和面向更庞大、更广泛的群体，茶类品鉴所面向和针对的群体范围一般以专业人士为主，参加人数也往往有限。

二、品鉴型茶会的特点

（一）茶品的品质极为关键

无论是茶品推介还是茶品品鉴，茶品本身是茶会的核心。高质量的茶品对于茶会的成功举办起决定性的作用。虽然一杯好喝的茶汤是基于水温、投茶量、冲泡次数、茶水比这四大要素以及茶艺师的冲泡手法，甚至天气情况等综合因素的影响，但是茶品本身品质的高低直接决定了茶会能否给予茶客愉悦的身心体验，能否引起茶客强烈的购买和宣传推介的欲望，因此品鉴型茶会务必要选择高品质的茶品。基于成本的考虑，可以酌情控制人数或适当收取一定的费用。

图9-2-1 “岩宴”品鉴会（供图：杭州静如茶空间）

（二）主办方的专业性十分重要

品鉴型的茶会，对于茶会主办方的专业性要求相对而言是比较高的。主办方要具有专业的茶品甄别能力，选用高品质的茶品；要具有灵活机动的看茶泡茶能力，要能随时根据现有的条件调整现场沏泡的参数，为嘉宾奉上一杯好喝的茶汤；要具有专业的茶品种植、加工、制作、销售、审评能力，才能为参会者从专业的角度深入分析茶究竟好喝在哪里；要具有相当的专业性、权威性，才能培养和建立嘉宾对茶品的好感和忠诚度；要具有深厚的文化底蕴，同时又能跟上时代和潮流的发展，深入浅出地讲好茶的故事，这样才能拉近与参会者之间的距离，增强其对茶品的认同感。

（三）举办的时机需要恰到好处

我们都知道茶品本身具有较强季节性，尤其是从生产制作的角度而言。在人们普适性的认知当中，春茶季多为绿茶，花茶因为在疏肝理气方面的良好表现也很适合在春日里饮用；夏日高温炎热，鲜爽甘醇的绿茶类、清热消炎的白茶类很适合饮用；秋高气爽的日子里，“秋香”的铁观音、高扬馥郁的乌龙茶，还有春秋邂逅的桂花茶都会是人们的喜爱；寒冷的冬日里，陈醇敦厚的黑茶类、包容甜醇的红茶类、特有的蜡梅花茶类，都是很合时令的选择。此外，抓住重大的事件、节庆、集会等人流量大的时机来举办茶会，也是茶产品获得良好社会效益、扩大知名度、提升美誉度的明智选择。

图 9-2-2　2023 年 5 月 21 日第五届中国国际茶叶博览会期间举办的“西施石笕茶”推介会

三、品鉴型茶会案例分析：杭州素业茶院 2024 年 5 月云南昌宁红茶新品发布会

（一）茶会流程设计

表 9-2-1 2024 年 5 月杭州素业茶院云南昌宁红茶新品发布会

活动时间	时长	内容	具体事项
14:30—15:00	30 分钟	嘉宾签到，传统乐器暖场	1. 签到区：嘉宾陆续抵达活动现场，上迎客茶（冷泡茶） 2. 体验区：可体验“昌宁茶调饮”或“昌宁红和茗酿茶调饮” 3. 茶歇区：有精致的茶点、水果等供嘉宾享用 4. 展示区：摆放昌宁野生红茶新品，供嘉宾更全面地了解昌宁红茶，直到活动结束 5. 演奏区：活动开始前半小时现场有传统乐器演奏作为暖场节目，直到活动开始 6. 品茗区：设有 10 个茶席，每个茶桌由 2 位茶艺师服务 2 位嘉宾。活动开始后，安排所有嘉宾对号入座
15:00—15:05	5 分钟	第一环节：碰撞——主持人开场介绍	主持人介绍活动主题、内容、流程及茶会嘉宾
15: 05—15:10	5 分钟	领导致辞	昌宁县有关领导致辞
15:10—15:15	5 分钟	发布获奖结果及颁奖	发布昌宁野生红茶斗茶大赛得奖结果并组织颁奖
15:15—15:20	5 分钟	第二环节：流连——诗词朗诵	暖场节目：茶诗词朗诵
15:20—15:25	5 分钟	推介视频播放	昌宁红茶推介视频播放
15: 25—15: 55	30 分钟	推介 PPT 演说	推介 PPT 演说
15:55—16:10	15 分钟	第三环节：赏味——茶艺表演	昌宁红茶茶艺表演
16:10—16:30	20 分钟	第一款茶品品鉴及讲解	由主持人介绍品鉴茶品，同时每一桌茶艺师开始冲泡茶品
16:30—16: 35	5 分钟	嘉宾点评	邀请嘉宾对第一款品鉴茶品做点评
16:35—16: 55	20 分钟	第二款茶品品鉴及讲解	由主持人介绍品鉴茶品，同时每一桌茶艺师开始冲泡茶品
16:55—17:00	5 分钟	嘉宾点评	邀请嘉宾对第二款品鉴茶品做点评

续表

活动时间	时长	内容	具体事项
17:00—17:20	20 分钟	第三款茶品品鉴及讲解	由主持人介绍品鉴茶品，同时每一桌茶艺师开始冲泡茶品
17: 20—17:25	5 分钟	嘉宾点评	邀请嘉宾对第三款品鉴茶品做点评
17:30—20:30	180 分钟	晚宴	嘉宾晚宴（25 ~ 30 人）

资料来源：杭州素业茶院

（二）茶会执行关键

1. 全方位、高品质呈现的昌宁红

整个品鉴会围绕“云南昌宁野生红茶”，从多角度深入挖掘昌宁红茶的卖点。茶产区的介绍，意味着昌宁红茶来自我国茶的发源地云贵高原，意味着生长环境的优良和栽种、加工、制作历史的悠久；茶产品斗茶赛的颁奖、茶品的品鉴与嘉宾点评，意味着嘉宾品鉴的是来自昌宁地区最好的野生红茶；清饮和调饮多维度的展现，意味着昌宁红茶的优越品质和品饮方式的多元属性；茶诗词的朗诵，赋予了昌宁红茶深厚的茶文化底蕴。

图 9-2-3、4 昌宁红茶推介会（供图：杭州素业茶院）

2. 多维度呈现的专业性

首先是嘉宾的专业性。邀请的嘉宾，为行业企业的专家、政府相关机构的负责人、涉茶专业的高校师生以及经过事先调研的昌宁红茶的潜在客户，这些专业人士必将为昌宁红带来行业企业、政府和高校的关注，基于这三类人士的权威性和专业性，必将对昌宁红茶的未来发展产生重要的影响。其次是茶艺师的专业性。冲泡茶品的茶艺师来自有茶艺与茶文化专业背景的高校大学生，她们有着良好的接待礼仪、沏泡技艺和沟通能力。再次是主办方的专业性。主办方是已经拥有十余年历史的杭城知名茶院，在业界有着很高的知名度和美誉度；多年来参与、组织了大量不同类型

的茶会，因此在茶会的完整策划和执行中十分有经验，能够灵活机动地处理好现场发生的多种问题。最后是营销宣传的专业性。专业摄影师的拍摄、纸质媒体的报道、自媒体的实时报道，都为昌宁红茶吸引了大量关注的目光。

3. 恰到好处的时机选择

一方面，本次品鉴会的举办选在了2024年5月第六届中国国际茶产业博览会刚刚结束的第二天。虽然博览会已经结束了，但是影响力依然在，所以仍然是抓住了国际博览会带来的巨大流量。另一方面，云南大叶种的昌宁茶，十分适制红茶，新茶花香、蜜香持久，滋味甜醇，对人体十分有益；5月份也是昌宁红茶的新茶正上市的时节，正是尝鲜的好时候。

实训任务

请以小组为单位，为自己家乡的茶品设计一份茶品推介的茶会流程。

（一）实训指导要点

茶品品质的全方位凸显；茶会专业性的全方位体现；时机、时效性的把握。

（二）评分标准

表9-2-2 品鉴型茶会流程设计评分标准

序号	项目	满分	要求和评分标准	扣分	得分
1	茶品的呈现	30分	全方位、多角度地呈现茶品及其利用方式		
2	嘉宾	10分	嘉宾的筛选、邀请和人数控制，符合专业性，有利于茶品的宣发		
3	茶会环节设计	40分	所有环节科学、合理，节奏把握较好，既不拖沓冗长，也不太过令人兴奋、感到刺激		
4	图文宣发	20分	实时、明确、详尽、合理、专业		
总分	100分				

思考与练习

一、简答题

1. 请简要说明为什么品鉴型茶会必须选择高品质的茶品？

2. 品鉴型茶会可以从哪些方面来展示和说明茶品的高品质？

二、判断题

1. 品鉴型茶会的茶品是很好的，怎么都泡不坏，基于茶会的成本考虑，随便找

人来泡茶就行了。(　　)

2. 品鉴型茶会的主持人和嘉宾的邀请都要慎重考虑，以相关专业的人士为宜。(　　)

项目九·任务二·参考答案

参考答案

任务三　主题型茶会

任务导入

阳春三月的女神节到了，小陈所在的茶空间要在女神节当天接待20位白衣天使，考虑到她们平时节奏非常快的工作、生活，小陈想为女神们创造一个轻松、优雅的氛围来品茗、插花，请你帮她思考一下，茶会怎样策划执行才能达到想要的效果。

一、主题型茶会的认知

本项目所涉及的主题型茶会，一方面包括以各大传统节日、法定节日为主题举办的茶会，如“端午”茶会、“中秋”茶会、“女神节”茶会等；另一方面，还包括围绕特定主题而开展的茶会，如文人意趣类（诗词书画文学作品的赏析）的茶会、音乐赏析类的茶会等。究其本质是跨领域的文化类型与茶文化的强强联合，主要涉及日常生活和精神层次的追求。

二、主题型茶会的特点

（一）注重氛围感的营造

对于主题型茶会来说，与主题相契合的氛围感的营造是十分重要的。一般而言，参加主题型茶会的嘉宾类型要么是非常广泛的，要么是针对性很强的。比如节庆类主题、纪念类主题、大型活动类主题的嘉宾，一般都是来自各行各业的，通过细节设计、环境装饰的设计、色调的设计、点心的设计，并综合音乐的选择，从视觉、听觉、嗅觉、味觉等全方位的角度影响嘉宾的感觉和知觉，是在短时间内引导嘉宾沉浸式感受茶氛围的有效手段。同理，嘉宾类型非常集中的茶会如文人雅集类、艺术类主题的茶会，营造恰当的氛围感更能强化和凸显主题，提升茶会品质，也更能凸显茶会主办方的专业形象。

图 9-3-1、2 2023 年浙江旅游职业学院“女神节”茶会

（二）兼顾平实生活与高雅艺术

主题型的茶会，在环境设计、活动环节设计和整个流程设计中，既关照平实的生活，也追求艺术化的呈现，通过拉近“平实”与“高雅”的距离，帮助嘉宾将美好的体验融入日常的生活，从而提供高质量的情绪价值。例如，“女神节”茶会，在进行主持、解说环节设计中，应充分考虑女神们的生活、工作状态，在提供艺术化的感知和享受的同时，要能够提供可操作的、生活化的，切实对女神们的身心有帮助的意见建议和具体的技巧方法。具体而言，如果有插花、香薰、手作等环节，可针对性地进行调整，或给出建议，方便女神们在家中或者其他需要的场合来实际应用。再如，“元宵茶会”，如果嘉宾为北方客人，那么提供的元宵应以甜口的为主，且其称谓应为“元宵”；如果嘉宾为南方客人，其称谓应为“汤圆”，其口味相对可以多元化一些；当然如果还有尊重地方习俗的“手做”环节，会更让人记忆深刻。而文人雅趣类的茶会则更需要建立在嘉宾真正需要的基础上，在进行艺术赏析的同时，提出能够应用于实际的意见或建议，比如书籍、乐器、剧场等的推荐和分享。

（三）促成多元文化的碰撞与交融

主题型的茶会往往也是多元文化（观点）碰撞和交流的舞台。每位嘉宾都有着自身的地域和文化背景，基于对茶的共同爱好和兴趣汇聚在一起，在宽松包容的氛围中分享着各自的工作和生活，畅聊着过去与现在、传统与未来。在茶香氤氲的包裹中，拓宽了视野、增进了了解，丰盈了各自的精神世界，更是促进了不同文化之间的相互理解和尊重。

图 9-3-3 “女神节”茶会（供图：杭州亦如薪茶院）

三、主题型茶会案例分析：杭州亦如薪茶院“赏菊”茶会

（一）茶会流程设计

初火新烟 烹茶赏菊

把酒东篱下，悠然见南山。将手中的酒换作暖茶，置身于秋色斑斓的山谷中，于饮茶的俯仰间，照见心中南山。

本期茶会，徜徉于自然山水中，在玉泉植物园，择一方清静地，以清山为屏，秋水为裳，静嗅寒菊香。茶本是人在草木间，来于自然，归于自然。效仿古人，烹茶赏菊，得山水之乐。

茶会时间：本月 26 日 13:00—16:00

茶会地点：杭州植物园西门处集合

茶会人数：16 位

茶会流程：

1. 抽签入席
2. 品饮迎宾茶——紫玉玲珑（高山有机菊花茶）
3. 水仙知识大全

分享水仙茶的源起、产区、品种、分类等相关知识，建立水仙的专业知识体系。

4. 品鉴建阳水仙
5. 品鉴武夷水仙
6. 品鉴凤凰水仙
7. 品尝菊花百香果子
8. 菊花知识问答、合影留念

9.16:00 后自由逛园看展。

备注：参加茶会的茶友，请着方便席地而坐的裤子或长裙，鞋子以方便穿脱为宜。欢迎着汉服来打卡。

参加茶会的茶友不需要购买景区门票，由组织方统一安排。

报名参加的朋友们可获赠本场茶会品鉴茶样一套（三款名茶）

山中风月无常主，闲者便是主。于初冬时节，邀您得半日之闲，做一回山水的主人！

资料来源：杭州亦如薪茶院

（二）茶会流程分析

1. 贴合主题的氛围感

茶会选择在杭州植物园举行，大自然的山水抚慰和滋养了疲惫的灵魂；抽签入席，席地而坐（有坐垫），帮助嘉宾抛开了一切社会角色和负担，远离各种烦扰，只关注自己，只观照内心。秋季的杭州植物园是菊花仙子的天下，各种颜色、各种姿态、各种造型，十分彰显茶会的主题。茶会的第一道茶品，选用的是高山有机紫色菊花——紫玉玲珑，茶点是菊花百香果子，都是十分贴合时令的选择；现代人压力大、熬夜多，普遍肝火旺盛，选用具有清热降火功效的紫玉玲珑最合适不过了。大自然的包容、满眼的菊花、清心爽口的紫菊，由内而外，由口入心地营造和凸显了“菊花”的淡雅气质和悠然的氛围。

2. 兼具科学与生活的流程设计

菊花很日常很生活，大家都知道菊花能够清热降肝火，但是关于菊花还有些什么呢？茶会中“菊花知识问答”环节的设计十分有利于相关知识的普及和交流，兼具科学性与趣味性。水仙是很适合秋季品饮的茶品，相关知识的普及和三种不同地域茶品的品鉴，帮助嘉宾们初步构建起水仙的专业知识体系，这是茶会专业性的体现；赠送的三款品鉴套，帮助嘉宾们将茶会的美好体验延伸至日常的生活，这是茶会生活性的体现。

3. 开放的平台，多元的交流

完全不设限的报名系统，吸引的是爱好茶的人、爱好菊花的人，不问职业年龄，不分身份地位，不定位置落座，体现和凸显自由与平等，帮助搭建了一个开放的交流平台。投身于天清气朗、云卷云舒的大自然，看着各美其美的“菊花仙子”，伴着疏肝理气的高山紫菊，品着馥郁绵长的特色水仙，与旁边的茶友、对面的茶友，聊聊菊花和秋天，聊聊眼前和未来，不同地域背景、文化背景的茶友们，在这样的氛围中互相交流着不同的观点，知识增加了，视野拓宽了，心胸打开了，思绪也飘得很远了。

实训任务

请以小组为单位为班里的同学们设计一个以“端午节”为主题的户外茶会流程。

（一）实训指导要点

氛围感的营造设计；与“粽子”“香包”“龙舟”等相关的活动环节设计；同学们的“端午节”认知交流。

（二）评分标准

表 9-3-1 主题型茶会流程设计评分标准

序号	项目	满分	要求和评分标准	扣分	得分
1	茶会氛围感的营造设计	30 分	全方位、多角度地呈现茶品及其利用方式		
2	茶会环节设计	40 分	与“粽子”“香包”“龙舟”等相关的活动设计，科学合理，兼顾实用性与艺术性		
3	“端午节”交流	20 分	关于全国各地不同“端午节”习俗的交流		
4	图文宣发	10 分	实时、明确、详尽、合理、专业		
总分	100 分				

思考与练习

一、简答题

1. 请举例说明儿童节茶会的环境设计可以从哪些方面着手？

2. 请举例说明中秋节茶会的环境设计可以从哪些方面着手？

二、判断题

1. 从体质特点和时令节气的角度出发，玫瑰红茶都是“女神节”茶会茶品的好选择。（　　）

2. 诗词品读类茶会，设置诗词赏析讨论环节十分必要。（　　）

项目九 · 任务三 · 参考答案

参考答案

任务四　政务型茶会

任务导入

一日，某国文化部考察团一行到访校园，想对你校茶文化专业建设进行简单了解。请你为此设计一份茶会接待方案，使对方在轻松愉快的茶文化交流中充分感受到中国传统文化的魅力。

一、政务型茶会的认知

本项目所涉及的政务型茶会，主要包括国内的政务接待和国际的政务交流这两种形式。无论是国内的政务接待，还是国际的政务交流，往往都是以“交流”“考察”“学习”为目的展开的。

图 9-4-1 2022 年 6 月 浙江旅游职业学院政务接待茶席布置

二、政务型茶会的特点

（一）选用地域代表性茶品

地域代表性茶品的选用，会在对方心中构建我方的第一印象，这款茶品往往也会成为双方展开交流的第一个重要话题。例如 2016 年 G20 杭州峰会的“西湖茶叙”中，中美领导人品饮西湖龙井，感受杭州的风土人情，话题也从西湖龙井展开，使会谈正式却不失轻松。而后，2018 年中印于武汉“东湖茶叙”，品饮的恩施玉露与利川红也正是湖北当地名茶；2023 年中法于广州“松园茶叙”时，也以凤凰单丛与英德红茶两大广东名茶为主要茶品。

此外，在会谈时间允许且不影响交流主体进程的情况下，还可以在茶会最后为客人冲泡一道对方熟悉的茶，使其虽在他乡，也有“宾至如归”之感，增进交流双方的心理距离，真正达到“以茶会友”的文化互建精神。

（二）选用实用性、美观性、文化性兼备的茶器

茶器品种丰富，表现形式多样，又起到承载茶品的作用，是政务接待茶会中的“文化大使”。为政务型茶会挑选茶器时，我们需要注意以下几点：

1. 实用性

根据政务接待茶会承办的不同地点、不同季节，冲泡茶品的不同，可选用不同材质的茶器。同时，不同规格的政务接待茶会对会谈的时长、会谈的私密性也有不同的要求。当并不需要茶艺师持续在席间进行冲泡工作时，需因地制宜地挑选一款容量合适的载杯，来保证会谈期间茶水充裕，不至于让主客“干聊”。

在特别重要的政务接待场合中，器型外观不宜选用三角形、菱形等多边形，需尽量选用圆形或圆角器皿。一来防止主客双方因使用不当而受伤；二来多边形器皿的锐角，会使观者产生攻击与防御的心理，不利于接待与会谈的进程。

如果与会的主客双方来自不同的国家、地区，还需要考虑到这款载杯的器型不能太生僻，以免主客任意一方拿持器具时握持不稳而尴尬。

2. 审美性

在充分考虑茶器实用性的基础上，器具的美观性是第二要考虑的，即茶器的色彩、纹饰等是否与接待（会谈）主题、空间环境、茶席主题、主客着装相贴合。

图 9-4-2　2022 年 6 月　浙江旅游职业学院政务接待茶席布置

3. 文化性

政务接待型茶会的主体是与会的主客双方，而在茶会进程中陪伴主客双方时间最长的便是饮茶器具。这是主客双方交流会谈的话题之一，也是各路媒体挖掘报道的素材之一。因此，茶器的呈现是政务接待茶会的重中之重，也最能表达出本次会谈的文化主题。例如，在 2016 年 G20 杭州峰会的中美领导人“西湖茶叙”上，茶器的设计、制作方“印庐”在饮茶器实用与文化表现的双重考虑下，选用盖碗这一传统器型。此前，国内、国际的双边和多边会谈中往往采用办公杯（马克杯）为主要饮茶器。

盖碗，是中国的传统器皿，在茶界被称为“三才碗”，即碗盖喻天、碗托喻地、碗体喻人。印庐在茶器的文化设计方案中，将“三才碗”注解为完整的“天、地、人、和”。当双边国家领导人完整端起盖碗时，必将“和”文化赋予其中了。

图 9-4-3 2016 年 G20 杭州峰会的中美领导人“西湖茶叙”（供图：印庐）

4. 利于新闻导报

政务接待茶会后，往往需要撰写新闻稿。而在特别重要的政务接待茶会上，会配有各地记者进行实时报道。此时，会场上会设置大量补光灯，因此挑选色彩较为鲜明的茶器，可避免器具在强光下失去色彩，以便后期新闻稿件的顺利出片。

（三）高标准的礼仪素养要求

中国是礼仪之邦。自古以来，礼仪便在政务活动中被极为看重。从西周时期的“礼乐制度”到《礼记》被列为古代文人的必读书目，礼仪一直在官方化、制度化、规范化的层面推广普及。而茶从业者的文化、礼仪修养是茶文化精神的外在体现，在政务接待茶会上，当静态的茶席设计、茶会空间布置好后，动态呈现的茶艺师成为茶会接待中最后亮相也是最重要的一环。因此，我们对参与政务接待茶会的茶艺师，有着更高的礼仪素养要求。

1. 仪容仪态素养

对于茶艺师仪容仪态的要求，主要体现在精神面貌、仪容、仪态三个方面。

（1）精神面貌方面：茶艺师除了牢记自身职责外，也需要将自己作为公务人员看待，保持正气、镇静、温和、从容的心态，平视对方，大方应对。需要介绍茶品或加入谈话时，可将语速放慢、声音放实，让他人觉得稳定的同时，也是给自己一个不紧张的心理暗示。

图 9-4-4 2016 年 G20 杭州峰会期间茶歇政务接待 （供图：杭州素业茶院）

（2）仪容方面：茶艺师宜化淡妆。茶会进行时，茶艺师可能需要试喝茶品，应选择不易粘杯的哑光口红。此外，茶艺师尤其需要注意手部和指甲的清洁。政务接待茶会中，整体表现需以大方、干净为主。因此茶艺师需穿着与茶席相同色系或类似色系的茶服或传统服饰，不做彩色指甲，但可适当涂抹护甲油。

（3）仪态方面，除却基本的站、坐、行，更重要的是与来宾交互时的仪态。例如奉茶、添茶、收放茶器等，需轻柔、稳定并保持匀速行进。

俗话说“相由心生”，良好的精神面貌与得体的仪容仪态是内心自信、正气的外在表现。因此，茶艺师也需注重内在修养，才能在重要时刻“发乎内而形于外”。

▶ **拓展阅读**

浙江旅游职业学院参加 2016 年 G20 茶歇政务接待

2. 民族、宗教礼仪

由于地域、种族、文化背景等诸多的差异化因素，许多国家和民族都有自己的独特风俗习惯与宗教信仰。在日常交流沟通时，因为双方彼此都不熟悉，一般不会产生大的影响，所谓“不知者不罪”，但在政务接待茶会中，所有的细节都会被放大，需要茶会服务人员提前了解和熟悉，特别注意自己的一言一行，充分尊重各国和各族人民的风俗习惯和宗教信仰。

例如我国的回族、哈萨克族、柯尔克孜族等少数民族因信仰伊斯兰教而不吃猪肉，在接待上述少数民族的政务茶席布置中，我们切忌奉上含有猪油的茶点。

3. 涉外礼仪

对外开放是我国一贯的对外交流方针，在政务交流的茶事活动中，有不少接待的是来自国外的文化交流使团。茶艺师需遵循以下交流惯例：

（1）放置国旗要依照国际惯例。国旗作为国家的象征，也有相对应的礼仪要求。有时涉外交流的茶席设计中，茶艺师为了表达对访客的欢迎，同时也起到点题作用，会在茶席上放置双方国家的国旗作为装饰。当需要悬挂两国国旗时，应以客人或摄影师角度为基准，按以右为尊的原则在右侧放置来访国国旗，在左侧放置东道国国旗。如果需要同时放置多国国旗时，那么通行的做法是——以客人或摄影师角度为基准，右侧悬挂第一贵宾国国旗，左侧悬挂第二贵宾国国旗，交叉排列，以此类推。

（2）避免使用容易引起误会的手势语言。手势语言普遍存在于中西方日常交际中，属于交际的重要形式。在外语并不十分熟稔的情况下，我们往往会下意识使用手势辅助交流，这种非言语的交际传递了跨文化交际中的大部分信息。但跨文化交际中对手势定义的理解存在差别，如果处理不当，在使用手势交流时，会造成误会与不解。例如：在茶桌上，手握空心拳，轻轻敲击桌面，此手势常见为感谢对方为自己奉茶或添茶；但在德国，大学生们常用此手势表示喝彩。茶桌上，茶艺师有时因不想打扰宾客们交流会选择用手掩嘴小声说话；但在德国，此手势往往表示说谎或说悄悄话等。

（3）女士优先是礼仪共识。当我们在面对到访者职级高低不明确的涉外茶事活动时，往往也不明确奉茶的次序。此时，可以遵循女士优先的原则，如有女士坐在席位中间，可先为女士奉茶，再为坐在两侧的男士奉茶。

实训任务

请以小组为单位，抽签完成“英国文化交流团茶会”“韩国文化交流团茶会”“斯里兰卡文化交流团茶会”的茶空间设计。

（一）实训指导要点

茶席主题的切入点、茶席器具的搭配、茶席配件的选择、嘉宾的习俗习惯、茶点的配置、茶席空间的整体风格呈现等均在考虑范围之内。

（二）评分标准

表 9-4-1 政务型茶空间设计评分标准

序号	项目	满分	要求和评分标准	配分	扣分	得分
1	茶空间主题的设计	15 分	主题明确，文字贴切、优美，创新性强	15 分		
2	茶席色彩、结构设置科学，合理	55 分	茶器的器型、质地、体量搭配适宜	25 分		
			茶席的材质、色彩搭配适宜	10 分		
			茶席总体时、空结构布局科学，合理	10 分		
			茶席插花及其配件合理，艺术化	10 分		
3	茶品的选择	30 分	充分彰显地域特色、富有文化特色	30 分		
总分	100 分					

思考与练习

一、简答题

1. 请同学们举例分析，在设计中日文化交流茶会时，要注意哪些方面的问题？

2. 请同学们举例分析，当英国交流团一行到访时，冲泡哪几款茶品，使用什么冲泡方法会使对方更觉得亲切？

二、多项选择题

1. 下列符合政务接待茶会仪容仪态要求的是（　　）。

A. 精神面貌饱满　　B. 不卑不亢　　C. 曲意逢迎　　D. 热情周到

2. 下列符合政务接待茶会茶器挑选要求的是（　　）。

A. 实用性　　B. 审美性　　C. 文化性　　D. 新闻报道

三、判断题

1. 政务接待茶会十分重要，茶艺师一定要在会前好好打扮，做个极光色的漂亮指甲。（　　）

2. 挑选茶器时，实用性永远是第一要素，所以我们无需在意茶席搭配的整体效果，也不用考虑政务接待茶会的后期成片效果，只要茶器适手就行。（　　）

项目九 · 任务四 · 参考答案

参考答案

参考文献

1. 徐尧林．G20 杭州峰会国宴用瓷的设计理念和艺术风格 [C]. 2017 年东方文化论坛——中国（浙江）丝瓷茶与人类文明研讨会论文集，2017:630-633.
2. 蔡荣章，丁以寿，林瑞萱．茶席·茶会 [M]. 合肥：安徽教育出版社，2011.
3. 潘城．茶席艺术 [M]. 北京：中国农业出版社，2018.
4. 周新华．茶席设计 [M]. 杭州：浙江大学出版社，2021.
5. 王金平，殷剑．茶食 [M]. 北京：中国旅游出版社，2023.
6. 王丽，吴茂玉等．基于人体体质的水果养生理论研究 [J]. 中国果蔬，2022，42(12).
7. 谢燕青．当爱情遇见茶“花香茶韵”相约吴山茶会印象 [J]. 茶博览，2015(6).
8. 徐奇蕊．茶宠之传统文化所体现的“道家”精神 [J]. 安徽文学，2009(7).
9. 谷禹秀，邓婷婷，林浥等．“工夫茶，两岸情”主题茶艺编创的思考 [J]. 中国茶叶加工，2017(2):61-65.
10. 陈林，李丽霞．茶文化传播 [M]. 北京：中国轻工业出版社，2015.
11. 余悦．“无我茶会”是“源自日本茶道”吗？不要让“传言”变成了“真实”![J]. 收藏与投资，2018(11)：66-67.
12. 蔡荣章．无我茶会 [M]. 北京：时代华文出版社，2016.
13. 黄友谊．茶艺学 [M]. 北京：中国轻工业出版社，2022.
14. 温燕．茶会活动策划与管理 [M]. 北京：清华大学出版社，2023.